HISTOIRE

DE

LA MESURE DU TEMPS

PAR LES HORLOGES.

HISTOIRE

DE

LA MESURE DU TEMPS

PAR LES HORLOGES,

Par Ferdinand BERTHOUD, Méchanicien de la Marine, Membre de l'Institut national de France et de la Société royale de Londres.

TOME PREMIER.

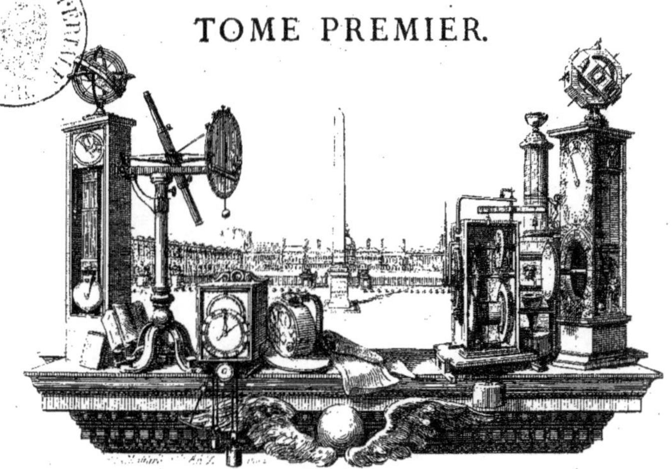

A PARIS,

DE L'IMPRIMERIE DE LA RÉPUBLIQUE.

An X [1802 v. s.].

NOTIONS PRÉLIMINAIRES

LA MESURE DU TEMPS.

Parmi les immenses et merveilleuses productions de la Méchanique, l'*Art de la mesure du temps par les horloges* est celle qui tient le premier rang, tant par son utilité que par l'étendue variée de ses inventions, par la subtilité de ses effets, par le génie et la profondeur de ses conceptions, et par l'extrême délicatesse des pièces qui le composent. Ce seroit donc un travail intéressant, que celui qui rassembleroit, sous un même point de vue, les inventions les plus importantes qui ont été faites sur la mesure du temps : tel est l'objet que nous nous sommes proposé en entreprenant l'histoire de cette science ; et si nous ne l'avons pas conduite au degré de perfection que l'on peut desirer, nous l'aurons au moins ébauchée dans cet Essai.

L'Art de la mesure du temps a acquis depuis un siècle un si haut degré de perfection, que l'on peut croire ne pouvoir aller que peu au-delà du point où il est de nos jours, tant pour la construction et la parfaite exécution des horloges astronomiques, que pour celle des horloges et des montres à longitudes et des diverses autres machines, horloges, pendules et montres à l'usage du public : c'est

donc à cette époque qu'il peut être utile de rassembler
toutes les tentatives qui ont été faites successivement pour
conduire cette mesure à son dernier degré de précision,
et de présenter toutes les inventions savantes et ingénieuses
qui honorent la sagacité des Artistes célèbres qui les ont
produites. Si un tel travail étoit bien fait, on pourroit le
considérer comme un monument élevé à la gloire de
l'Art, et plus encore à celle de l'industrie humaine.

Nous sommes fort éloignés de penser que notre ouvrage
ait atteint ce but; nous avons rassemblé des matériaux qui
peuvent être utiles aux Artistes, en leur présentant des
notions simples, et cependant suffisantes, sur la succes-
sion des inventions et découvertes qui font la base de l'Art
de l'Horlogerie.

L'Histoire de la mesure du temps peut être également
intéressante pour les personnes qui aiment et cultivent les
Sciences et les Arts, et qui desirent acquérir des lumières
sur cette partie importante de la Méchanique, qui réunit
en elle tout ce que la sagacité humaine a inventé de plus
subtil et de plus varié.

Mais un point de vue également important, qui nous
a engagés à ce travail, c'est celui de faire servir l'Histoire
de la mesure du temps, d'*Archives* dans lesquelles on a
déposé les principaux titres des inventeurs, afin de pouvoir y recourir au besoin lorsque de prétendus inventeurs
oseront publier sous leur nom des productions déjà connues. Ces Archives serviront sur-tout à faire connoître

aux Artistes méchaniciens qui voudront s'occuper de cette matière, toutes les bases d'un nouveau travail, ce qui est fait et ce qu'on peut y ajouter encore; en un mot, ce qu'ils peuvent créer sans craindre d'avoir été devancés par les Auteurs qui, avant eux, ont couru la même carrière. C'est en partant de ces données que l'homme de génie pourra porter l'Art à un plus haut degré de perfection, et sans perdre son temps à chercher ce que ses prédécesseurs ont déjà trouvé.

Enfin, un puissant motif qui nous a déterminés au travail de cet ouvrage, c'est celui d'établir sûrement quels sont les Auteurs à qui l'Horlogerie doit en effet toute sa perfection, et de revendiquer, en faveur des Artistes célèbres, ce que des Savans peu instruits avoient attribué en entier à des Auteurs qui, selon eux, ont tout fait.

Sous le titre d'HISTOIRE que nous donnons à cet ouvrage, on ne doit pas entendre celle de la vie des Auteurs et des Artistes, mais seulement celle de leurs inventions; car la vie d'un Auteur enfermé dans son cabinet, occupé de recherches, ne seroit ni instructive ni amusante; elle consiste dans son travail.

Le but qu'on s'est proposé dans cet ouvrage, a été de présenter, autant qu'il est possible, l'origine et les progrès de l'Art de mesurer le temps, et de donner l'analyse des diverses inventions; celle des ouvrages des Auteurs à qui nous devons l'état de perfection où cet art a été porté jusqu'à nos jours; et on a dû donner à cette partie toute l'étendue nécessaire ; mais si nous devons entrer dans de plus grands détails sur les inventions utiles des Auteurs qui en ont hâté les progrès , nous passerons très-légèrement sur ceux qui n'ont fait que répéter ce qui étoit déjà connu , sans présenter de nouvelles vues ni de nouveaux moyens. Ce seroit augmenter inutilement le volume de l'histoire que nous entreprenons ; en donnant à ces derniers ouvrages une importance qu'ils ne méritent pas, ce seroit leur faire partager injustement la gloire des premiers.

La première origine de la mesure du temps par des horloges *méchaniques* , est très-incertaine; et pour la découvrir , on ne peut le faire sans recourir aux ouvrages relatifs à l'Astronomie , avec laquelle elle se trouve intimement liée. Nous allons présenter ici en abrégé les diverses époques des inventions sur lesquelles l'Art de la mesure du temps est fondé.

La PREMIÈRE ÉPOQUE de l'origine de l'Horlogerie , est l'invention des roues dentées; cette partie importante sans laquelle on n'eût jamais eu d'horloges telles que celles que nous possédons; les roues dentées en sont la base. Cette invention est fort ancienne : CTESIBIUS, qui vivoit 250 ans avant J.C., en fit usage dans son horloge d'eau ou *clepsydre ;* et vraisemblablement la *sphère* mouvante d'Archimède étoit construite avec des roues. L'Auteur de cette invention est inconnu.

La DEUXIÈME ÉPOQUE est celle de l'invention des

horloges à roues dentées, qui furent réglées par un balancier dont les *vibrations* alternatives sont produites par
l'*échappement* , et dont la force motrice fut un poids.
Cette invention est attribuée à PACIFICUS, qui vivoit
vers le IX.ᵉ siècle; mais il paroît plus certain qu'elle ne
date que du XIII.ᵉ au XIV.ᵉ siècle, et qu'elle a été faite
en Allemagne.

TROISIÈME ÉPOQUE. A la fin du XV.ᵉ siècle, on
construisit des horloges à balancier qui marquoient les
secondes de temps, ces machines étoient destinées aux
observations astronomiques. TICHO-BRAHÉ en fit
usage , ainsi que WALTHERUS.

La QUATRIÈME ÉPOQUE présente une invention
bien précieuse, celle du *ressort* formé par une lame qui,
pliée en *spirale* et enfermée dans un tambour, a servi de
force motrice à l'horloge, et a été substituée au poids :
c'est à cette invention qu'est due celle des horloges portatives ou *montres ,* dont on étoit en possession vers le
milieu du XVI.ᵉ siècle. A cette époque on avoit des horloges *à sonnerie , à réveil ,* &c.

CINQUIÈME ÉPOQUE. La découverte du pendule
par GALILÉE, vers le commencement du XVII.ᵉ siècle,
sera à jamais mémorable; elle l'est sur-tout devenue par
l'application de ce pendule à l'horloge, en le substituant

au balancier. Cette application est due à HUYGENS, vers le milieu du même siècle.

La SIXIÈME ÉPOQUE est l'application d'un ressort au balancier *régulateur* des montres, au moyen duquel ce régulateur a acquis la propriété de faire des vibrations ou oscillations qui sont indépendantes de l'échappement ; en sorte que la force élastique de ce ressort est au balancier ce que la *pesanteur* ou *gravité* est au pendule. Cette heureuse application fut faite vers 1660, par le docteur HOOK. En 1674, l'abbé de HAUTEFEUILLE fit usage d'un ressort droit ; HUYGENS perfectionna cette invention en 1675, en donnant la figure spirale à ce ressort.

Peu après cette époque, c'est-à-dire, vers la fin du XVII.e siècle, on inventa en Angleterre la *répétition*. Ce méchanisme ingénieux fut d'abord appliqué aux pendules par M. BARLOW en 1676, et ensuite aux montres portatives par MM. BARLOW, TOMPION et QUARLE.

SEPTIÈME ÉPOQUE. Vers la fin du XVII.e siècle, on reconnut des variations assez considérables dans les horloges à pendule construites par HUYGENS ; on substitua à l'échappement ancien que cet Auteur avoit adopté, un nouvel échappement appelé *à ancre*, dont la propriété fut de faire décrire de petits arcs *isochrones* au pendule, ce qui rendit la belle invention de la *cycloïde* d'HUYGENS entièrement inutile.

HUITIÈME

Huitième époque. Peu avant le milieu du XVIII.ᵉ siècle, on adapta au pendule un méchanisme au moyen duquel on corrigea les variations que l'horloge éprouvoit par les changemens dans sa longueur produits par l'action du chaud et du froid. A cette époque, les horloges astronomiques acquirent le plus haut degré de perfection.

Enfin, la NEUVIÈME ÉPOQUE est celle de l'invention des horloges et des montres à longitudes, machines dans lesquelles le balancier qui en est le régulateur, semble disputer au pendule ses plus grands avantages, au moyen d'une propriété très-précieuse reconnue dans le spiral, celle de rendre isochrones ou de même durée les arcs d'inégale étendue décrits par le balancier. C'est aussi à cette époque que toutes les parties de l'exécution des pièces qui composent les horloges, ont été portées à la plus grande précision par l'invention de divers instrumens et outils, perfection à laquelle il reste peu à desirer. L'époque dont nous parlons, date du milieu du XVIII.ᵉ siècle jusqu'au temps actuel.

Nous terminerons ces Notions préliminaires en présentant le tableau ou la division générale des diverses parties qui composent l'Art de la mesure du temps ou de l'Horlogerie.

1.° Pour l'usage civil, les Horloges publiques, &c.

Les machines servant à la mesure du temps dans l'usage civil, sont : 1.° Les grandes horloges publiques ou de clocher ; et celles-ci ont été les premières qui furent inventées et construites. Aujourd'hui ces machines sont réglées par un pendule : elles sont ordinairement à sonnerie d'heures et de quarts ; elles marquent le temps vrai du Soleil, et le pendule porte un correctif pour les effets de la température. 2.° Les horloges ou pendules d'appartement : celles-ci se divisent en pendules à sonnerie, à répétition, à réveil ou à équation, &c. 3.° Les horloges portatives appelées *montres ;* on leur fait produire les mêmes effets variés que dans celles d'appartement.

2.° Pour l'usage de l'Astronomie.

Les horloges à secondes, à pendule composé pour la correction de la température. Ces machines sont construites pour donner la plus rigoureuse précision, et servir aux observations les plus délicates de l'Astronomie : on les appelle *horloges astronomiques.*

3.° Pour la Navigation et la Géographie.

Les horloges et les montres à secondes, à balancier, destinées à donner la longitude en mer et à rectifier les cartes marines. Ces machines, précieuses par leur usage, sont appelées *horloges marines* ou *à longitudes.*

4.° Horloges qui imitent les mouvemens des Astres.

Nous venons de présenter, dans les trois articles précédens, les principaux et les plus importans usages des machines qui servent à la mesure du temps ; mais l'Horlogerie réunit diverses autres productions qui, sans avoir le même degré d'utilité pour la société, sont cependant très-intéressantes pour les amateurs de cet Art. Telles sont les Pendules et les montres à quantièmes du jour de la semaine, des mois, à quantièmes et phases de la Lune, celles qui marquent le lever et le coucher du Soleil, le lieu du Soleil dans le Zodiaque : mais, parmi ces diverses productions, il en est de très-ingénieuses et savantes ; telles sont celles qui marquent les révolutions des astres, les planétaires, planisphères, et sur-tout les horloges à sphères mouvantes, &c.

LES amateurs des Sciences et des Arts trouveront dans l'ouvrage que nous leur présentons ici sous le titre d'*Histoire,* le *Recueil* des inventions et des découvertes les plus importantes qui ont été faites sur la mesure du temps par les horloges.

Cet ouvrage est divisé en vingt-quatre Chapitres, dont les titres et les subdivisions indiquent le plan que nous avons suivi : nous renvoyons donc aux Tables des Chapitres, placées au commencement des *Tomes I* et *II*, ceux qui voudront connoître ce plan et juger de la nature de notre travail. On peut également recourir à la Table alphabétique des matières sur ces premières notions.

PLAN ET DIVISION

DE

L'HISTOIRE DE LA MESURE DU TEMPS

PAR LES HORLOGES,

Formant la Table des Chapitres du Tome Ier

Chapitre Ier

Exposition abrégée des principaux avantages que la Méchanique procure à la Société, et de l'utilité des Machines qui mesurent le temps . . . . *Page* 1

CHAPITRE II.

De la première Mesure du temps par les Horloges. — Invention des Horloges d'eau ou Clepsydres, et des Horloges solaires ou Cadrans 13

CHAPITRE III.

De l'invention des Roues dentées ; leur application aux anciennes Horloges d'eau, aux Sphères mouvantes, &c. 28

CHAPITRE IV.

De l'invention des Horloges à roues, dont le moteur est un poids,

CHAPITRE V.

De l'invention de la Sonnerie des heures, ajoutée aux Horloges ;
—du Réveille-matin;—des Horloges portatives appelées Montres;
— du Ressort spiral, *employé pour moteur des montres ; — de*
la Fusée. — État de l'Horlogerie à la fin du XVe siècle et
au milieu du XVIe 65

Chapitre VI.

Chapitre VII.

II.

TOME I.   *c*

CHAPITRE VIII.

CHAPITRE IX.

Chapitre X.

*De la Mesure naturelle du temps. — Le temps, mesuré par les
révolutions du Soleil, est variable. — Les Horloges ne peuvent
mesurer qu'un temps égal. — Du temps* vrai *et du temps* moyen.
— De l'Équation du temps 172

CHAPITRE XIII.

Des Horloges publiques ou de clocher, perfectionnées vers le milieu du XVIII.e siècle

CHAPITRE XIV.

CHAPITRE XV.

De l'Invention des Horloges et des Montres destinées à la détermination des longitudes en mer, et propres à la conduite du vaisseau, et à perfectionner la Géographie 268

XXVI.

CHAPITRE XVI.

Des Épreuves qui ont été faites en mer pour constater la justesse des Horloges et des Montres à longitudes.—De l'usage qu'on a fait de ces machines pour fixer la longitude du vaisseau, rectifier les Cartes marines et perfectionner la Géographie.—Extrait des Voyages des plus célèbres Navigateurs...... 308

FIN DE LA TABLE DES CHAPITRES DU TOME I.er

HISTOIRE

HISTOIRE

DE

LA MESURE DU TEMPS

PAR LES HORLOGES.

CHAPITRE Ier

EXPOSITION abrégée des principaux avantages que la Méchanique procure à la Société, et de l'utilité des Machines qui mesurent le Temps.

LES MACHINES qui servent à la mesure du temps, forment une partie si importante des Méchaniques ; ces automates qui ont une sorte de vie, ont des effets si variés, leurs fonctions sont si subtiles, ils renferment dans leurs combinaisons tant de parties de la Méchanique la plus sublime, que nous avons pensé qu'il nous seroit permis de présenter, sous un point de vue général, ce que l'homme doit à la science des Méchaniques, la première dont il ait fait usage, et de faire succéder à cette esquisse tous les secours que les machines qui mesurent le temps ont procurés à la Société, soit, dans l'ordre civil, pour régler les momens de ses travaux; soit, dans l'Astronomie, pour déterminer le temps des observations; soit, dans la Navigation, pour servir à la conduite des vaisseaux et à la rectification des cartes marines; soit enfin, dans

TOME I.   A la Physique générale, pour étendre les limites de nos connoissances sur le véritable système des corps célestes. Tel est l'essai que nous osons présenter pour servir d'introduction à l'Histoire qui nous occupe.

La Méchanique[a] est le grand instrument de la Nature ; c'est par ses lois divines que *l'éternel Méchanicien* [b] a lancé et qu'il entretient tous les globes célestes qui se meuvent dans l'espace.

Ces mêmes lois animent tout ce qui a vie, les animaux, les végétaux qui peuplent ces mêmes globes. La Fable dit que PROMÉTHÉE déroba le feu[c] du ciel : la Fable se trompe.

Le Ciel inspira à l'homme les premiers principes de la Méchanique : sans cette science, l'homme seroit demeuré sauvage et condamné à disputer par ses seules forces la nourriture et le vêtement avec les animaux. La Méchanique est devenue pour

---

[a] Nous entendons ici par Méchanique, la science qui crée des machines, et non celle qui en calcule après coup les effets. Cette dernière en est la théorie, et l'invention en est assez moderne. L'homme véritablement doué du génie de la Méchanique, applique naturellement ces règles en même temps qu'il crée. Au moins nous le pensons ainsi, et c'est aussi le sentiment du célèbre *Daniel Bernoulli.* « La pratique et l'expérience (dit-il dans une lettre en date du 4 avril 1763) seront toujours ce qu'il y a de plus essentiel dans votre art. *Huygens,* ce grand instaurateur de l'Horlogerie, guidé par la plus sublime théorie, avoit imaginé les petites lames *cycloïdiques* près le point de suspension du pendule : la théorie étoit fort bonne ; mais la pratique nous a appris qu'il valoit mieux s'en passer, en donnant peu d'étendue aux balancemens. Il semble que les grands Génies de votre art *possèdent par la seule force de leurs lumières naturelles, tout ce que la théorie renferme de plus sublime.»* Bernoulli dit ailleurs (lettre du 28 mai 1773) « que souvent un Méchanicien, par une simple espèce de tact naturel, perçoit et saisit les vérités de Méchanique les plus rétives au calcul. *Les plus grands Méchaniciens sont bien plus formés par la Nature que par l'Art. Heureux, &c.* »

[b] *Platon* appeloit Dieu *l'éternel Géomètre.* Nous ne croyons pas cette expression exacte. Le Méchanicien crée ; le Géomètre calcule. On pourroit encore exprimer l'Être créateur, *l'éternelle Puissance.*

[c] Voici comment *Vitruve* explique la découverte du feu, et l'origine des hommes réunis en société : « Anciennement, les hommes naissoient dans les

l'homme une seconde Nature ; c'est par son secours qu'il a multiplié ses forces et augmenté son adresse ; qu'il a dompté les animaux et soumis les élémens. Sans elle, la terre eût vainement produit quelques fruits : l'Espèce humaine eût bientôt été détruite par celle des animaux féroces : nous jouissons des bienfaits de la Méchanique et de toutes ses merveilleuses productions ; mais combien peu d'hommes en sentent le prix ! combien oublient même tout ce qu'ils tiennent immédiatement de la Nature !

LE PREMIER instrument, la première arme employée par l'homme, fut une branche d'arbre qu'il arracha ; elle forma entre ses mains une *massue* pour sa défense, un *levier*[a] pour ébranler et soulever une masse, et un outil pour remuer la terre et la fertiliser. Une pierre aiguë qu'il lia à l'extrémité de cette branche avec des

I.
Première origine de la Méchanique.

bois et dans les cavernes comme les bêtes, et n'avoient comme elles qu'une nourriture sauvage : mais étant arrivé par hasard qu'un vent impétueux vint à pousser avec violence des arbres qui étoient serrés les uns contre les autres, ils se choquèrent si rudement que le feu y prit. La flamme étonna d'abord, et fit fuir ceux qui étoient là auprès : mais s'étant rassurés, et ayant éprouvé, en s'approchant, que la chaleur tempérée du feu étoit une chose commode, ils entretinrent ce feu avec d'autre bois, y amenèrent d'autres hommes, et, par signes, leur firent entendre combien le feu étoit utile. Les hommes étant ainsi rassemblés, comme ils poussoient différens sons de leur bouche, ils formèrent par hasard des paroles, et ensuite, employant souvent ces mêmes sons à signifier certaines choses, ils commencèrent à parler ensemble. Ainsi le feu donna occasion aux hommes de s'assembler, de faire société les uns avec les autres, et d'habiter en un même lieu, ayant pour cela des dispositions particulières que la nature n'a point données aux autres animaux, comme de marcher droits et levés, d'être capables de connoître ce qu'il y a de beau et de magnifique dans l'Univers, et de pouvoir faire de leurs mains et de leurs doigts toute chose avec facilité. Ils commencèrent donc, les uns à se faire des huttes avec des feuilles, les autres à se creuser des loges dans les montagnes ; d'autres, imitant l'industrie des hirondelles, faisoient avec de petites branches d'arbres et de la terre grasse, des lieux où ils pussent se mettre à couvert. » *Voyez* Architecture de *Vitruve*, Traduction de *Perrault*, Édit. 1684, *page 28*.

[a] Le levier.

bandes d'écorce, lui fit une *hache* et un marteau. Avec ces premiers secours, il creusa la terre, se bâtit une *hutte,* et se procura des vêtemens [a] aux dépens des animaux. Lorsqu'après des siècles l'homme eut découvert le feu, cet élément qui vivifie et détruit tout, une circonstance heureuse lui fit reconnoître que la Terre renfermoit dans son sein un minéral que l'action du feu mettoit en fusion, et qui, refroidi, formoit un corps très-dur, susceptible de recevoir les diverses formes propres à ses besoins. Il eut donc la connoissance du métal le plus précieux, le *fer.* Avec le secours du temps, et à force de tentatives, l'homme parvint à rendre ce métal malléable, et successivement il sut se forger des instrumens propres à faciliter la culture de la terre, à construire des habitations plus commodes, à fabriquer les étoffes grossières dont il se couvroit. Tels furent les premiers fruits de la Méchanique. Par son secours, il inventa la charrue, les roues supportant le char pour traîner les fardeaux. Voilà sans doute la première

---

[a] Nous rapporterons ici ce que dit *Vitruve* des premières inventions de la Méchanique : « Ce qui est le plus nécessaire, et qui a dû être inventé avant toutes les autres choses, est le vêtement. Pour l'inventer, il a fallu, à l'aide de plusieurs instrumens, trouver moyen d'entrelacer la chaîne avec la trame ; et cet entrelacement a produit une chose qui n'est pas seulement nécessaire pour couvrir le corps, mais qui lui sert d'un grand ornement. Nous n'aurions jamais eu l'abondance des fruits dont nous sommes nourris, si l'on n'avoit trouvé l'invention de se servir de bœufs et de charrues ; et sans les moulinets et les leviers qui servent aux pressoirs, on ne pourroit faire des huiles claires et des vins agréables comme nous les avons ; et ces biens ne pourroient être portés d'un lieu à un autre, sans les *charrettes,* les *haquets* et les *bateaux* pour les transporter sur la terre et sur l'eau. Les *balances* et les *trébuchets* ont été aussi trouvés, afin de faire savoir quel est le poids de chaque chose, et pour empêcher les tromperies qui se font contre les lois.

» Il y a une infinité d'autres machines dont il n'est point nécessaire de parler présentement, parce qu'elles sont assez connues, comme sont les *roues,* les *soufflets* des ouvriers, les carrosses, les chaises roulantes, le *tour* et les autres instrumens dont on se sert d'ordinaire. » *Architecture de Vitruve,* Liv. X, Chap. I, page 273, Traduction de *Perrault,* Édit. 1684.

origine de l'Agriculture, de l'Architecture et de l'art de fabriquer les étoffes : mais à mesure que la Terre devint plus peuplée, l'homme abusa des secours de la Méchanique, en fabriquant des armes qu'il employa à détruire son semblable. C'est à cette époque, sans doute, que commence l'art de la Navigation. Lorsqu'il fallut traverser des rivières et des fleuves, soit pour attaquer ou pour se défendre, ou lorsque, poussé par le desir de connoître, qui lui est naturel, il voulut se hasarder en mer, un tronc d'arbre creusé lui servit de *canot*.

C'est ainsi que l'homme parvint à faire de la Méchanique une science sublime, à laquelle il doit la continuation de son existence, ses lumières, la perfection de ses organes, &c.

LA MÉCHANIQUE est la base de toutes les connoissances qui honorent l'homme, et qui servent à lui procurer les aisances de la vie. Sans elle, l'Astronomie seroit encore dans l'enfance[a] ;

II.
Notions générales sur les principaux usages de la Méchanique.

[a] C'est à l'aide du cercle de cuivre divisé et de l'*armille*, que les anciens Astronomes ont posé les premières bases de cette science. C'est par le secours des divers instrumens qui ont ensuite été inventés, qu'elle s'est perfectionnée. Nous rapporterons ici quelques passages tirés de l'Histoire de l'Astronomie, par *Bailly*, qui appuient notre opinion.

« La sphère de nos organes (dit cet auteur célèbre) est très-bornée ; elle ne suffit ni à la volonté, ni aux desirs. L'homme, si intéressant par les progrès de sa raison, par les produits de son imagination, est sur-tout digne d'être admiré dans l'invention des instrumens, qui sont les plus utiles et en même temps les plus grandes de ses pensées. Il a multiplié sa force, et s'est aidé de celle des élémens : il a augmenté le pouvoir de ses sens ; il en a rectifié l'usage, assuré le rapport, et il a ajouté à sa puissance physique, une étendue et une exactitude que la Nature sembloit lui avoir refusées. Il a acquis de nouveaux organes. » *Hist. de l'Astr. mod.*, Tom. I, pag. 52.

« Les progrès rapides de l'Astronomie dans les trois siècles où parurent *Hipparque* et *Ptolomée*, sont dus à ces instrumens (les grands instrumens de l'École d'Alexandrie). On ne rend point assez de justice à ces inventions précieuses ; on n'en estime pas assez les auteurs. Ce sont eux cependant qui font les révolutions dans les sciences, et qui amènent les progrès. Si les sciences ont souvent une marche lente ; si elles

c'est aux instrumens qu'elle doit ses progrès. Sans les observations exactes que l'on a pu faire à l'aide de ces instrumens, NEWTON, le grand NEWTON, n'auroit pu deviner le vrai système physique de l'Univers [a].

La Géométrie, cette science si sublime, ouvrage de la sagacité humaine, seroit une étude vaine sans son application à la Méchanique, qui toujours la précède : c'est sur-tout dans le calcul des mouvemens des corps célestes qu'elle étale toutes ses merveilles.

La Navigation, cette science si utile, qui établit la communication entre les parties que la Nature avoit séparées, n'est fondée que sur la Méchanique.

Sans la Méchanique, la Physique auroit fait peu de progrès. C'est à l'aide des instrumens que l'on a obtenu des expériences

paroissent quelquefois stationnaires, elles attendent de nouveaux moyens pour accélérer ou pour recommencer leur course. L'homme a atteint le terme de sa puissance ; ses organes ne lui apprennent plus rien ; il faut que son industrie invente des instrumens, et lui crée de nouveaux organes. Alors un vaste empire se découvre. » *Hist. de l'Astr. mod.*, Tom. I, pag. 79.

« Les grands pas de l'Astronomie dépendront toujours des nouvelles perfections ajoutées aux instrumens. Le génie qui est destiné aux belles découvertes, qui doit fonder les théories sublimes, ne peut rien sans les observations exactes. Mais l'exactitude des observations est limitée par la puissance des instrumens. C'est donc en augmentant cette puissance que la carrière s'ouvre à de nouveaux progrès. Les plus grands hommes ne doivent donc pas dédaigner de les perfectionner ; car la force qu'ils emploient réagit sur eux-mêmes : ils descendent, en apparence, mais comme la balle élastique, qui frappe terre et bondit pour s'élever. L'art des horloges s'étoit renouvelé en Allemagne au XV.ᵉ siècle. Nous avons parlé de celles qui furent fabriquées à Nuremberg, et que *Waltherus* appliqua à l'usage de l'Astronomie, &c. » *Hist. de l'Astr. mod.*, Tom. I, pag. 371.

[a] « Les quarts de cercle, les horloges à pendule, les télescopes (dit *Bailly*), semblent n'avoir été inventés, les mesures exactes n'ont été faites, *Copernic* n'a établi le véritable système planétaire, *Képler* n'a pénétré les lois des révolutions célestes, *Dominique Cassini* n'a fondé une nouvelle et vaste Astronomie, *Descartes* n'a créé une puissante Géométrie, que pour fournir les instrumens et les matériaux du grand édifice que devoit élever *Newton*. » *Hist. de l'Astr. mod.* T. III, p. 326.

certaines sur les effets de la Nature , et que l'on a pu composer cette machine merveilleuse , la pompe à feu.

Parmi tous les bienfaits que l'on doit à la Méchanique , les instrumens précieux qui sont employés par les Chirurgiens, tiennent un rang distingué. C'est par le secours de ces instrumens qu'une main habile adoucit et guérit les accidens funestes qui affligent l'humanité.

Par les ressources de la Méchanique , des hommes de génie ont en quelque sorte imité les puissances de la Nature. Tel a été anciennement ARCHIMÈDE, et, de nos jours, VAUCANSON.

C'est à la Méchanique que l'homme doit le développement de son intelligence et l'augmentation de ses facultés.

Il n'est pas nécessaire de pousser plus loin le détail des bienfaits de la Méchanique : il suffit de rappeler qu'on lui doit tout ce qui est l'ouvrage de l'homme, les manufactures, &c. Il n'existe pas un art qui ne soit le produit de la Méchanique; et, nous le répétons , si l'homme doit tout à la Nature par les productions du globe qu'il habite, il ne doit pas moins à la Méchanique: c'est elle qui le fait jouir des productions de la Nature.

En osant tracer ici quelques-unes des merveilleuses productions de la Méchanique, nous n'avons pas prétendu en détailler tous les avantages. Cette tâche est au-dessus de nos forces , et peut-être au-dessus du pouvoir humain , puisqu'il faudroit rappeler toutes les diverses fonctions de l'homme en société; mais nous avons cru qu'il nous étoit permis, en traitant de la mesure du temps , ou de cet art qui réunit en lui les productions les plus merveilleuses de la Méchanique , de rappeler en peu de mots tout ce que l'homme doit à cette science.

L'ASTRE dont la chaleur entretient le mouvement et la vie dans la Nature entière , le Soleil est notre première horloge : son

III.
Première Mesure

du temps par le Soleil : les Horloges solaires ou Cadrans.

mouvement apparent mesure le temps; il mesure nos jours par ses révolutions *diurnes* ou journalières, et les années par sa révolution dans son *orbite*. Mais cet astre bienfaisant est souvent caché par des nuages : pendant la nuit, nous sommes privés de sa lumière; et sa présence même n'indique naturellement qu'une époque pour chaque jour. L'homme inventa les *Cadrans solaires*, qui marquèrent les heures : mais ce premier instrument ne servoit que pendant que l'astre le frappoit de sa présence. L'homme fut donc obligé de créer une nouvelle manière de mesurer le temps, qui, en suppléant l'horloge céleste, devînt celle de tous les temps, celle de tous les instans, qui fût celle de la nuit comme du jour; et

IV.
Horloges d'eau ou Clepsydres.

il inventa les *Horloges d'eau* ou *Clepsydres*, instrumens qui ont été en usage pendant bien des siècles, quoiqu'ils fussent reconnus très-imparfaits. L'homme parvint enfin à créer le merveilleux

V.
Première Horloge publique dont le méchanisme est composé de roues dentées, d'un balancier et d'un poids moteur.

assemblage qui forme l'*Horloge méchanique à roues dentées, à balancier et à échappement ;* machine qui a été l'origine de l'Horlogerie et la base de toutes les productions de cet art.

Cette première horloge fut placée au haut d'un clocher, afin d'être à l'usage de tous les citoyens. Sa première destination fut donc l'utilité publique.

VI.
Horloge à sonnerie.

L'Homme, dans la suite, fit plus : il ajouta à cette première horloge le méchanisme appelé *Sonnerie ,* au moyen duquel on peut savoir l'heure du jour ou de la nuit, lors même qu'on ne voit pas le cadran de l'horloge. On connoît cette heure par les coups que frappe un marteau sur une cloche assez élevée pour que le son en soit entendu au loin, et que le Public puisse jouir de cette belle invention.

VII.
Le Réveille-matin.

Vers la même époque, on ajouta à l'horloge une méchanique infiniment utile, le *Réveille-matin,* machine au moyen

de

de laquelle on est éveillé par les coups précipités d'un marteau qui frappe sur une cloche à l'instant précis où l'on a décidé de se lever.

Les premières horloges que l'on construisit d'après ces inventions, furent placées dans les clochers des églises et des couvens : mais on ne tarda pas à diminuer le volume de ces machines, afin de pouvoir les placer dans les appartemens des particuliers. C'étoit déjà un pas vers la perfection, et une preuve que la main-d'œuvre étoit moins grossière.

Les instrumens qui servoient à la mesure du temps jusqu'à cette époque, étoient fixes et à demeure dans le même lieu. Mais le desir si naturel à l'homme d'étendre son industrie et ses jouissances, le firent penser aux moyens de porter avec lui le temps ou sa mesure ; et il inventa l'*Horloge portative* ou *de poche*, qu'on a appelée improprement *Montre :* machine non moins merveilleuse par ses usages et ses fonctions, que par son méchanisme même. L'horloge portative est devenue d'un usage général : elle est la mesure de tous les momens ; elle est répandue chez tous les peuples policés, et elle a acquis de nos jours un degré de précision étonnant. Cette machine est un vrai miracle de l'art de la mesure du temps.

VIII.
Horloge portative.

Les premières horloges à balancier marquoient seulement les *heures ;* mais par la suite, lorsqu'elles furent perfectionnées, on leur fit marquer les *minutes* et les *secondes* de temps, et les fractions même de la seconde. C'est alors que ces machines furent employées pour la première fois dans les observations astronomiques : mais, à cette époque, la main-d'œuvre étoit trop grossière et trop imparfaite pour que des horloges à balancier pussent donner la précision requise pour ces sortes d'observations ; ce ne fut que long-temps après , et sur-tout lors de l'application du pendule à l'horloge , qu'elles remplirent cet objet.

I X.
Invention de la Répétition.

UNE INVENTION également précieuse , et dont la science de la mesure du temps a été enrichie , c'est la *Répétition* mécha-nique , ajoutée aux horloges portatives et aux horloges fixes, et au moyen de laquelle on peut savoir à chaque instant du jour ou de la nuit, sans voir le cadran , l'heure et les parties de l'heure indiquées par les aiguilles.

X.
Utilité de la me-sure du temps dans l'usage civil.

LES DIVERSES inventions dont la science de la mesure du temps a été successivement enrichie , sont dues au génie des divers Auteurs qui ont cultivé cette science. C'est par l'usage des horloges que les hommes peuvent employer tous les momens nécessaires aux travaux toujours renaissans de la vie civile. On multiplie et varie ces travaux par la division ménagée du temps. L'homme règle, par son moyen , l'heure du travail et celle du repos, celle de ses repas et de son sommeil. C'est par cette heureuse distribution du temps , que la Société elle - même marche comme l'horloge, et qu'elle forme, lorsqu'elle est bien organisée, une sorte de *rouage ,* dont les mouvemens successifs sont les travaux de tous les membres qui la constituent.

X I.
Découverte du Pendule , et son ap-plication aux Hor-loges.

UNE ÉPOQUE mémorable dans l'histoire de la mesure du temps, est la découverte du *Pendule ,* et sur-tout son appli-cation aux horloges, comme régulateur, substitué au balancier des anciennes horloges. Le pendule, depuis son application à l'horloge , a été tellement perfectionné , que les machines où il est aujourd'hui adapté , donnent une précision qui a beaucoup servi à perfectionner l'Astronomie.

Aᴘʀès l'époque de la découverte du pendule, on ajouta au balancier régulateur des horloges portatives, un ressort plié en spirale, qui produit sur le balancier un effet semblable à celui que la *pesanteur* cause dans le pendule, celui de le faire vibrer seul et indépendant du rouage. Le balancier par le secours de cette heureuse application, est devenu de nos jours un régulateur aussi parfait qu'est le pendule lui-même; et il est devenu par-là assez parfaitement exact, pour procurer des moyens certains de construire les horloges et les montres à longitude, aujourd'hui en usage. Par ces belles inventions, la justesse des horloges à pendule, et celle des horloges portatives, sont devenues si parfaites, que ces machines surpassent autant celles des anciennes horloges, que celles-ci étoient au-dessus des clepsydres ou horloges d'eau.

XII.
Ressort spiral réglant adapté au Balancier régulateur des Horloges portatives.

L'ᴀʀᴛ de mesurer le temps par les horloges, a été également utile pour l'Astronomie. C'est à l'aide de l'horloge à pendule, cet instrument si parfait pour la mesure de la durée, que les Astronomes ont pu déterminer l'instant précis de leurs observations. Cet instrument n'a pas été moins utile pour la Physique générale, en nous faisant connoître la véritable figure de la Terre; et l'horloge à pendule a fourni une preuve évidente du mouvement de rotation du globe terrestre sur son axe.

XIII.
Utilité des Horloges à pendule pour l'Astronomie et pour la Physique générale.

Eɴꜰɪɴ, la mesure du temps par les horloges a procuré aux Navigateurs l'instrument le plus précieux et le plus utile à la conservation des hommes, l'*Horloge marine* ou *à longitude*. Cet instrument est l'horloge à balancier conduite à son plus haut degré de perfection. Avec le secours de cette machine, on parvient à déterminer par des moyens également simples et sûrs la longitude du vaisseau, c'est-à-dire, à fixer le Méridien

XIV.
Utilité des Horloges à balancier dans la Navigation, et pour rectifier les cartes.

où le vaisseau est maintenant arrivé : elle est employée aussi utilement pour fixer les longitudes des îles, des caps, &c. ; et conséquemment pour rectifier les cartes marines, perfectionner la Géographie, &c.

Tels sont, en abrégé, les fruits précieux que la Société a obtenus de la mesure du temps par l'Horlogerie. Il est d'autres inventions qui, sans avoir le même degré d'utilité publique, ont cependant le mérite d'être savantes et curieuses. De ce nombre sont les horloges et les montres à *équation* : méchanique ingénieuse qui fait suivre à l'horloge le mouvement variable du Soleil ; les diverses sortes de quantièmes des jours et des mois de l'année, les quantièmes et les phases de la Lune : les horloges qui marquent le lever et le coucher du Soleil, les révolutions des astres, &c. ; les planisphères et les sphères mouvantes, &c.

CHAPITRE II.

De la première Mesure du temps par les horloges.
Invention des Horloges d'eau ou Clepsydres, et des
Horloges solaires ou Cadrans.

Un des premiers besoins de l'homme réuni en société, a dû
être celui de la mesure du temps : c'est par cette mesure qu'il
régla les momens de ses travaux journaliers, et qu'il fixa les
saisons propres à l'agriculture.

La mesure du temps se divise donc naturellement en deux
branches : la première, celle qui subdivise le temps en petites
parties pour les travaux journaliers; c'est celle que nous donnent
les horloges : la seconde est celle qui fixe les grandes époques
de la vie, les semaines, les mois, les saisons, les années, les
siècles; celle-ci appartient à l'Astronomie[a].

« Dans les premiers temps on compta d'abord par des soleils[b],
ou par des jours; mais les besoins civils demandoient de plus
petites mesures pour partager la journée et les travaux. La Nature,
par l'alternative de la lumière et des ténèbres, avoit réglé celle

---

[a] « Le Ciel est une horloge constante
et perpétuelle : le Ciel enveloppe la
Terre, et dans l'hypothèse de *Ticho*, il
tournoit autour d'elle pour mesurer les
jours : la Lune renouveloit ses phases
pour indiquer la semaine : le Soleil et la
Lune parcourent leurs orbes pour faire
les mois et les années. » *Histoire de*
l'Astr. mod., par *Bailly*; T. I, p. 430.

[b] Les notions que nous allons donner
dans ce chapitre, concernant les anciennes horloges d'eau, &c., sont
extraites de l'Histoire de l'Astronomie
moderne : il nous eût été impossible de
traiter cet objet avec autant de clarté
et de précision que son Auteur célèbre
l'a fait; et ce ne sera pas le seul secours
que nous tirerons de cet excellent ouvrage; nous aurons souvent occasion
de le citer.

du travail et du repos. La première division du jour fut simple;
elle étoit en quatre parties, le matin, le midi ou le milieu du
jour, le soir, et le minuit ou le milieu de la nuit. Il paroît
qu'on subdivisa ces divisions : de là naissent les quatre parties
du jour et les quatre veilles des Romains; division qui se trouve
chez les Indiens [a].

I.
L'invention des
Horloges d'eau ou
Clepsydres est plus
ancienne que celle
des Cadrans solaires.

» Ces mesures étoient vagues et incertaines ; mais lorsque
l'Art vint y appliquer sa précision, lorsqu'on voulut partager
la journée en parties égales, nommées *heures*, on employa deux
moyens : les clepsydres, dans lesquelles la chute de l'eau, modérée
et dirigée par certains artifices, indiqua les heures : les cadrans
sur lesquels l'ombre d'un *style* marche en suivant le mouvement
du Soleil, et sert au même objet. Les clepsydres sont la plus
ancienne de toutes ces inventions ; les Astronomes n'auroient
point employé la chute de l'eau pour partager l'équateur en
douze parties, si l'on avoit eu un cercle divisé; cet instrument
auroit donné directement la division cherchée : et, comme il est
d'une haute antiquité, on voit que l'origine des clepsydres se
perd dans les temps les plus reculés. C'est le cercle divisé, ce
sont les *armilles* anciennes, qui donnèrent naissance aux cadrans.
Un cadran (solaire) n'est qu'un cercle décrit sur un plan,
une armille simplifiée. Ce cercle, divisé en soixante degrés
comme il l'étoit jadis, ou relativement aux douze portions de
l'équateur, fournit deux divisions du jour, l'une plus générale,
et qui semble plus ancienne, en soixante parties, l'autre en douze.
Ces heures furent d'abord égales : elles n'auroient point été
proposées pour la mesure du temps, si elles avoient été inégales;
d'ailleurs l'instrument même, le cadran, les donnoit telles. On
n'auroit pu construire des cadrans qui indiquassent des heures
inégales, sans le secours de la méthode des projections, assez

[a] *Histoire de l'Astronomie moderne ;* Tome I, page 60, édition de 1785.

moderne, et très-postérieure à l'invention des cadrans. Les heures ne devinrent inégales que lorsqu'elles passèrent de l'usage astronomique dans l'usage civil. Les Astronomes appellent *jour,* ou *jour artificiel,* la durée d'une révolution entière du Soleil. Le jour artificiel embrasse un jour naturel et la nuit consécutive. Le peuple, qui veille pour travailler quand le Soleil l'éclaire, qui dort quand il l'abandonne, ne put concevoir qu'on appelât *jour* un assemblage de lumière et de ténèbres , de travail et de repos; il dénatura une division utile, et l'Ignorance la rendit inexacte pour la plier à son usage : elle ne s'embarrassa pas si le temps s'écoule également pendant que les hommes se livrent au sommeil ; elle appliqua les douze heures au jour naturel, au temps de la présence du Soleil. La multitude résiste par sa masse et par la force d'inertie; elle fait la loi au petit nombre d'esprits supérieurs : il fallut céder à l'Ignorance, qu'on ne put sans doute éclairer ; et l'on doubla le nombre des heures pour que la nuit fût mesurée comme le jour. On eut donc vingt-quatre heures. Mais la Science fit plus, après avoir laissé la victoire à son ennemie , elle fut obligée de venir à son secours et de remédier aux suites de son obstination. Les jours étant inégaux , les heures deviennent inégales comme eux dans les différens temps de l'année. Le peuple avoit, sans doute comme nos paysans , quelque moyen grossier, produit par l'inspection habituelle du spectacle du ciel, pour faire le partage des heures du jour; mais ce partage se faisoit mal : les heures de chaque jour devoient être égales entre elles ; elles ne l'étoient pas. La Science tira de ses méthodes et de ses inventions nouvelles, la construction des horloges et des cadrans composés, qui partageoient la durée inégale des jours en douze parties égales : cette perfection fut l'ouvrage de l'École d'Alexandrie. V ITRUVE[a] nous a conservé une nomenclature et

---

[a] *Pollion Vitruve,* Architecte d'Auguste , vivoit environ 40 ans avant J. C.

une description [a] de ces différens instrumens. Nous allons en rapporter quelques détails, en distinguant ce qui semble dû à cette École, de ce qui appartient à des temps antérieurs. »

Les premières horloges d'eau ont été simples et même grossières. On aura d'abord voulu mesurer le temps par l'eau écoulée d'un vase : mais on n'aura pas tardé à s'apercevoir que les quantités d'eau n'étoient pas proportionnelles au temps ; et, après avoir reconnu que l'erreur naissoit de la chute inégale de l'eau, on aura ensuite cherché à y remédier en employant, au contraire, le temps de l'immersion des corps dans l'eau. Le petit bateau des Indiens, percé d'un trou, qui surnage d'abord et s'enfonce au bout d'un certain temps fixé par l'expérience, a peut-être été, dans ce genre, le premier degré de perfection des clepsydres. L'expérience pouvoit apprendre à construire différentes machines de cette espèce, qui mesurassent différens intervalles de temps, et qui fussent des subdivisions les unes des autres ; mais alors la division du temps en très-petites parties, comme on ne peut douter qu'elle n'ait été en usage dans l'Asie, auroit demandé un attirail immense de ces différentes machines, des soins multipliés pour les faire succéder les unes aux autres, et occasionné des erreurs énormes et forcées par les pertes de temps inévitables.

Les Anciens auront eu recours à l'ancienne méthode de la chute naturelle de l'eau ; et, pour des opérations délicates, telles que celle de la division du Zodiaque, ils auront, à chaque intervalle, reversé dans le vase l'eau qui en étoit sortie, afin que, tombant toujours de la même hauteur et avec la même vîtesse, elle mesurât toujours des intervalles égaux.

L'expérience alors leur aura peut-être appris à construire un cône ou une pyramide renversée [b], où l'eau, écoulée en parties inégales, pouvoit cependant descendre par degrés égaux marqués

[a] *Architect.* Lib. IX, Chap. 9.   [b] Planche I.re, fig. 2.

sur

sur une graduation appliquée à l'instrument. Nous pensons qu'on a dû inventer cet instrument, quoiqu'il ne soit décrit dans aucun auteur, parce que, selon nous, il a dû précéder la première espèce de clepsydre que nous allons décrire.

Cependant on peut croire que les Anciens avoient quelque moyen pour rendre toujours égales la vîtesse de l'eau et les quantités écoulées. Nous verrons que plusieurs espèces de clepsydres sont fondées sur cette égalité. Dès qu'ils auront remarqué que cette vîtesse de l'eau dépend de la hauteur de la chute, ils auront cherché les moyens d'entretenir le réservoir toujours plein et à la même hauteur. Nous imaginons un expédient qui est peut-être assez simple pour avoir été employé : ce sont deux réservoirs, dont le premier verse dans le second, avec une décharge à la hauteur où l'on veut entretenir l'eau. Quand le premier donne une quantité d'eau plus grande que le second n'en peut dépenser, l'excès s'en va par la décharge; il suffit de régler les dimensions et les dépenses des deux réservoirs, de manière que l'un en fournisse autant au moins que l'autre en dépense.

Après avoir vaincu cette difficulté, ils en rencontrèrent une autre non moins grande que la première; cette difficulté naissoit de l'inégalité des jours. A Alexandrie, par exemple, le plus long jour d'été étoit de 14 heures, et la douzième partie ou l'heure de 1^h $10'$; le plus court jour d'hiver étoit de 10^h, et l'heure de $50'$ suivant notre manière de compter. Quand les heures du jour étoient de 1^h $10'$, celles de la nuit étoient de $50'$, et réciproquement; les heures de la nuit et du jour varioient entre ces extrêmes, dans les temps intermédiaires. Le temps de l'équinoxe étoit le seul où les jours étoient égaux aux nuits; les heures de la nuit étoient pareillement égales aux heures du jour. Aussi, quand les Anciens vouloient donner la mesure d'un intervalle de temps, pour éviter l'embarras de marquer les saisons, ce qui eût déterminé la longueur des heures, ils se servoient des heures équinoxiales, qui étoient toujours la vingt-quatrième partie du jour artificiel.

11.
Première Horloge
d'eau ou Clepsydre.

LA PREMIÈRE espèce de clepsydre, celle du moins que nous avons droit de regarder comme la première parce qu'elle est la plus simple, étoit composée de deux cônes renversés, l'un creux et percé d'un trou à son sommet, l'autre solide. Les Anciens avoient senti que, pour que leurs horloges suivissent l'inégalité des heures, il falloit faire tomber l'eau inégalement, avec plus ou moins d'abondance. Ces deux cônes étoient arrondis avec tant de ressemblance, qu'en les mettant l'un dans l'autre ils se joignoient parfaitement. Le cône creux avoit ses dimensions telles, qu'étant rempli d'eau, il se vidoit entièrement dans la durée du plus court jour d'hiver. Sa longueur étoit partagée en douze parties, et l'abaissement de l'eau marquoit les heures, ou bien peut-être l'eau tombée et reçue dans un vase indiquoit les divisions égales du jour par ses différentes hauteurs. Lorsque les jours grandissoient et que les heures devenoient plus longues, on introduisoit le cône solide; et selon qu'il étoit moins ou plus avancé dans le cône creux, l'eau passoit avec plus ou moins de facilité : il falloit plus de temps pour écouler la même quantité d'eau, et les parties du jour ou des heures devenoient plus longues. Le cône solide étoit porté par une règle graduée qui montroit de combien il devoit être enfoncé ou retiré, suivant la longueur des jours. Cette construction est simple, même grossière : une pareille machine devoit être difficile à exécuter, en lui supposant la moindre exactitude; l'échelle graduée sur-tout, dont les anciens n'ont pas été d'abord capables : mais on la perfectionna successivement, et, quelque imparfaite qu'elle fût, nous ne pouvons douter que cette horloge ne montrât l'inégalité des heures d'une manière satisfaisante; nous devons croire qu'elle n'avoit point de ces erreurs considérables qui auroient empêché qu'on n'en fît aucun usage. Le soin que VITRUVE prend de la décrire, prouve qu'on s'en étoit servi long-temps, et qu'on s'en servoit peut-être encore de son temps chez les gens peu opulens, qui n'étoient pas en état de payer une plus grande exactitude. Imaginons combien il a fallu d'essais, de soins, d'expériences répétées et suivies au moins pendant le cours d'une année, pour établir la graduation de cette machine, et en construire une qui pût servir de modèle à toutes les autres; c'est ainsi qu'en attendant que l'invention vienne au secours, la patience supplée au génie.

L'HORLOGE ou clepsydre dont nous allons parler est la première de celles où les Anciens avoient appliqué quelque connoissance astronomique. Ici, quoique la chute de l'eau dût être toujours égale, ce sont des quantités inégales d'eau qui font l'inégalité des heures. Au-dessous du cadran est placé un autre cadran, autour duquel sont marqués les signes du Zodiaque et les degrés de l'écliptique. La partie inférieure du cadran est mobile sur ce Zodiaque fixe; elle forme un tambour dans l'épaisseur duquel est pratiquée une rainure inégale. Cette rainure, présentée par le mouvement circulaire et uniforme du tambour, a un trou par lequel l'eau sort, en laissant passer des quantités, tantôt plus grandes, tantôt plus petites; et cette eau, ainsi dispensée, donnoit le mouvement à l'aiguille des heures : le tambour avoit un index; on voit qu'il ne s'agissoit que de placer cet index sur le lieu du soleil dans l'écliptique; la rainure inégale régloit la quantité d'eau relative à la longueur du jour. Ces moyens étoient ingénieux : mais une pareille rainure est difficile à bien faire, et demande beaucoup de soin dans son exécution. Nous ne cesserons point de remarquer que tant d'intelligence n'appartient point à

III.
Horloge d'eau ou
Clepsydre à cadran.

un art nouveau. Quant au mouvement communiqué à l'aiguille des heures, voici comment il s'opéroit : l'eau tomboit dans un réservoir ; elle élevoit un morceau de liége qui tenoit à une chaîne légère, entortillée autour de l'axe de l'aiguille ; l'autre bout de la chaîne étoit garni d'un poids suspendu qui faisoit équilibre au morceau de liége, lequel, en montant, faisoit descendre le poids et tourner l'axe ainsi que l'aiguille des heures.

L'horloge d'eau, que nous croyons la dernière inventée, parce qu'elle suppose plus de connoissance, étoit appelée *anaphorique*. On traçoit, sur le cadran, la projection des cercles de la Sphère ; les différens parallèles du Soleil y étoient décrits ; la partie diurne et la partie nocturne de ces parallèles étoient chacune divisées en douze parties par les cercles horaires. Un clou à tête représentoit le Soleil, que l'on pouvoit placer chaque jour dans le degré de l'écliptique où il étoit réellement : ce clou, mis en mouvement par la chute de l'eau, décrivoit le parallèle du Soleil, et montroit les heures. On voit que cette horloge appartient à un siècle plus éclairé que les premières : elle exige des tables du mouvement du Soleil ; elle suppose connue la méthode des projections ; elle est donc d'une date postérieure à cette méthode et à HIPPARQUE, qui le premier donna des tables du mouvement du Soleil. Sans doute cet Astronome lui-même, ou du moins les artistes de son temps, se sont empressés d'appliquer ces nouvelles connoissances à la perfection des horloges.

Les clepsydres ont été en usage dans toute l'Asie[a], à la Chine, dans l'Inde, sans doute dans la Chaldée, dans l'Égypte, dans la Grèce, où PLATON les introduisit ; CÉSAR les trouva même en Angleterre, lorsqu'il y porta ses armes. Cet instrument nouveau

---

[a] Dans un triomphe de *Pompée*, on porta parmi les dépouilles de l'Orient, une horloge qui étoit dans une boîte tissue de perles. *Pline*, Lib. XXXVII, Cap. I. *Mémoires de l'Académie des Inscriptions ;* Tom. XX, pag. 448.

lui donna lieu d'observer que les nuits de ce climat étoient plus courtes que celles d'Italie.

LES CADRANS au Soleil n'ont pas été d'un usage aussi général que les horloges d'eau. On ne voit des traces de cette invention que chez les Chaldéens et chez les Juifs, qui les reçurent de Babylone. C'est de là sans doute qu'ils passèrent dans la Grèce, dans l'Égypte et dans Rome. VITRUVE nous apprend[a] que les anciens avoient plusieurs sortes de cadrans, l'*Hemicycle*, le *Scaphé* ou *Hémisphère*, le *Disque*, l'*Aranea*, le *Prostahistoroumena*, le *Prospanclima*, le *Pelecinon*, le *Cône*, le *Carquois*, le *Gonarque*, l'*Angonate*, et l'*Antiborée*.

Un si grand nombre de cadrans d'espèces différentes indiquent un art cultivé et approfondi. Ainsi; nous en pouvons conclure que la *Gnomonique*[b], non-seulement n'a pas été inconnue aux Anciens, mais que peut-être ne nous le cédoient-ils pas en cette matière. Toutes ces connoissances, rapportées dans l'ouvrage de VITRUVE, n'appartiennent pas aux Romains, dont le génie n'étoit tourné ni vers les arts ni vers les sciences : à peine connoissoient-ils les cadrans solaires trois siècles avant J. C., et à l'époque où nous sommes maintenant : ils n'ont jamais assez cultivé les Mathématiques ; ils n'ont pas eu un Mathématicien assez célèbre pour faire penser que ces progrès et cette perfection de la Gnomonique soient leur ouvrage ; d'ailleurs VITRUVE en parle d'une manière trop superficielle, pour ne pas croire qu'il parle de connoissances étrangères, qui ne lui étoient pas familières à lui-même. Nous les plaçons ici, parce que, n'étant point l'ouvrage des Romains, ils ont dû les rapporter d'Égypte, où elles ont été, dans l'École d'Alexandrie, sinon inventées, du

I V.
Des Horloges
solaires ou Cadrans.

---

[a] *Archit.* Lib. IX , Cap. 9.

[b] La *Gnomonique* est la science de tracer les cadrans ou horloges solaires.

moins perfectionnées. L'*Hémicycle*, inventé par BEROSE, comme nous l'avons déjà dit[a], étoit *hémisphérique*, et creusé dans un carré, de manière que le grand cercle de cette demi-sphère fût perpendiculaire au plan de l'équateur : nous n'en dirons pas davantage; le texte de VITRUVE est assez obscur, et M. PERRAULT l'est davantage. Ce cadran nous paroît devoir être le cadran original, le premier inventé, parce que le Soleil marchant dans un cercle, sur la rondeur du Ciel, les Anciens ont voulu que la concavité de cet instrument le rendît semblable à la voûte céleste, et que l'ombre opposée au Soleil marchât comme lui dans une sphère. On y retrouve une certaine imitation qui est en tout genre le premier pas de l'esprit humain.

L'*Aranea* est de l'invention d'EUDOXE. Nous avons dit que ce cadran étoit décrit sur un plan[b], et que la multitude des lignes qui y furent tracées, semblables aux fils de l'araignée, lui avoit fait donner ce nom. EUDOXE remarqua sans doute que la concavité de l'instrument étoit inutile à son objet : l'ombre du stile pouvoit marcher également sur un plan perpendiculaire à l'équateur. Quoi qu'il en soit, ce cadran, décrit sur un plan, paroît être le second pas que l'on a fait dans la Gnomonique.

Nous ignorons en quoi le *Scaphé*, ou *Hémisphère* d'ARISTARQUE, différoit de l'Hémicycle de BEROSE.

Le *Disque* étoit un cadran horizontal, aussi de l'invention d'ARISTARQUE. Ce mot *disque* indique qu'il n'étoit pas creusé, mais tracé sur un plan. On ne nous dit pas ce qu'il avoit de nouveau et de particulier; mais, puisqu'il étoit horizontal, ARISTARQUE découvrit sans doute qu'il n'étoit pas nécessaire que ce cadran fût incliné comme l'équateur; les divisions de ce cercle, projetées sur un plan horizontal, pouvoient également indiquer les heures.

[a] Voyez l'*Hist. de l'Astronomie an-cienne*. Éclaircissemens; Liv. IV, §. 34.   [b] *Histoire de l'Astronomie ancienne*, Liv. IX, §. 5.

Le *Prostahistoroumena* est dû à SCOPAS de Syracuse. Le nom de ce cadran signifie : *Pour tous les lieux dont il est parlé dans l'histoire.* Il y a apparence qu'il étoit construit pour le climat de la Grèce, et qu'on n'en savoit pas d'abord assez pour s'apercevoir de son inexactitude, à moins qu'on ne suppose qu'on en varioit l'inclinaison pour les différentes latitudes ; mais alors il ne différoit pas du *Prospanclima*, qui étoit un cadran universel, inventé par PARMÉNION. Ici l'esprit inventeur est revenu sur ses pas pour perfectionner une première invention abandonnée. On a commencé par faire les cadrans inclinés, et dans un plan perpendiculaire au plan de l'équateur ; on a senti ensuite qu'ils pouvoient être projetés sur un plan horizontal : tout cela étoit bon tant qu'on resta dans le même lieu ; mais quand on voulut transporter ce cadran, on s'aperçut qu'il n'indiquoit plus l'heure avec exactitude ; ou plus vraisemblablement, en remarquant que la projection sur un plan horizontal dépendoit de l'angle que l'équateur fait avec l'horizon, on devina que cette projection devoit être différente pour chaque lieu, et que le même cadran n'indiquoit plus l'heure lorsqu'il étoit déplacé. On avoit la ressource de faire une projection exprès pour chaque ville : mais l'industrie humaine, excitée par les obstacles, voulut faire mieux, et en construire un qui fût universel. Dans cette vue, PARMÉNION remarqua que l'ancien cadran, incliné à l'horizon et perpendiculaire à l'équateur, étoit propre à devenir universel, en le rendant mobile ou susceptible de prendre différentes inclinaisons, et de s'élever ou de s'abaisser suivant que, dans les différens lieux où il seroit transporté, l'équateur seroit moins ou plus élevé sur l'horizon.

Quand une fois les cadrans eurent atteint cette perfection, on imagina, pour les rendre plus intéressans ou plus utiles, d'y ajouter différentes autres indications. Nous en jugeons par le

Pelecinon ou cadran fait en hache, dont les auteurs sont THÉODOSE et ANDREAS PATROCLES. M. PERRAULT conjecture, avec beaucoup de vraisemblance, que ce cadran avoit reçu son nom des lignes transversales qui, marquant les signes et les mois, sont serrées vers le milieu et élargies vers les côtés ; ce qui leur donne la forme d'une double hache, assez semblable au fer des anciennes hallebardes. Il conjecture aussi que les cadrans en cône ou en carquois, attribués à DIONYSIODORE et APOLLONIUS, sont les cadrans verticaux qui regardent l'orient et l'occident, et qui, étant longs et situés obliquement, peuvent représenter un cône ou un carquois.

A l'égard du *Gonarque* et de l'*Angonate*, on voit par leurs noms qu'il est question d'angle, et que ces cadrans étoient différemment inclinés à l'égard de l'horizon ou du méridien. BALDUS croit que l'*Antiborée* étoit un cadran équinoxial tourné vers le nord ; mais un cadran équinoxial n'a qu'une de ses moitiés tournée vers le septentrion : elle sert pour le printemps et l'été ; l'autre, qui est pour l'automne et l'hiver, doit regarder le midi. C'est cette première moitié, sans doute, à laquelle on a donné le nom d'*Antiborée*. VITRUVE fait aussi mention de cadrans portatifs, qu'il appelle *Pensilia*, parce qu'il falloit les suspendre pour s'en servir : ils devoient en conséquence avoir beaucoup d'analogie avec notre anneau astronomique.

Tels étoient, avec le *Gnomon*, les instrumens dont les Astronomes d'Alexandrie firent usage jusqu'à HIPPARQUE et PTOLEMÉE, qui en inventèrent de nouveaux. On reconnoît facilement ce que, dans l'art des clepsydres et des cadrans, ces Astronomes durent à leurs prédécesseurs ; on voit la perfection que l'art reçut de leur génie. VITRUVE décrit ces machines comme étant en usage à Rome : mais cette ville célèbre domina l'Univers, s'enrichit de ses dépouilles, se para des productions

des

des arts, sans en perfectionner aucun : l'Égypte nourrissoit Rome, et perfectionnoit les arts pour elle. A Rome, où la prospérité étoit née des orages, les ames n'avoient de ressort et de mouvement que pour l'ambition, la guerre et la tyrannie : en Égypte, sous la force unique et le gouvernement d'un seul, les Grecs déployèrent tranquillement leur génie pour occuper, pour embellir le repos de la paix. L'Astronomie renaissoit en même temps que la Géométrie ; à la lumière de ces deux sciences, l'art des clepsydres et celui des cadrans faisoient des progrès semblables. On ne voit point cet ensemble et cette correspondance chez les anciennes nations de l'Asie : le sol y dessèche les germes étrangers ; si quelques-uns se montrent, c'est en individus solitaires qui meurent sans postérité. Chez les peuples inventeurs tout se vivifie à la fois ; les arts et les sciences marchent d'un pas égal : ce sont des fruits de la même terre et mûris par le même soleil.

La *figure 3, planche I,* représente la clepsydre à deux cônes [a], qui est la première espèce de celles qui tempèrent l'eau. A est le cône creux, dans lequel il faut concevoir qu'il tombe de l'eau suffisamment pour en fournir la quantité qui est nécessaire, lorsque le trou qui est à la pointe du cône en laisse plus sortir, et concevoir encore que ce qui est de reste, lorsque le même trou en laisse moins sortir, s'écoule par un conduit qui empêche qu'elle ne tombe au même endroit où tombe celle qui sort par la pointe du cône : ce conduit, non plus que celui qui apporte l'eau, ne sont point représentés, parce qu'ils ne sont point particuliers à cette clepsydre. B est le cône solide qui emplit toute la cavité du cône creux quand il est baissé tout-à-fait, et qui laisse couler plus ou moins d'eau à proportion

V.
Explication des figures qui représentent les anciennes Horloges d'eau.

[a] *Architecture de Vitruve,* Traduction de *Perrault,* Liv. IX, pag. 268.

qu'il est plus ou moins levé. C est la règle en manière de coin
qui lève plus ou moins le cône solide, selon qu'elle est plus ou
moins poussée, selon les marques qu'elle a pour chaque jour.

La *figure 1* représente la clepsydre à tambours ou tympans,
qui est de la première espèce de celles qui tempèrent l'eau. A est
le château ou réservoir où l'eau tombe, et au haut duquel il
faut concevoir qu'il y a un conduit qui fait écouler l'eau qui
est de reste, ainsi qu'il a été dit qu'il en faut supposer un pour la
clepsydre à cônes. B est le tuyau par lequel l'eau passe du
château dans le grand tympan. M N est le grand tympan, qui
a vers le haut un trou par lequel l'eau qui vient du tuyau B,
entre dans le petit tympan. O D L est le petit tympan tiré hors
du grand pour laisser voir la rainure qu'il a, et qui, lorsqu'il
est emboîté dans le grand tympan, fait comme un canal qui
tourne tout autour, et qui, étant d'inégale largeur, reçoit plus ou
moins de l'eau qui lui vient par le trou du grand tympan, selon
que l'étroit ou le large de la rainure est adressé au droit du trou. F
est le tuyau qui reçoit l'eau qui est entrée par la rainure, et qui
la porte par le trou G, pour être versée dans le réceptacle H,
dans lequel l'eau montant élève le vase renversé marqué I,
auquel est attachée la chaîne qui suspend le contre-poids K, par
le moyen duquel l'axe qui fait tourner l'aiguille est remué. N
représente la ligne écliptique : les points qu'elle a sont pour y
adresser tous les jours les pointes O et L : la pointe L est pour
le jour, et la pointe O est pour la nuit.

Les clepsydres, selon PERRAULT[a], étoient les horloges
d'hiver, à cause que les cadrans au soleil ne sont pas d'usage
en cette saison. Outre les horloges d'hiver, qui sont les clepsydres,
et celles d'été, qui sont les cadrans au soleil, les Anciens en
avoient une troisième espèce que l'on appeloit des *horloges de*

[a] *Architecture de Vitruve;* Liv. IX, pag. 265, note 2.

nuit ; mais il faut remarquer que les horloges des Anciens étoient bien plus difficiles que les nôtres, où les heures sont toujours égales : car les heures changeoient tous les jours parmi eux, parce qu'ils partageoient toujours le jour, c'est-à-dire, le temps qu'il y a depuis le lever du Soleil jusqu'à son coucher , et la nuit de même, en douze heures égales. Il faut encore remarquer qu'ils se servoient de deux moyens pour faire marquer à leurs clepsydres ces heures différentes : le premier étoit de changer de cadran tous les jours, et de faire par ce moyen que, bien que le mouvement de l'index fût toujours égal , les heures ne laissassent pas d'être inégales , leurs espaces étant tantôt plus grands et tantôt plus petits. VITRUVE apporte deux exemples de cette sorte de clepsydres ; savoir : la clepsydre de CTÉSIBIUS représentée *planche I, fig. 5 et 6,* et la clepsydre *anaphorique.*

La seconde espèce de clepsydre étoit celle où, sans changer de cadran, les heures étoient tantôt grandes, tantôt petites , par l'inégalité du mouvement de l'index, qui dépendoit du *tempérament* que l'on donnoit à l'eau, pour parler comme VITRUVE. « Ce tempérament se faisoit en agrandissant ou apetissant le trou par lequel l'eau sortoit : car cela faisoit qu'aux longs jours , où les heures étoient plus grandes, le trou étant apetissé, il tomboit peu d'eau en beaucoup de temps , ce qui faisoit que l'eau montoit lentement et faisoit descendre lentement le contre-poids qui faisoit tourner le pivot auquel l'index étoit attaché. » VITRUVE donne aussi deux exemples de cette espèce de clepsydre ; savoir, la clepsydre des deux cônes, qui est représentée *planche I, fig. 3,* et la clepsydre à deux tympans, qui est la 1.re figure de la même planche.

La colonne , *fig. 4 , planche I,* représente un ancien *gnomon* qui a dû servir à marquer les hauteurs méridiennes du Soleil.

CHAPITRE III.

De l'invention des Roues dentées; leur application aux anciennes Horloges d'eau, aux Sphères mouvantes, &c.

L'INVENTION des roues dentées[a], si utile dans la Méchanique, est le fondement ou la base des machines qui mesurent le temps par l'Horlogerie. L'invention des roues dentées est fort ancienne; car il paroît bien certain qu'elle appartient à ARCHIMÈDE, méchanicien célèbre, qui vivoit environ 250 ans avant J. C. : nous en trouvons la preuve dans ce qui est rapporté à l'article CTÉSIBIUS, Histoire des Mathématiques de MONTUCLA, *T. I, p. 276.*

« CTÉSIBIUS, et HÉRON son disciple, l'un et l'autre d'Alexandrie, s'illustrèrent par leur habileté dans les Méchaniques.

[a] La première origine des roues dentées est due au *levier*, et le premier usage que l'on a dû faire des roues dentées a été pour élever des fardeaux.

L'action du levier pour élever un fardeau n'est qu'instantanée; car il faut, à chaque petite élévation, ramener le levier pour le remettre de nouveau en prise ou en action : on aura évité cet obstacle en formant une suite de leviers de mêmes longueurs, et également espacés autour d'un centre commun. Voilà une roue dentée que l'on peut faire communiquer par engrenement avec une autre roue aussi dentée, mais d'un plus grand diamètre. Supposons la dernière dix fois plus grande, et par conséquent ayant aussi dix fois plus de dents : si l'on adapte sur l'axe de la petite roue qu'on appelle *pignon*, une *manivelle* qui ait pour longueur le demi-diamètre de la grande roue, cette manivelle parcourra dix fois plus de chemin que la circonférence de la grande roue, et de sorte qu'avec dix fois moins d'action sur la manivelle on élevera un poids dix fois plus pesant : supposons encore que la grande roue porte à son centre un pignon pareil à celui de l'axe de la manivelle, et que ce pignon engrène avec une règle dentée ou *crémaillère;* un poids d'une livre, appliqué à l'extrémité de la manivelle, fera équilibre avec un poids de cent livres soulevé par la crémaillère. Telle est à-peu-près l'origine de la machine à élever les fardeaux et qu'on appelle le *Cric.*

» HÉRON s'acquit, de même que son maître, une haute réputation dans la Méchanique. On avoit autrefois de lui un ouvrage au moins en trois livres, où il traitoit au long des puissances méchaniques : il les réduisoit au *levier*, suivant l'idée déjà reçue des Mathématiciens, et il les combinoit de diverses manières pour les appliquer aux besoins de la vie.

» GOLIUS apporta de l'Orient, au milieu du siècle passé, un ouvrage où ce Méchanicien [HÉRON] *restituoit* la machine d'ARCHIMÈDE pour tirer des fardeaux énormes. PAPPUS en parle, et la nomme *Onerum tractor*. C'étoit une machine fort semblable à notre cric, c'est-à-dire, composée de *plusieurs roues dentées, engrenées dans des pignons*[a]. »

VOILÀ donc l'invention des roues dentées attribuée à ARCHIMÈDE par un savant Méchanicien, qui étoit presque son contemporain : mais d'ailleurs, la Sphère mouvante d'ARCHIMÈDE

I.
L'invention des roues dentées due à *Archimède*.

Dans la pratique, toutes les dents d'une roue sont ordinairement formées sur la même pièce, quoique nous ayons supposé que c'étoient autant de leviers : et en effet, on doit considérer chaque dent d'une roue comme un levier propre à agir sur un autre levier, afin de lui communiquer son mouvement ou action.

Dans l'usage des roues dentées employées à élever des fardeaux, l'*agent* ou puissance doit être appliqué à la petite roue ou pignon, parce qu'alors elle a plus de vîtesse pendant que le fardeau se meut plus lentement.

Si l'agent ou puissance agit sur la grande roue et celle-ci sur un pignon, et successivement sur une suite de roues et de pignons ; dans ce cas, on augmente la vîtesse et le nombre des révolutions (et la force motrice communiquée diminue à proportion de l'augmentation de vîtesse) : c'est de cette sorte que les roues dentées sont employées dans nos horloges, pour augmenter la durée de l'action ou puissance motrice, afin de ne pas être obligé de la renouveler trop souvent en remontant le poids moteur ou le ressort moteur.

[a] Les roues dentées paroissent être d'une date plus ancienne encore ; car *Aristote*, qui vivoit 350 ans avant *Jésus-Christ*, rapporte au levier, le tour, les moufles, les *roues dentées* et le coin. *Voyez* un Mémoire du C.[en] *Fourier*, inséré dans le Journal de l'École polytechnique, V.[e] cahier, Prairial an 6, *page 20*.

fournit encore une nouvelle preuve de cette invention ; car il est difficile d'expliquer comment une telle machine a pu être exécutée sans le secours des roues dentées et des pignons.

Nous rapporterons ici ce qui est dit par DERHAM[a], de la Sphère mouvante d'ARCHIMÈDE.

« Quoiqu'il ne soit pas fait mention de la Sphère d'ARCHIMÈDE dans les Œuvres (d'ARCHIMÈDE) qui nous restent, cependant plusieurs Auteurs célèbres en parlent assez , et CICÉRON même plus d'une fois. Dans son second livre de la Nature des Dieux, il a dit que *ces sots Philosophes s'imaginoient qu'ARCHIMÈDE pouvoit faire davantage en imitant les mouvemens de la Sphère que n'a pu la Nature en les produisant.* Et dans ses Disputes Tusculanes, livre I , n.° 25, édition d'Elzev., disputant pour prouver que l'ame participe de la divine nature, il raisonne de cette invention d'ARCHIMÈDE , et dit qu'*ARCHIMÈDE inventa une Sphère qui montroit le mouvement de la Lune , du Soleil et des cinq planètes.* »

La meilleure description qui nous reste de cette Sphère, est dans ces vers de CLAUDIEN.

JUPITER in parvo cùm cerneret æthera vitro ,
Risit , et ad Superos talia dicta dedit :
Huccine mortalis progressa potentia curæ !
Jam meus in fragili luditur orbe labor.
Jura poli , rerumque fidem, legesque Deorum
Ecce Syracusius transtulit arte senex.
Inclusus variis famulator spiritus astris ,
Et vivum certis motibus urget opus.

I I.
Sphère mouvante
d'*Archimède* , 200
ans avant J. C.

---

[a] Traité d'Horlogerie , traduit de l'anglois de *Derham*, page 159. (Imprimé chez *Dupuis*, 1746.)

L'ouvrage anglois a pour titre , *the artificial Clockmaker;* il parut à Londres vers 1700. (*Voyez* Règle artificielle du temps, par *Sully*, 2.ᵉ édit. préface.)

Percurrit proprium mentitus Signifer annum,
  Et simulata novo Cinthia mense redit :
Jamque, suum volvens audax industria mundum,
  Gaudet, et humanâ sidera mente regit.
Quid falso insontem tonitru Salmonea miror !
  Æmula Naturæ parva reperta manus.

TRADUCTION DES VERS PRÉCÉDENS.

JUPITER, ayant vu la fragile machine
Qui fait mouvoir les cieux sous une glace fine,
Dit aux Dieux, en riant : Un vieux Syracusain
A tâché d'imiter l'ouvrage de ma main !
Des décrets éternels, de cet ordre immuable
Qui régit l'Univers par un art admirable,
ARCHIMÈDE prétend contrefaire les lois.
Un esprit qui conduit mille astres à la fois,
Enfermé dans le sein d'un nouvel édifice,
Règle leur mouvement, en soutient l'artifice.
Dans ce monde apparent, le Soleil j'aperçois
Chaque an finir son cours, la Lune chaque mois.
Ce mortel, enivré de l'ardeur qui l'inspire,
Les voit avec plaisir soumis à son empire.
Du fils d'Éole en vain ai-je détruit les feux :
Un autre veut encor se comparer aux Dieux !

« Il paroît par cette description, que le Soleil, la Lune et les autres corps célestes avoient leur mouvement naturel dans cette Sphère, et que ce mouvement étoit causé par quelque esprit enfermé : à la vérité je ne saurois dire ce que c'étoit que cet esprit enfermé ; mais supposons que ce fussent des poids ou des ressorts avec des roues ou des poulies, ou enfin quelque autre invention de l'Horlogerie, qui, étant cachée aux yeux du vulgaire, a pu être prise pour un ange ou un esprit, ou quelque autre puissance divine ; peut-être aimeroit-on mieux entendre par esprit, quelque liqueur ou vapeur aérienne et subtile : mais j'ai de la peine à deviner comment cette liqueur ou quelque chose autre que l'Horlogerie, eût pu produire un tel effet. »

Ainsi s'explique DERHAM sur la Sphère mouvante d'ARCHI-MÈDE.

CICÉRON n'en parle pas avec une moindre admiration, et il la regarde comme une des inventions les plus capables de faire honneur à l'esprit humain. Cet ouvrage fut aussi celui dont ARCHIMÈDE se sut le plus de gré ; car, ayant négligé de décrire ses autres inventions, il laissa une description de celle-ci, sous le titre de *Sphæropæia* [a].

L'antiquité des roues dentées est plus particulièrement prouvée par leur usage dans les machines des Anciens. On trouve dans l'Architecture de VITRUVE, les roues dentées employées dans cinq machines différentes : 1.º dans l'horloge de CTÉSIBIUS [b]; 2.º dans la machine à élever l'eau [c]; 3.º dans le moulin à moudre la farine [d]; 4.º dans le *compte-pas*, ou machine à mesurer le chemin que fait un carrosse [e]; 5.º dans la *balliste* [f].

Les roues dentées sont donc une invention beaucoup plus ancienne que VITRUVE et CTÉSIBIUS même : car dans la description que VITRUVE fait des machines que nous venons de citer, il n'en parle que comme étant l'ouvrage des Anciens.

L'horloge de CTÉSIBIUS étoit essentiellement composée de roues dentées : PERRAULT en a donné la description dans sa traduction de VITRUVE ; c'est d'après lui que nous ferons connoître cette horloge.

[a] *Hist. des Math.*, Tome I, page 244.

[b] *Architecture*, Liv. IX, Chap. 9, page 264 de la Traduction de *Perrault*, édit. de 1673.

[c] Liv. X, Chap. 10, page 288.

[d] *Ibidem*.

[e] Liv. X, Chap. 14, page 301.

[f] Liv. X, Chap. 16, page 306.

CTÉSIBIUS,

CTÉSIBIUS, natif d'Alexandrie[a], étoit fils d'un barbier : il naquit avec un esprit tellement inventif, qu'il excelloit entre tous aux méchaniques, pour lesquelles il avoit une forte inclination. Un jour, ayant envie de pendre un miroir en la boutique de son père, en telle sorte qu'on pût aisément le hausser et le baisser par le moyen d'une corde cachée, il exécuta ainsi cette machine.

Il mit un canal de bois sous la poutre où il avoit attaché des poulies sur lesquelles la corde passoit, et faisoit un angle pour passer dans ce bois qu'il avoit creusé, afin qu'une boule de plomb y pût couler : or il arriva que, lorsque cette boule, allant et venant dans ce canal étroit, faisoit sortir par la violence de son mouvement l'air enfermé et épaissi par la compression, et le poussoit contre l'air du dehors, cette rencontre et ce choc rendoient un son assez clair. S'étant donc aperçu que l'air, resserré et poussé avec véhémence, rendoit un son pareil à la voix, il fut le premier qui, sur ce principe, inventa les machines *hydrauliques,* comme aussi tous les *automates* qui se font par l'impulsion des eaux renfermées, les machines qui sont fondées sur la force du *cercle* ou celle du *levier,* et plusieurs autres belles et agréables inventions, mais principalement les horloges qui se font par le moyen de l'eau.

POUR faire réussir ces machines, il perça une lame d'or ou une pierre précieuse; et il choisit ces matières, parce qu'elles ne sont pas capables d'être usées par le passage continuel de l'eau, ni sujettes à engendrer des ordures qui puissent boucher l'ouverture. Cela étant ainsi, l'eau qui coule également par ce petit trou, fait élever un morceau de liége, ou un vaisseau renversé, que les ouvriers appellent *tympanum* ou tambour, sur

III.

Horloge d'eau à roues dentées, inventée par *Ctésibius,* qui vivoit 140 ans avant J. C.

____

[a] *Arch. de Vitruve,* Trad. de *Perrault,* Édit. 1673, Liv. IX, Chap. 9, p. 263.

lequel est une règle et des roues dentelées[a] également, en sorte que, par le moyen de ces dents, dont l'une pousse l'autre, ces roues tournent fort lentement. Il se fait encore d'autres règles et d'autres roues dentelées de la même manière, qui, par un seul mouvement en tournant, produisent plusieurs effets, et font remuer diversement de petites figures à l'entour de quelques pyramides, jettent des pierres[b], font sonner des trompettes, et de telles autres choses qui ne sont point de l'essence de l'horloge.

On en fait aussi en marquant sur des colonnes ou des pilastres, les heures qu'une petite figure montre avec une petite baguette, pendant tout le jour, à mesure qu'elle s'élève de bas en haut : or, afin que la grandeur des heures, qui est inégale et qui change tous les mois et même tous les jours, soit exactement marquée, on ajoute ou on ôte des coins qui arrêtent l'eau et empêchent qu'elle ne coule vîte. Pour cela, on fait deux cônes, dont l'un est creux et l'autre solide, tous deux arrondis si juste, qu'en entrant l'un dans l'autre, ils se joignent parfaitement ; de sorte que par une même règle, en les serrant ou en les lâchant, on peut donner plus ou moins de force au cours de l'eau. Et c'est

---

[a] Cette machine n'est pas représentée dans nos figures de clepsydres, parce qu'elle n'a pas besoin de figure pour être entendue ; ceux qui ont vu la machine appelée *cric*, qui est assez commune, n'auront pas de peine à comprendre qu'y ayant une règle dentelée posée sur le liége ou *phellos*, il faut que l'eau qui fait monter le *phellos*, fasse aussi monter la règle, et que cette règle, poussant les dents d'une roue dans lesquelles les siennes sont engagées, fasse tourner la roue ; n'y ayant point d'autre différence entre cette clepsydre et le cric, sinon qu'au cric, le pignon, qui est une espèce de roue, fait aller la règle ; et dans la clepsydre, la règle fait aller la roue : ce qui ne change point la nature de la machine. (*Note de* PERRAULT.)

[b] On peut douter si ces pierres que jettent ces horloges, ne sont point pour marquer les heures en tombant dans un bassin d'airain, et si elles ne tiennent pas lieu de la sonnerie de nos horloges. Ce que *Vitruve* dit au Chap. 14 du X.e Livre des machines que les Anciens faisoient pour mesurer le chemin que l'on faisoit en carrosse, donne lieu à cette pensée. (*Note de* PERRAULT.)

par de semblables artifices que l'on fait des horloges avec de l'eau pour le temps de l'hiver [a].

LES *figures 5 et 6, planche I,* représentent la clepsydre de CTÉSIBIUS [b]; la *figure 6* fait voir la machine entière, qui consiste en une colonne qui tourne sur son piédestal, faisant son tour en un an : sur cette colonne, il y a des lignes à plomb qui marquent les mois, et des lignes horizontales qui marquent les heures. A un des côtés de la colonne, on a mis la figure d'un enfant qui laisse couler goutte à goutte l'eau de la clepsydre : cette eau, étant donc tombée au-dedans de la machine dans un conduit long et étroit, monte insensiblement dans le conduit à mesure qu'elle l'emplit ; et, par le moyen d'un morceau de liége qui nage sur l'eau, une autre petite figure est élevée, qui tient une baguette avec laquelle, à mesure qu'elle monte, elle montre les heures qui sont marquées sur la colonne.

La *figure 5* fait voir le dedans de la machine : A est le tuyau par où l'eau monte dans la figure de l'enfant qui la laisse tomber de ses yeux dans le carré M, d'où elle passe par le trou qui est auprès de M, pour aller vers B tomber dans le conduit carré-long et étroit marqué B C D. Dans ce conduit est le morceau de liége D, qui, nageant sur l'eau, et se haussant à mesure qu'elle monte, lève la petite colonne C D qui hausse insensiblement l'autre enfant qu'elle soutient, et qui montre les heures avec une

IV.
Explication de l'Horloge d'eau à roues dentées de *Ctésibius.*

---

[a] Les clepsydres étoient les horloges d'hiver, parce que les cadrans au soleil ne sont pas d'usage en cette saison. Outre les horloges d'hiver, qui sont les clepsydres, et celles d'été, qui sont les cadrans au soleil, les Anciens en avoient une troisième espèce que l'on appeloit des horloges de nuit. Mais il faut remarquer que les horloges des Anciens étoient bien plus difficiles que les nôtres, où les heures sont toujours égales ; car les heures changeoient tous les jours parmi eux.

[b] *Arch. de Vitruve,* Traduction de *Perrault,* Édit. 1673, page 266.

baguette. Lorsque, pendant vingt-quatre heures, l'eau a rempli le conduit long et étroit, et qu'en montant elle a aussi rempli le tuyau F B, qui fait une partie du siphon F B E, elle se vide par la partie B E et tombe sur le moulin K, qui, étant composé de six caisses, fait un tour en six jours. Le pignon N, qui lui est attaché et qui a six dents, fait remuer la roue I, qui en a soixante, à laquelle est attaché le pignon H, qui a dix dents, pour remuer la roue G O, qui en a soixante-une, et qui fait par conséquent son tour en trois cent soixante-six jours. Or cette dernière roue G O, par le moyen de son pivot O L, fait tourner la colonne L, sur laquelle les signes, les mois et les heures sont marqués; en sorte que la colonne, faisant une trois cent soixante-sixième partie de son tour, elle met au droit du bout de la baguette de la petite figure une des lignes perpendiculaires, qui est divisée en vingt-quatre parties par des lignes horizontales, suivant les proportions que les heures du jour et de la nuit avoient anciennement les unes à l'égard des autres.

Un autre exemple que l'on fournit de l'antiquité de l'Horlogerie, se trouve encore (selon DERHAM [a]) dans CICÉRON, lequel, entre autres preuves solides, est rapporté pour prouver « qu'il y » a quelque être intelligent, divin et sage qui gouverne, et est » comme l'Architecte d'un si grand ouvrage qu'est le monde. » Voici ses paroles ; elles ont quelque rapport à mon sujet : » *Cùm solarium vel descriptum aut ex aquâ contemplere, intelligere* » *declarari horas arte non casu, &c.* ; et peu après : *Quòd si in* » *Scythiam aut in Britanniam Sphæram aliquis tulerit hanc, quam* » *nuper familiaris noster effecit* POSIDONIUS, *cujus singulæ conver-* » *siones idem efficiunt in Sole et Lunâ et in quinque stellis errantibus* » *quod efficitur in cælo singulis diebus et noctibus, quis in illâ* » *Barbarie dubitet quin ea Sphæra sit perfecta ratione !* »

[a] *Traité d'Horlogerie*, page 162.

» L'Auteur veut dire en général qu'il y a des cadrans solaires décrits avec des lignes à la manière des nôtres, et d'autres faits avec de l'eau ; telles sont les clepsydres : mais que POSIDONIUS avoit inventé, en dernier lieu, une Sphère dont les mouvemens répondoient à ceux du Soleil, de la Lune et des cinq planètes, tels qu'ils se font aux cieux tous les jours et toutes les nuits.

» Cette Sphère, comme on voit, fut inventée, pour le plus tard, au temps de CICÉRON, c'est-à-dire, environ quatrevingts ans avant J. C.; et, selon toute apparence, c'étoit une pièce d'horlogerie : on n'en sauroit douter, quand on considère que ses mouvemens journaliers et annuels répondoient à ceux des corps célestes, comme nous voyons par sa description. »

Telle est l'opinion de DERHAM.

« Environ l'an 490 (de J. C.) le roi THÉODORIC [a] envoya à GONDEBAULT, roi de Bourgogne, des horloges avec des personnes qui les savoient gouverner. Dans l'une de ces horloges on voyoit jusqu'où peut aller la subtilité de l'esprit humain pour bien représenter toute la disposition et l'arrangement des Cieux. Sans avoir besoin du Soleil, on voyoit le cours du Soleil ; et les heures étoient marquées bien distinctement par le moyen de l'eau qui s'écouloit goutte à goutte. Ces horloges étoient de l'invention de CASSIODORE. »

« BOËCE étoit Romain et homme consulaire [b] : il avoit fait une traduction de l'*Almageste*, qui a été perdue. Son talent dans la Méchanique et dans la Gnomonique est connu par une lettre de THÉODORIC, roi des Goths, qui lui demande deux horloges pour le roi de Bourgogne : l'une solaire, qui donnât l'heure par les rayons du Soleil ; l'autre hydraulique, qui servît pour la nuit.

---

[a] *Traité d'Horlogerie du P. Alexandre,* page 12.

[b] *Histoire de l'Astronomie moderne, par Bailly,* Tome I, page 207.

Je veux, dit-il, que vous soyez connu chez les peuples où vous ne pouvez aller, et qu'ils sachent que nous avons des hommes d'une naissance distinguée qui valent bien les écrivains anciens dont on admire les ouvrages. Cependant le prince qui l'avoit loué le fit périr : on ne sait si ce fut parce que Boëce avoit l'esprit trop républicain, ou si ce fut à cause de l'arianisme dont Théodoric étoit infecté, et contre lequel Boëce se déchaîna. Les conquérans sont féroces : quand on approche les lions, il faut craindre leur réveil. »

VII.
Horloge à la Chine, par *Y-Hang*, astronome, l'an 721 de notre ère.

Nous rapporterons ce que le père Gaubil[a] dit d'un instrument fort vanté dans l'Histoire chinoise, instrument que Y-Hang, astronome célèbre, avoit fait construire, et qui lui attira les éloges de toute la cour. L'eau faisoit mouvoir plusieurs roues; et par leur moyen, on représentoit le mouvement propre et le mouvement commun du Soleil, de la Lune et des cinq planètes; les conjonctions, les oppositions, les éclipses du Soleil et de la Lune; les occultations des étoiles et des autres planètes. On voyoit la grandeur des jours et des nuits pour *Si-Gan-fou*, les étoiles visibles et non visibles sur son horizon. Deux styles (ou aiguilles) marquoient jour et nuit le *ké*[b], la centième partie du jour, et les heures. Quand le style ou aiguille étoit sur le ké, on voyoit tout-à-coup paroître une petite statue de bois, qui donnoit un coup sur un timbre, et disparoissoit d'abord : quand le style étoit sur l'heure, une statue de bois paroissoit sur la scène et frappait sur une cloche; le coup donné, elle se retiroit.

Nous observerons sur cette horloge, de même que sur celle d'Haroun al-Raschid et de Ctésibius, que les heures

[a] *Hist. de l'Astr. mod.* Tome I, page 631.
[b] Les Chinois divisent le jour en 100 *kés*, le *ké* en 100', et la minute en 100". *Astronomie moderne*, Tome I, page 636.

n'étoient annoncées que par un seul coup. Mais quand on réfléchit sur le méchanisme uniforme et commun à des pays si éloignés, quand on voit l'art des horloges perfectionné à Alexandrie, annoncer, par sa perfection même, un art depuis long-temps cultivé; quand on retrouve ce même art et la même perfection à la Chine et à Babylone; quand on se rappelle que les anciens habitans de la terre, pour faire les observations dont il nous reste quelques résultats, ont dû avoir des instrumens propres à mesurer le temps, on est tenté de croire que, dans des pays si éloignés, chez des nations dont le caractère est la lenteur, et dont le génie est peu inventif, ces progrès semblables d'un même art indiquent au moins une tradition des inventions qu'on avoit faites dans ce genre : cette tradition, également conservée chez ces différens peuples, en garantissant par un exemple connu la possibilité de l'exécution, les a fait revenir sur la voie, a produit les mêmes effets et a été suivie du même succès. »

HAROUN AL-RASCHID, ce calife qui a laissé une si grande réputation dans l'Asie[a], donna dans le IX.e siècle, à l'Europe, des preuves de la perfection des arts chez les Anciens. Il envoya à CHARLEMAGNE des ambassadeurs et des présens, parmi lesquels étoit une horloge de laiton d'une exécution admirable pour le temps. Mise en mouvement par une clepsydre, elle marquoit les douze heures, et il y avoit autant de balles d'airain qui tomboient sur un timbre placé au-dessous : douze portes s'ouvroient pour donner passage à autant de cavaliers. Cette horloge indiquoit, dit-on, une infinité d'autres choses.

VIII.
Horloge envoyée à *Charlemagne*, par *Haroun Al-Raschid*, dans le IX.e siècle (en 809).

Il y avoit aussi quelques figures que les roues de cette horloge faisoient mouvoir. [Traité des Horloges du P. ALEXANDRE, *page 12.*]

[a] *Hist. de l'Ast. mod. ;* T. I, p. 219.

Nous pensons que les cavaliers étoient ajoutés pour indiquer le nombre des heures écoulées. Ce goût des figures mouvantes a subsisté long-temps en Europe dans plusieurs horloges qui sont détruites aujourd'hui. Les inventions renfermées dans celle-ci, démontrent que l'art étoit anciennement cultivé : car les rois peuvent créer le goût des arts; mais, dans les arts méchaniques sur-tout, la perfection est l'ouvrage du temps; et il faut que bien des siècles et plusieurs génies passent pour ajouter une perfection nouvelle à un nombre de perfections.

Ce que nous venons de rapporter sur les horloges des Anciens, nous prouve l'état de perfection où ils avoient porté ces machines : ce n'étoient à la vérité que des clepsydres; mais qui étoient construites avec beaucoup d'art, et qui n'en demandoient pas moins dans leur exécution. On voit également que l'usage des roues dentées est de la plus haute antiquité, et on ne peut plus douter que dans les sphères mouvantes d'ARCHIMÈDE et de POSIDONIUS, on n'eût fait usage des roues dentées, et que le principe du mouvement de ces machines ne fût hydraulique : c'est-à-dire, qu'elles ne fussent mues et réglées par l'action de l'eau.

Nous terminerons ce chapitre par quelques observations sur le principe de la mesure du temps par les clepsydres. Dans les horloges d'eau ou clepsydres, l'eau remplit deux fonctions : par l'une, elle tient lieu de ce que nous appelons aujourd'hui *puissance réglante ;* et par l'autre, de *force motrice.*

Dans les clepsydres, chaque goutte d'eau qui s'échappe, forme par sa chute un battement ou intervalle qui répond aux vibrations de nos *régulateurs ;* et c'est de l'égalité de durée de chaque chute que dépendoit la justesse des horloges des Anciens : cette durée dépendoit de la hauteur constante de l'eau du réservoir par lequel elle s'échappoit; elle dépendoit, de plus, de la constante

grosseur

grosseur du trou ou tuyau par lequel elle s'échappoit, et enfin de l'égale fluidité de l'eau.

Les gouttes d'eau qui s'accumuloient par leur chute, formoient par leur masse la *puissance motrice*, laquelle faisoit tourner le rouage et marquoit les heures : d'où l'on voit que l'égalité de durée des révolutions des roues, et par conséquent des heures, dépendoit elle-même de la *puissance réglante*, qui étoit la chute de l'eau.

D'après cet exposé des principes des clepsydres, on voit évidemment qu'elles ne pouvoient donner qu'une mesure de temps très-inégale, et particulièrement par les changemens de température, qui rendoient l'eau plus ou moins fluide, et par conséquent l'intervalle entre les chutes des gouttes d'eau très-inégal.

CHAPITRE IV.

De l'invention des Horloges à roues, dont le moteur *est* un poids, *et qui sont réglées par un* balancier *dont le* mouvement alternatif ou de vibration est produit par *l'*échappement.

Nous avons rapporté, dans les deux premiers chapitres, ce que l'on sait de plus positif sur les horloges des Anciens; les clepsydres et les cadrans. On a vu que l'on doit à ces mêmes Anciens une invention importante, celle des roues dentées; invention qui, comme nous l'avons dit, est le fondement de l'Horlogerie, et sans laquelle nos horloges actuelles n'auroient pu exister. Nous sommes maintenant arrivés à l'époque où la science de la mesure du temps par les horloges, a acquis les plus précieuses de ses découvertes. Les inventions dont nous allons parler, consistent, 1.º dans l'application de l'action de la pesanteur des corps substituée à celle de l'eau, pour faire mouvoir les roues de l'horloge; 2.º dans celle d'un *modérateur* ou *régulateur* que l'on appelle le *balancier*[a], lequel, par son action sur le rouage, règle et détermine la vîtesse des roues dont les révolutions marquent les parties du temps; 3.º enfin, celle de ce méchanisme admirable appelé l'*échappement*, dont le double effet est d'interrompre ou de suspendre, à chaque instant, l'action du moteur et des roues, et de produire dans le balancier

---

[a] Le balancier est un anneau circulaire dont la circonférence, également pesante, est concentrique à un axe portant deux pivots : cet anneau doit donc rester en équilibre sur lui-même, quelle que soit sa position.

un mouvement alternatif ou de *vibration*[a] qui divise le temps en des parties égales : il est bon de faire remarquer ici que cette belle propriété de l'échappement et du balancier réunis, forme le régulateur, et que cette puissance a été substituée à celle de la chute des gouttes d'eau dans les clepsydres.

Mais si, comme on n'en peut douter, les inventions que nous venons d'indiquer annoncent beaucoup de génie dans ceux qui les ont créées, on doit infiniment regretter de ne pouvoir en connoître les auteurs, et de ne pouvoir assigner les époques exactes de ces belles inventions : au moins elles sont connues, et nous pouvons établir tout le mérite de ces premières inventions, qui sont la base de la science de la mesure du temps. Nous rapporterons, avant tout, quelle a été l'opinion des Savans sur ces premiers inventeurs de l'art de la mesure du temps.

« IL EST certain (dit le Père ALEXANDRE [b]) que celui qui a trouvé le premier le moyen de mesurer la durée du temps par le mouvement des roues dentées, tempéré par la libration alternativement contraire du balancier, mériteroit tous nos éloges, s'il nous étoit connu ; mais l'histoire ne nous en apprend rien de certain. Quelques-uns [c] en donnent l'honneur à PACIFICUS, Archidiacre de Vérone, lequel vivoit du temps de LOTHAIRE, fils de LOUIS LE DÉBONNAIRE, environ l'an 850.

» Mais il n'est guère probable que le balancier ait été trouvé en 850, et qu'on n'en ait pas eu connoissance en France plus de 250 ans après. La découverte étoit d'une trop grande utilité pour n'avoir pas été répandue de toutes parts, particulièrement

I.
Opinions diverses sur l'invention des Horloges à balancier, à échappement, &c.

---

[a] On appelle *vibration* ou *oscillation*, le mouvement d'un corps qui va et revient sur lui-même : tel est le mouvement qui a lieu lorsqu'on suspend un corps à un fil et qu'on l'éloigne de son point de repos en l'abandonnant ensuite.

[b] *Traité des Horloges*, page 12.

[c] Dictionnaire de *Furetière* sur le mot HORLOGE, *Moréry* sur le même mot.

dans les monastères, où on en avoit un si grand besoin pour régler les heures de l'office de la nuit. Cependant, dans le fameux monastère de Cluny, où Saint-Hugues est mort en 1108, le Sacristain[a] sortoit pour voir les astres, et connoître s'il étoit l'heure à laquelle il falloit réveiller les Religieux pour l'office de la nuit : ainsi ils n'avoient pas encore l'usage de nos horloges à roues.

» Nous ne connoissons point d'autre auteur (continue le P. Alexandre) à qui on puisse attribuer légitimement l'invention des horloges à roues, que Gerbert[b]. Il étoit né en Auvergne, et fut Moine dans l'Abbaye de Saint-Gérard d'Aurillac[c], ordre de Saint-Benoît; il fut Pape sous le nom de Silvestre II en 999. Ce fut à la fin du dixième siècle, environ 996, qu'il fit à Magdebourg *cette horloge si admirable et si surprenante*[c], *par le moyen des poids et des roues.* [d] »

Nous observerons ici que le P. Alexandre a attribué, en 996, l'invention des horloges à roues à Gerbert, et qu'il oublie qu'il refuse cette invention à Pacificus, parce qu'en 1108 le Sacristain sortoit pour voir les Astres : or la même objection, la même difficulté, subsistent pour Gerbert. Il n'est pas plus auteur des horloges à balancier que Pacificus ; et la plus forte preuve qu'on en peut alléguer, c'est que les horloges à balancier n'ont été connues que vers le milieu du quatorzième siècle, c'est-à-dire, six cents ans après Pacificus, et trois cent cinquante ans après Gerbert : donc ni l'un ni l'autre ne sont inventeurs des horloges à balancier.

On étoit si loin d'avoir des horloges à balancier aux temps de

---

[a] Dans la *Bibliot. de Cluny*, p. 448.
[b] *Annales bénédictines.* T. III, p. 570.
[c] *Thomas Bozius.*
[d] L'invention des roues étoit connue environ 1200 ans avant *Gerbert;* il n'est donc question ici que de l'invention du balancier, de l'échappement et du poids moteur.

PACIFICUS et de GERBERT , qu'à ces époques on n'avoit pas même des clepsydres ; car *si* , au commencement du douzième siècle, on avoit eu des clepsydres, le Sacristain du monastère de Cluny n'auroit pas eu besoin de veiller la nuit pour réveiller les Religieux.

Nous devons encore rapporter ici l'opinion de divers auteurs sur l'antiquité de l'Horlogerie et sur l'invention de nos horloges à balancier.

DERHAM, célèbre Physicien anglois, que nous avons déjà cité, vivoit vers la fin du dix - septième siècle ; il publia en 1698 son Traité de l'Horlogerie, dans lequel il donne un Abrégé d'Histoire de cette science. Voici son opinion (*Voyez* page 158 de ce Traité) :

I I.

L'invention des Horloges à roues, à balancier, &c., paroît appartenir aux artistes allemands , ou au moins venir d'Allemagne.

« Ayant jusqu'ici rapporté en peu de mots les anciennes manières de mesurer le temps, il convient maintenant de nous rapprocher de notre sujet, et de dire quelque chose de ce qui regarde l'Horlogerie, que l'on croit de bien plus fraîche date que ces autres inventions, et que l'on croit avoir commencé en Allemagne depuis environ deux cents ans. En effet, nos pendules à balancier, ou montres, semblent avoir commencé dans cet endroit-là aussi bien que certains autres automates ; ou plutôt l'Horlogerie, qui avoit été comme ensevelie dans un profond oubli depuis long-temps, a commencé à refleurir là : mais je nie absolument que l'invention de l'Horlogerie soit d'un temps si proche de nous ; car j'en ai deux exemples d'une date bien plus ancienne.» DERHAM cite ici la Sphère mouvante d'ARCHI-MÈDE et celle de POSIDONIUS, dont nous avons parlé ci-devant; ensuite il dit, *p. 164 :*

« On ne peut douter que ces sortes de machines admirables [les Sphères mouvantes] fussent bien communes; et je crois que c'étoient de vraies curiosités dans ce temps-là, comme celles de

M. WATSON et de quelques autres le sont encore à présent ; mais je ne saurois me persuader qu'on ait négligé la pratique d'une invention aussi utile, étant naturel et facile de l'appliquer à la mesure des heures, sur-tout aux temps d'ARCHIMÈDE et de CICÉRON, où les arts libéraux et les sciences florissoient.

» La barbarie succéda aux temps que nous venons de marquer, et les arts et les sciences furent négligés jusqu'au quinzième siècle, temps auquel ils semblèrent se renouveler ; et alors l'Horlogerie, comme le reste, fut rétablie, ou, pour mieux dire, comme inventée de nouveau en Allemagne : c'est du moins le sentiment général, parce que les morceaux les plus anciens nous sont venus de ce pays-là. Mais pour ce qui est du temps et du nom de l'inventeur de cet art, nous n'en saurions rien marquer de précis : il y en a qui croient que SÉVÈRE BOËTHIUS l'inventa dès l'an 510.

» Mais si l'on ne veut pas lui accorder une antiquité si reculée, peut-être conviendra-t-on qu'elle soit de REGIOMONTANUS, vers la fin du quatorzième siècle : quoi qu'il en soit, c'étoit toujours avant CARDAN ; car il en parle comme d'une chose commune de son temps, et il vivoit il y a près de deux cents ans.

» On voit encore aujourd'hui, dans le palais de *Hampton-court*, une horloge magnifique, dont l'inscription montre qu'elle fut faite du temps de HENRI VIII par un nommé N. O, l'an 1540.

» Je me souviens d'avoir vu, il y a quelques années, une autre pièce, qui étoit une montre, qui appartenoit aussi à HENRI VIII, qui alloit pendant une semaine entière ; peut-être étoit-elle de la façon du même auteur.

» Je dirai très-peu de chose de ces inventions curieuses d'Horlogerie, qui ont des effets si surprenans. Le Docteur HEYLIN raconte qu'il y a dans la cathédrale de Lunden en Suède, une horloge et un cadran surprenans. On distingue, dit-il, fort clairement sur le cadran, l'année, le mois, la semaine, le jour, et l'heure de chaque jour, pour toute l'année, avec les fêtes mobiles et fixes, le mouvement du Soleil et de la Lune, et leur passage par chaque degré de l'écliptique. L'horloge est si artistement composée, que, lorsqu'elle sonne les heures, deux cavaliers se rencontrent et se donnent l'un à l'autre autant de coups que l'horloge va sonner d'heures : alors une porte s'ouvre, et l'on voit un théâtre où est la bienheureuse Vierge assise sur un trône avec JÉSUS-CHRIST entre ses bras, accompagnée des trois Rois ou Mages, avec leur cavalcade qui marche en ordre ; les Rois se prosternent et présentent chacun leur présent : deux trompettes sonnent pendant toute la cérémonie, pour en solenniser la pompe.

» Je pourrois encore parler de diverses autres pièces très-curieuses ; mais SCHOTTUS peut satisfaire la curiosité du lecteur sur ce point. »

Nous rapporterons encore ici ce qui est dit sur l'invention des horloges à balancier par le célèbre auteur de l'Histoire de l'Astronomie moderne [BAILLY], *tom. I, p. 321.*

« Jusqu'au neuvième siècle on n'eut d'horloges à roues que celles qui étoient venues de l'Orient, encore étoient-ce des clepsydres. PACIFICUS, Archidiacre de Vérone, mort en 846, est le premier qui ait fait une horloge mue par des roues et par un poids sans le secours de l'eau. PACIFICUS est sur-tout célèbre, parce qu'il paroît être l'inventeur de l'*échappement,* méchanique ingénieuse où il employa l'inertie d'un *balancier,* ou d'une masse mue par les roues, à retarder et à régler leur mouvement. Quand on eut l'idée de donner aux horloges un nouveau moteur en se servant de la pesanteur des corps solides, on put remarquer aisément que ces corps avoient le même inconvénient que l'eau, celui de s'accélérer dans leur chute, et de tomber plus vîte à la fin qu'au commencement de leur descente[a]. Ce fut donc en effet une idée très-ingénieuse que celle d'employer une masse, telle qu'un balancier, à retarder continuellement la descente du poids, à détruire l'accélération, et à ne lui laisser, dans tous les momens de sa chute, que la vîtesse uniforme qu'il a dans le premier instant ; c'est l'effet que produit le balancier circulaire : placé horizontalement, il porte sur son axe vertical deux palettes qui sont alternativement poussées par les dents d'une roue ; tandis que le poids de l'horloge tend à faire mouvoir cette roue, elle fait tourner la palette qui résiste à son effort ; et lorsque la dent échappe, la dent opposée tombe sur l'autre palette ; par cet effet alternatif, le mouvement de la roue, celui du rouage tour-à-tour interrompu et rétabli, font que la descente du poids, alternativement libre et suspendu, est toujours au premier instant, et établit,

[a] L'explication que l'on donne ici ne nous paroît pas exacte, et nous devons présenter nos remarques là dessus : l'auteur *[Bailly]* ne nous paroît pas avoir saisi les principes des clepsydres : dans celles-ci, la chute de l'eau étoit le diviseur du temps ; et par conséquent, si la hauteur de la chute changeoit, l'accélération différoit : mais dans l'horloge à roues, c'est le *balancier* qui est le diviseur ou régulateur ; le poids n'est que moteur. Or, par rapport au poids, nous observerons que sa descente ne peut s'accélérer, ainsi qu'il est facile de le prouver.

Lorsque les corps tombent librement, leur vîtesse s'accélère ; s'ils parcourent 15 pieds dans la première seconde de temps, ils en parcourent 45 dans la deuxième, &c. : mais on confond souvent cette accélération en l'attribuant aux poids moteurs, où cependant elle est presque nulle. Sans doute, par la propriété de la pesanteur, le poids moteur tend à accélérer sa vîtesse ; mais il est à chaque instant arrêté par le rouage qu'il entraîne : cet accroissement de vîtesse est d'autant plus insensible, que le poids moteur parcourt un petit espace dans un temps donné. S'il en étoit autrement, on verroit à chaque instant augmenter l'étendue des arcs décrits par le pendule de nos horloges ; et c'est ce qui n'a pas lieu.

On conçoit donc que si un poids moteur descend de 5 pieds en 24 heures, c'est-à-dire, en 86,400″, il ne peut plus être considéré comme descendant librement : il ne descend en effet que

au

au lieu de l'accélération, l'uniformité de mouvement qui est le principe de la régularité des horloges. GERBERT en fit une fameuse à Magdebourg en 1003 ; mais il y a lieu de croire que c'étoit un cadran. »

Le méchanisme de l'échappement est fort bien expliqué par l'Auteur de cet article (au principe près qui attribue au poids moteur un effet qui ne peut appartenir qu'au balancier, principe que nous ne pouvons admettre, ainsi que nous l'avons marqué dans la note) ; mais nous ne partageons pas l'opinion que ce méchanisme appartient à PACIFICUS. Les objections que nous avons présentées ci-devant, sur l'opinion du P. ALEXANDRE, subsistent dans toute leur force; d'ailleurs, le célèbre Auteur de l'Histoire de l'Astronomie ne cite aucun garant de ce qu'il avance.

Les plus anciennes horloges à roues et à balancier dont l'Histoire fasse mention, et dont l'existence est positive parce

d'environ $\frac{8}{100}$.es de ligne par seconde, pendant que le corps libre parcourt dans le même temps, 15 pieds ou 216,000 centièmes de ligne : l'espace parcouru par le poids moteur est donc à celui de la chute libre, comme 1 est à 2160.

De ce qui précède, il s'ensuit que ce n'est pas cette accélération de la descente du poids moteur, qui, dans les premières horloges à roues, a rendu l'invention de l'échappement si utile ; mais c'est que le balancier tournant alors toujours dans le même sens, accéléroit la vîtesse de son mouvement par une suite nécessaire de sa pesanteur, effet de la force *centrifuge*.

Enfin, une dernière preuve que cette accélération du poids moteur n'a pas lieu, et que l'augmentation de vîtesse du rouage dépend uniquement de l'effet de la force centrifuge du balancier, c'est que si au lieu d'un poids moteur on emploie un ressort réglé par une fusée, la même accélération du mouvement du balancier aura également lieu.

Cet effet de la force centrifuge dans le balancier ou dans une roue pesante est tel, que si on laisse tourner librement la dernière roue d'un rouage mu même par un ressort, cette roue tournera d'abord lentement; mais sa vîtesse s'accroîtra sensiblement, et augmentera enfin à un tel degré de vélocité, que si on ne l'arrête promptement ses pivots casseront. Le même effet auroit lieu dans le pendule *circulaire* ou à *pirouette*, s'il n'avoit pas la faculté de s'écarter de son centre pour décrire de plus grandes aires.

G

qu'il en subsiste encore des restes, et dont la construction est connue (au moins de l'une de ces machines), sont celles qui ont paru vers le milieu du quatorzième siècle. Elles sont rapportées par le P. ALEXANDRE dans son Traité des Horloges, *pag. 16 ;* les voici :

« RICHARD WALINGFORT, Abbé de Saint-Alban, en Angleterre, qui vivoit en 1 3 2 6, par un miracle de l'art, fit une horloge qui n'avoit pas sa pareille dans toute l'Europe, selon le témoignage de GESNER.

III.
Première Horloge à roues dentées et à balancier qui a été connue en France, en 1370, exécutée par un artiste allemand , appelé *Henri de Vic.*

» CHARLES V, dit *le Sage ;* Roi de France [a], fit construire, à Paris, la première grosse horloge par HENRI DE VIC, qu'il fit venir d'Allemagne, et la mit sur la tour de son palais, environ l'an 1 3 7 o.

» En 1 3 8 2, le Duc de Bourgogne [b] fit ôter de la ville de Courtrai une horloge qui sonnoit les heures ; c'étoit l'une des plus belles que l'on connût alors, tant en deçà qu'au-delà de la mer : et il la fit apporter à Dijon, où elle est encore à présent sur la tour de Notre-Dame. Ce sont les plus anciennes horloges que je trouve après celle de GERBERT.

» Ces horloges à roues et sonnantes ont l'avantage, par-dessus toutes les horloges anciennes, d'être plus réglées dans leur mouvement, et de nous avertir de l'heure qu'il est tant de jour que de nuit ; de manière qu'au milieu des ténèbres, en entendant sonner l'horloge, on est aussi sûr de l'heure que si on voyoit le Soleil.

» Le premier mouvement des horloges à roues a d'abord été fait avec un balancier suspendu par un cordon, comme on le voit encore [c] dans plusieurs anciennes horloges qui n'ont pas été réformées. Cette invention, pour mesurer la durée du temps

---

[a] *Jean Froissart ;* T. II, Chap. 1 2 8.
[b] *Moréri ,* sur le mot HORLOGE *du Palais.*

[c] Le *P. Alexandre* écrivoit ceci en 1733.

par le mouvement réciproquement alternatif d'un balancier, conduit par des roues qui avoient leur mouvement par le moyen d'un poids attaché à une corde qui s'enveloppoit sur l'axe de la grande roue, fut estimée autant qu'elle le méritoit, dans un temps où l'on n'avoit rien de meilleur, ni même qui en approchât: la nouveauté, jointe à la grande utilité de ce mouvement, qui, dans la suite, a été accompagné de la sonnerie, fut bientôt répandue de tous côtés.

» JEAN DE DONDIS, Médecin et Astronome de Padoue [a], célébré par RÉGIOMONTANUS dans le discours public qui précéda la lecture d'ALFERGAN, mérita sa réputation par une horloge infiniment curieuse pour son temps [b], destinée à marquer l'heure, le jour, le mois, les fêtes de l'année, le cours du Soleil, de la Lune et des planètes [c]. RÉGIOMONTANUS fait beaucoup d'éloge de ce Planétaire. Il fait entendre que JEAN DE DONDIS eut plus de réputation comme Astronome que comme Médecin. Son invention lui fit donner le surnom d'*Horologio*, que sa famille a conservé. L'Italie lui a donné ce surnom comme elle donna jadis celui d'*Africain* et d'*Asiatique* aux deux SCIPIONS. JEAN DE DONDIS eut un fils qui expliqua le méchanisme de cette horloge dans un ouvrage resté *manuscrit* [d]. »

Des quatre horloges qui ont paru en Europe dans le quatorzième siècle, et que nous venons de citer, on ne connoît la construction que de celle de la tour du Palais à Paris, et de celle de Dijon; mais on ignore absolument quel étoit le méchanisme de l'horloge attribuée à WALINGFORT. DERHAM, qui vivoit à Londres à la fin du XVII.[e] siècle, a donné, dans un Traité des horloges et des montres, un Précis historique sur l'Horlogerie, dans lequel il ne

---

[a] *Hist. de l'Astr. mod.* Tome I, page 680.
[b] Il vivoit à la fin du XIV.[e] siècle.
[c] *Encyclopédie*, au mot HORLOGE.
[d] *Hist. des Mathémat.* Tome I, page 439.

parle même pas de cette horloge de WALINGFORT : et nous venons de voir que la description de l'horloge de DONDIS est restée en *manuscrit*. Mais heureusement nous avons des renseignemens certains sur l'horloge de la tour du Palais à Paris. JULIEN LE ROY, dans un Mémoire placé à la suite de *la Règle artificielle du Temps*, la cite comme la connoissant; il indique même la pesanteur du poids moteur de la sonnerie, qu'il dit être de 500 livres. On peut donc assurer que cette horloge étoit à poids; que son *mouvement*[a] étoit composé de trois roues avec des pignons à *lanterne*[b]; qu'elle étoit réglée par un balancier placé horizontalement et suspendu par un cordon, pour réduire le frottement de ses pivots; que ce balancier avoit un mouvement alternatif ou de vibration produit par *l'échappement à roue de rencontre*[c]; qu'elle marquoit les douze heures sur un cadran; enfin que cette horloge étoit à sonnerie.

On sait, de plus, que l'Artiste qui exécuta cette horloge, s'appeloit HENRI DE VIC; que CHARLES V le fit venir à cet effet d'Allemagne, et que cette horloge fut exécutée à Paris par cet Artiste : d'où l'on peut conclure que l'art des horloges devoit, depuis long-temps, être cultivé en Allemagne; car il n'est point dit que HENRI DE VIC fût l'inventeur du méchanisme de l'horloge. D'ailleurs, il est certain que les premières horloges ont d'abord été faites sans sonnerie; et il est encore plus incontestable que l'invention de l'horloge, telle qu'elle a existé dans le quatorzième siècle, n'a pas été l'ouvrage d'un seul Méchanicien; les diverses parties qui composent l'horloge à balancier n'ont été

---

[a] Ici le mot *mouvement* est employé en Horlogerie pour exprimer cette partie de la méchanique de l'horloge qui divise et mesure le temps.

[b] Un pignon à lanterne est composé de fuseaux ou petits cylindres assemblés sur deux plaques où ils sont fixés; ces fuseaux tiennent lieu des dents ordinaires.

[c] C'est le nom du plus ancien échappement connu.

faites que par une longue suite de recherches et de temps, ce qui suppose une plus haute antiquité à ces découvertes successives. Nous présenterons ci - après la suite naturelle que l'on peut supposer à ces diverses inventions qui composent le *mouvement* de la première horloge à balancier, telle que nous avons vu qu'étoit l'horloge de la tour du Palais.

Lorsqu'on eut inventé la première horloge à balancier et à échappement, les horloges se multiplièrent; mais ce fut seulement dans les monumens publics, tels que les palais, les églises et les monastères : mais dès-lors ces machines, qui étoient très-volumineuses, furent exécutées fort grossièrement par des ouvriers inhabiles : elles restèrent sous une enveloppe si informe, que les principes de leur composition, quoiqu'excellens, furent anéantis par l'énorme quantité des frottemens des diverses parties qui les composoient. On peut juger combien ces machines étoient informes et grossières, par une horloge qui fut faite plus de deux cents ans après celle de la tour du Palais ; cette horloge, qui marquoit les minutes et les secondes, étoit destinée à servir aux Observations astronomiques de Tycho-Brahé : on sait que cette horloge étoit composée de trois roues, dont la première avoit trois pieds de diamètre[a]. On peut également juger quelle devoit être l'énorme masse de ces anciennes horloges, par la pesanteur des poids moteurs de ces machines. Dans le Mémoire que nous avons déjà cité, Julien le Roy dit *qu'il y a de grosses horloges dont chaque poids est de mille ou douze cents livres*[b]. Le poids moteur de l'horloge du Palais (dit-il ailleurs) pèse environ 500 livres : il descend, en 24 heures, d'environ 32 pieds.

C'est sans doute cette forme grossière, cette enveloppe sous laquelle les premières horloges ont paru, qui a empêché d'en

[a] *Ast. de Lalande*, n.º 2460, 2.ᵉ éd.
[b] *Règle artificielle du Temps* (de *Sully*). Mémoire par *Julien le Roy*, page 345, 2.ᵉ édit. 1734.

apprécier les principes, de connoître l'excellence de l'invention ; et nous pouvons dire que l'on n'a pas assez connu ni assez estimé l'invention du balancier vibrant, régulateur de la première horloge : mais nous qui, placés à l'époque où l'Horlogerie a acquis la plus grande perfection et obtenu les succès les plus brillans et les plus utiles, nous pouvons juger ; nous pouvons, en admirant l'heureux génie qui nous a procuré cette belle découverte, rendre à son inventeur, ou aux inventeurs, toute la justice qu'ils méritent.

Nous dirons donc que nous devons à ces inventions, vraiment originales, la base de toute la science de la mesure du temps : nous lui devons nos horloges publiques, et les horloges portatives appelées *montres.* C'est à ces mêmes inventions que l'on doit les horloges et les montres à longitudes, machines si importantes pour le service de la navigation ; enfin, nous dirons que, sans ces inventions, on n'eût jamais pu faire usage du pendule.

Nous ne pouvons donc trop insister sur l'heureuse découverte qui nous a procuré la première horloge à roues, réglée par les vibrations du balancier. Dans cette machine, tout porte l'empreinte du génie et renferme ce caractère original qui en est le fruit. Il est nécessaire de présenter ici ces diverses inventions fondamentales.

1.º L'heureux emploi des roues dentées, dont la propriété est, en transmettant le mouvement à plusieurs roues, de multiplier la vîtesse de celle qui subdivise le temps, et d'augmenter par-là la durée des révolutions de la roue motrice ; 2.º l'idée, non moins belle, d'employer pour moteur un corps pesant dont l'action est constamment la même ; 3.º la création du *balancier,* employé pour modérer et régler la vîtesse du mouvement des roues ; 4.º l'invention si importante qui, par le méchanisme que l'on nomme *échappement,* produit, dans le modérateur, un mouvement alternatif ou de vibration, qui détruit à chaque instant l'accélération que le modérateur auroit acquise par l'effet de la force centrifuge, s'il n'étoit pas successivement arrêté ou suspendu ; 5.º l'invention du méchanisme qu'on appelle *encliquetage*, au moyen duquel, lorsque la corde qui soutient le poids, et qui s'enveloppe sur le cylindre de la première roue, est tout-à-fait développée, on peut faire rétrograder le cylindre en le faisant tourner en sens contraire, et séparément de l'axe de la première roue qui le porte, et remonter le poids sans déranger la première roue; en sorte que l'horloge continue de marcher sans interruption sensible ; 6.º enfin, l'invention du cadran circulaire placé concentriquement avec l'axe de la roue qui fait une révolution en douze heures, et dont un pivot porte l'aiguille pour marquer de suite les douze heures.

LES INVENTIONS qui sont réunies dans cette première horloge sont si remplies de sagacité et de génie, qu'il y a lieu de croire qu'elles n'ont été produites ni par le même auteur, ni à la même époque : il a fallu bien du temps avant de les conduire à ce degré de perfection.

Les diverses propriétés importantes qu'on reconnoît dans cette première horloge, sont encore la base fondamentale de toutes les machines qui mesurent le temps. On a perfectionné les horloges, mais en conservant les moyens employés dans cette ancienne machine; et l'on verra par la suite que toutes les machines qui servent à mesurer le temps, ne sont qu'une imitation des inventions qui constituent cette première horloge.

PASSONS à l'ordre naturel selon lequel on peut supposer que les diverses inventions qui composent la première horloge ont dû être faites.

Le premier auteur qui eut l'heureuse idée de former un

IV.

Les diverses parties qui composent l'Horloge à balancier, n'ont pas été inventées par le même auteur.

V.

Ordre naturel selon lequel des méchaniciens ont successivement inventé

les parties qui com-
posent l'Horloge à
balancier.

assemblage de roues et de pignons pour mesurer le temps sans le secours de l'eau, en multipliant les révolutions de ces roues, fit sans doute usage de la pesanteur des corps solides pour donner le mouvement à cette machine, en faisant agir le poids comme force motrice sur la première roue de ce rouage. Cette machine n'aura d'abord eu pour modérateur qu'un cercle pesant ou espèce de roue non dentée, placée sur l'axe du dernier pignon, lequel avoit la plus grande vîtesse : mais on n'aura pas tardé à reconnoître que ce cercle pesant accéléroit sa vîtesse, à mesure qu'il tournoit ; on aura donc substitué à ce modérateur, des ailes ou volans, assez étendues pour ralentir le mouvement du rouage et le rendre plus uniforme par la résistance que ces ailes éprouvoient de la part de l'air.

Un défaut que l'on dut remarquer à cette première construction, c'est que le rouage tournoit encore avec trop de vîtesse, et qu'il falloit remonter le poids trop souvent. On imagina alors de faire engrener la dernière roue dans une vis sans fin au lieu du pignon : cette vis n'est formée que par un seul filet, en sorte que chaque dent de la roue qui la conduit, lui fait faire un tour et par conséquent au volant qu'elle porte. Cette méchanique a dû exister dans les premiers essais des horloges à roues, et on en a conservé l'usage dans ces machines grossières que l'on appelle *tourne-broches*. Ici le volant se meut horizontalement et l'axe de la vis est vertical.

Dans ces premiers essais que nous supposons et qui sont très-vraisemblables, dans la première origine des horloges, le temps aura été marqué par un cadran fixe, divisé en 12 heures et placé concentriquement à la roue motrice, dont l'axe portoit l'aiguille; et une telle horloge aura pu marquer de suite plusieurs heures, au bout desquelles on aura renveloppé la corde sur le cylindre et remonté le poids : mais pour éviter l'embarras que

ce

ce *remontage* causoit d'abord, un autre Méchanicien aura inventé l'*encliquetage*, méchanisme au moyen duquel on peut faire rétrograder le cylindre sur lequel la corde qui porte le poids s'enveloppe, et remonter le poids séparément de la *roue motrice*.

Enfin, un Méchanicien doué d'un vrai génie, aura inventé cette partie importante des horloges que l'on appelle l'*échappement* et dont l'effet est de produire, dans le modérateur, un mouvement alternatif par lequel ce modérateur ou *balancier* va et revient continuellement sur lui - même, et devient le *régulateur* et diviseur du temps. Cet auteur, quel qu'il soit, est véritablement le principal créateur de la mesure du temps par les horloges : et on peut dire qu'il inventa les oscillations ou vibrations ; car ces mouvemens alternatifs produits par l'échappement, sont en effet des oscillations ou vibrations qui ont précédé de plusieurs siècles celles qu'on a reconnues dans le pendule ; et nous répéterons encore ici ce que nous avons dit ci - devant, c'est que, sans cette invention de l'échappement, l'application du pendule aux horloges n'auroit jamais pu avoir lieu.

L'horloge de la tour du Palais, dont nous venons de décrire le mouvement, étoit aussi à sonnerie ; mais, comme l'invention de cette méchanique n'a pas été faite aussitôt que celle de l'horloge, nous renvoyons au Chapitre V sa description et sa construction, afin de suivre l'ordre des temps ; et nous terminerons celui-ci en rapportant les premiers usages que l'on a faits des horloges à balancier, pour les observations astronomiques, vers l'époque où nous sommes, c'est-à-dire, après la première invention de l'horloge à balancier.

« LES HORLOGES (dit le célèbre Auteur de l'Histoire de l'Astronomie[a]) se multiplièrent ; mais il faut croire que ce fut

VI.
Premier usage des Horloges à balancier dans les

---

[a] *Hist. de l'Astr. mod.* Tome I, page 322.

 H

observations astro-
nomiques par *Wal-
therus*, en 1484.

dans les monumens publics, tels que les palais et les églises. Les particuliers n'en avoient point encore chez eux. L'observation de WALTHERUS en 1484 est le premier exemple connu : il eut des facilités pour cette application heureuse ; les ouvriers de Nuremberg se distinguoient par l'industrie[a] ; leur talent rendit sans doute ces horloges plus commodes, plus petites, moins chères et plus accessibles aux moyens d'un particulier, comme WALTHERUS, qui d'ailleurs ne regrettoit pas la dépense ; il acquit un de ces instrumens auquel *la destinée avoit attaché la perfection de l'Astronomie.* »

WALTHERUS ne partage avec personne l'honneur d'avoir, le premier, fait usage des horloges pour mesurer le temps dans les observations astronomiques : c'est en 1484 que nous en trouvons le premier exemple : RÉGIOMONTANUS ne vivoit plus. WALTHERUS avertit que la sienne étoit bien réglée, et qu'elle donnoit exactement l'intervalle d'un midi à l'autre. Mais l'exactitude dont il parle est relative à son temps et aux premiers essais d'une application nouvelle.

VII.
Horloges du Land-
grave de Hesse, et
de *Tycho - Brahé*,
vers 1560.

APRÈS WALTHERUS le Landgrave de Hesse eut des horloges : TYCHO en possédoit trois ou quatre[b], faites avec art, et qui marquoient les minutes et les secondes ; mais il ne pense pas que leur marche fût assez régulière pour indiquer précisément l'instant d'un phénomène : il remarque qu'elles étoient sujettes à varier par les changemens de l'*atmosphère* et des vents, même en les tenant l'hiver dans des étuves dont la température étoit uniforme.

On lit ce qui suit dans l'Astronomie de LALANDE, *N.º 2460,* 2.ᵉ édition :

« TYCHO - BRAHÉ avoit quatre horloges qui marquoient les

[a] *Encyclopédie*, article HORLOGE.
[b] *Hist. de l'Astr. mod.*, Tome I, page 399.

minutes et les secondes : la plus grosse n'avoit que trois roues, dont la première, et la plus grande, avoit trois pieds de diamètre et 1,200 dents. »

On ne doit pas être étonné si une telle machine n'avoit pas une marche régulière ; car une roue de trois pieds de diamètre devoit être extrêmement pesante, et causer des frottemens énormes, et d'autant plus qu'alors ces machines étoient grossièrement exécutées : et les deux autres roues, qui devoient être en proportion de la grandeur de la première, devoient encore accroître prodigieusement les frottemens ; en sorte que le balancier ou régulateur, quelque puissant qu'il fût, n'étoit pas capable de maîtriser ces frottemens. Ainsi il a fallu attendre du temps et de l'expérience les moyens de corriger les imperfections grossières de ces premières horloges.

« Il paroît que Moestlin [a] fut le premier qui fit usage des battemens d'une horloge pour mesurer de petits intervalles célestes : il mesura ainsi le diamètre du Soleil en 1577. Cette horloge frappoit (ou battoit) deux mille cinq cent vingt-huit coups par heure (c'est-à-dire, des vibrations). Cent quarante-six battemens s'écoulèrent pendant le passage du Soleil ; il en conclut le diamètre de $34'\,13''$: l'instrument ne pouvoit pas donner plus d'exactitude, mais il en attendoit un meilleur. »

VIII.
Horloge observée par *Moestlin*, en 1577.

« Les grands pas de l'Astronomie [b] dépendront toujours des nouvelles perfections ajoutées aux instrumens : le génie, qui est destiné aux belles découvertes, qui doit fonder les théories sublimes, ne peut rien sans les observations exactes ; mais l'exactitude des observations est limitée par la puissance des

IX.
Importance de la perfection des instrumens, des Horloges, &c. pour l'usage de l'Astronomie.

[a] *Hist. de l'Astr. mod.*, Tome I, page 725.
[b] *Ibid.*, page 371.

instrumens. C'est donc en augmentant cette puissance que la carrière s'ouvre à de nouveaux progrès. Les plus grands hommes ne doivent donc pas dédaigner de les perfectionner... L'art des horloges étoit renouvelé en Allemagne au quinzième siècle. Nous avons parlé de celles qui furent fabriquées à Nuremberg, et que WALTHERUS appliqua à l'usage de l'Astronomie : l'industrie des Allemands, de toutes parts excitée, fit faire, à cette époque, des progrès à cet art. On construisit des horloges qui marquoient les mouvemens du Soleil et de la Lune ; mais, sur-tout, on les rendit capables d'indiquer les minutes, les secondes, et l'on eut une connoissance plus détaillée de la marche du temps. »

X.
Description de la première Horloge à balancier, qui a été exécutée en France.

LA *figure 1, planche II,* représente en plan le mouvement de l'horloge ; et la *figure 2,* le profil de la même machine. A est un poids suspendu par une corde qui s'enveloppe sur un cylindre ou tambour B, fixé sur l'axe ou arbre *a a (fig. 2),* dont les parties *b, b* plus petites, qu'on nomme *pivots,* entrent dans les trous faits aux platines C C, D D, dans lesquelles ils tournent : ces platines, dans les premières horloges, étoient faites en fer et assemblées par les montans E, E, faits du même métal : cet assemblage des platines et des montans s'appelle la *cage.*

L'action du poids A tend nécessairement à faire tourner le cylindre B ; en sorte que s'il n'étoit pas retenu, sa descente se feroit par un mouvement accéléré, pareil à celui des corps qui tombent librement : mais ce cylindre porte une roue dentée F, figurée en *rochet,* comme on le voit *figure 1 ;* le côté droit de ses dents arcboute contre la pièce *c,* qu'on nomme *cliquet,* attachée par une vis sur laquelle elle tourne ; cette vis est fixée sur la roue G, comme on le voit *figure 1.* Le cliquet est pressé par un ressort *d,* qui l'oblige de rentrer dans les dents du rochet lorsqu'il en a été écarté. (C'est ce méchanisme qu'on appelle *encliquetage,* et au moyen duquel on remonte le poids.) On conçoit donc que l'action du poids moteur est transmise à la roue dentée G ; les dents de cette roue entrent dans l'intervalle des dents qui sont formées sur la petite roue ou pignon à lanterne *e,* et tellement qu'elles l'obligent à tourner sur ses pivots *f,f (figure 2).* (On appelle *engrenage* cette communication des dents d'une roue avec une autre roue.)

La roue H H est fixée sur l'axe du pignon à lanterne *e;* ainsi le mouvement imprimé par le poids moteur à la roue G G est transmis au pignon *e,* et par conséquent à la roue H H ; celle-ci engrène dans le pignon à lanterne *g,* dont l'axe porte la roue à couronne I I qu'on appelle *roue de rencontre* ou d'échappement; enfin le mouvement imprimé par le poids moteur A, est transmis de la roue à couronne I I, aux leviers ou palettes *h, i,* portés par l'axe vertical K, mobile sur deux pivots *k, l :* c'est sur cet axe que le régulateur ou balancier L L est fixé; ce balancier est suspendu par le cordon M, et il peut décrire autour de ses pivots des arcs de cercle, allant et revenant alternativement sur lui-même en formant des *vibrations.*

Le mouvement alternatif ou de vibration du balancier, est ici produit par l'action de la roue I I sur les palettes de l'axe du balancier; elles forment entre elles un angle d'environ 90 degrés; en sorte que lorsqu'une dent de la roue a écarté la palette *h* et qu'elle échappe, l'autre palette *i* se présente à une dent diamétralement opposée de la roue qui l'écarte à son tour : tellement que la roue tournant toujours du même côté, le balancier va et revient sur lui-même, forme des vibrations qui modèrent et règlent la vîtesse de la roue I, et par conséquent des roues H et G, dont les révolutions servent à mesurer le temps.

L'action réciproque de la roue I sur les palettes *h, i* portées par l'axe du balancier, et de ces palettes elles-mêmes sur la roue pour en régler le mouvement, est ce que l'on appelle *échappement*.

La roue G G fait une révolution par heure : le pivot *b b* de cette roue est prolongé en dehors de la platine ; il porte un pignon *n* qui engrène dans la roue N N et lui fait faire un tour en 1 2 heures ; l'axe de cette roue porte l'index ou aiguille O, laquelle marque les heures sur le cadran.

Nous devons expliquer ici, comment on détermine la roue G à faire une révolution précisément en une heure : pour cet effet, il faut savoir que les vibrations du régulateur ou balancier sont d'autant plus lentes, qu'il est plus pesant et qu'il est d'un plus grand diamètre. Nous supposons ici que le balancier L L peut faire des vibrations dont la durée soit d'une seconde juste, et c'est à quoi on parvient en approchant ou en écartant du centre les poids *m, m :* cela étant entendu, nous allons voir comment, par le moyen du nombre des dents des roues et des pignons, on détermine la roue G à faire sa révolution en une heure juste.

En donnant 3 0 dents à la roue à couronne I I, elle fera un tour pendant que le balancier fera 6o vibrations ; car, à chaque tour de la roue, la même dent agit une fois sur la palette *h* et une fois sur celle *i,* ce qui produit 2 vibrations pour chaque dent : ainsi, la roue ayant 3 0 dents, elle fait faire deux fois 3 0 vibrations ; elle fait donc sa révolution en une minute de temps ; il faut donc que cette roue fasse 6o tours pendant que la roue G en fera un. Maintenant, pour déterminer le nombre des dents des roues G, H et de leurs pignons, il faut remarquer qu'une roue fait d'autant plus faire de tours à son pignon pendant qu'elle en fait un, que le nombre des dents du pignon est contenu un plus grand nombre de fois dans celui des dents de la roue ; car, supposant que la roue G porte 64 dents, et le pignon à lanterne *e,* 8 , ce pignon fera 8 tours pendant que la roue en fera un : ce qui est évident, car chaque dent de la roue fait avancer une dent du pignon. Ainsi, lorsque le pignon a avancé de 8 dents, ce qui fait sa révolution, la roue G n'a avancé que de 8 dents : or pour que la roue achève sa révolution, il faut qu'elle avance encore de 56 dents, lesquelles feront avancer 7 fois 8 dents du pignon, c'est-à-dire qu'elle lui fera faire 7 tours, qui, joints à un qu'elle a fait, donnent 8 révolutions du pignon pour une de la roue. Par les mêmes raisons, la roue H ayant 60 dents, et le pignon g, 8, elle fera faire 7 tours $\frac{1}{2}$ à ce pignon ; or la roue H portée par le pignon e, fait 8 tours pour un de la roue G ; le pignon g fait donc 8 fois 7 tours $\frac{1}{2}$, c'est-à-dire 60, pendant que la roue G fait un tour : et nous avons vu que la roue I I portée par le pignon g, fait une révolution en une minute ; la roue G fait donc un tour en une heure.

On voit que par les mêmes principes, le pignon porté par l'axe de la roue G devant faire 12 tours pendant que la roue N N en fait un, cette roue doit avoir 12 fois plus de dents que le pignon ; et si celui-ci a 8 dents, la roue N doit en avoir 96.

Lorsque la corde qui suspend le poids A, est entièrement développée de dessus le cylindre, on se sert d'une manivelle dont le canon est percé carrément pour entrer sur le carré P, qui porte le pignon à lanterne n, lequel engrène dans la roue Q, fixée sur l'arbre du tambour B ; et en tournant cette manivelle, on fait remonter le poids. Cette roue Q et celle F peuvent tourner séparément de celle G, qui reste immobile. On obtient ce mouvement rétrograde du cylindre, au moyen de l'enclique-tage F, c, d (*figure 1*). Les dents du rochet F sont inclinées d'un côté, ce qui écarte le cliquet c ; en sorte que pendant tout le temps que l'on remonte le poids, le rochet F tourne séparément de la roue Q : mais aussitôt qu'on cesse d'élever le poids, celui-ci agit sur le cylindre et sur le rochet, dont les côtés droits des dents arcboutent de nouveau contre le bout du cliquet *c*, ce qui oblige la roue G de tourner avec le cylindre : le ressort *d* sert, ainsi qu'on l'a dit, à ramener le cliquet dans les dents du rochet.

.CHAPITRE V.

CHAPITRE V.

De l'invention de la Sonnerie des heures, ajoutée aux Horloges ; — du Réveille-matin ; — des Horloges portatives appelées Montres; — *du* Ressort spiral, *employé pour moteur des montres ; — de la Fusée. — État de l'Horlogerie à la fin du* XV.ᵉ *siècle et au milieu du* XVI.ᵉ

Lorsqu'en sortant de l'état d'ignorance, les hommes virent renaître en Europe les arts et les sciences, ce fut sans doute un spectacle intéressant pour eux, que celui d'un instrument au moyen duquel on avoit une mesure du temps, même en l'absence du Soleil. La première découverte de l'horloge à balancier, si supérieure aux clepsydres, en fit desirer une autre, celle de savoir l'heure la nuit sans être obligé de regarder le cadran de l'horloge : telle est la progression des desirs de l'homme, et la marche correspondante des arts. On a voulu mesurer le temps; les horloges ont été inventées , et l'on s'est trouvé heureux d'apprécier les intervalles égaux de la vie. Cela n'a pas encore suffi : on a desiré d'entendre, pendant la nuit, la suite des heures ; il a fallu se débarrasser , pendant le jour , du soin de regarder le cadran ; l'homme occupé ou distrait a voulu être averti par le son : il a inventé la sonnerie.

La première idée d'une sorte de sonnerie ajoutée aux horloges, est très-ancienne : Athénée l'attribue à Platon, qui vivoit quatre cents ans avant J. C.; il dit que Platon inventa *l'horloge nocturne*, c'est-à-dire, une clepsydre qui faisoit jouer des flûtes

Tome i.   I pour faire entendre les heures au temps où on ne peut les voir [a].

L'horloge de Ctésibius avoit aussi une sorte de sonnerie.

L'horloge inventée à la Chine [b] par Y - Hang avoit une sonnerie : quand le Calife Haroun al - Raschid envoya des ambassadeurs et des présens à Charlemagne , il y avoit une horloge qui sonnoit les heures par le moyen de balles échappées et reçues dans un vase d'airain. On dit que ces balles étoient au nombre de douze , d'où nous concluons que cette sonnerie n'indiquoit l'heure que par un coup. Il n'y a pas d'apparence que l'industrie des Anciens ait été jusqu'à marquer, par le nombre des coups , celui des heures écoulées.

Nous observerons que cette espèce de sonnerie de l'horloge des Anciens ne pouvoit être que peu utile , puisqu'elle se bornoit à indiquer qu'il y avoit une heure écoulée, mais sans annoncer quelle étoit cette heure. L'invention de la sonnerie moderne est infiniment supérieure, puisque , sans voir le cadran de l'horloge , on sait , lorsqu'elle sonne , le nombre des heures que l'aiguille marque sur le cadran, et la nuit comme le jour.

I.
Sonnerie de l'Horloge du Palais, à Paris, exécutée par *Henri de Vic* , en 1370.

La plus ancienne sonnerie dont nous ayons connoissance est celle de l'horloge du Palais à Paris. On sait que cette sonnerie étoit composée de deux roues de mouvement , et de deux pignons à lanterne placés dans une cage particulière ; que l'axe de la première roue de mouvement portoit un cylindre pour recevoir la corde du poids. Nous savons, de plus, qu'il y avoit, ainsi que dans le mouvement de l'horloge, une roue de *remontoir* placée sur la première roue ; que cette roue de remontoir étoit menée par un pignon à lanterne dont l'axe portoit une manivelle,

---

[a] *Architecture de Vitruve ,* traduction de *Perrault ,* Liv. X , Chap. XIII , note 1.
[b] *Voyez* ci-devant Chap. III , page 38.

laquelle servoit à remonter le poids : ce poids, étant très-considérable, rendoit le méchanisme du *remontoir* indispensable. Nous savons encore que l'axe du second pignon à lanterne du mouvement de sonnerie portoit deux grandes *ailes* de *volant*, qui servoient de régulateur ou de modérateur du rouage pour régler l'intervalle des coups que frappoit le marteau. Enfin, on sait que cette sonnerie frappoit autant de coups de marteau à chaque heure sur une cloche, que l'aiguille en marquoit sur le cadran, et que le nombre de ces coups étoit déterminé par une *roue de compte ;* qu'il y avoit une détente pour arrêter le rouage, et dont un bras correspondoit au mouvement de l'horloge. Nous allons donner une notion plus étendue de la méchanique de la sonnerie.

Le méchanisme de la première sonnerie qui fut ajoutée à l'horloge à balancier, est simple et fort ingénieusement composé ; et il ne paroît pas que depuis son invention on ait fait des changemens à sa construction : celle de nos sonneries actuelles n'en diffère pas.

On sait (comme nous venons de le dire) que les fonctions d'une sonnerie consistent à faire frapper un marteau sur une cloche, à la fin de chaque heure révolue, autant de fois que l'aiguille marque d'heures sur le cadran de l'horloge : ainsi, lorsque l'aiguille marque midi, le marteau frappe douze coups ; à une heure, il frappe un coup, et ainsi de suite. En sorte que, lorsque l'aiguille qui marque les heures a fait un tour, ou indiqué les douze heures successives qui forment la moitié du jour, le marteau a frappé soixante-dix-huit coups, qui est le nombre des douze heures ajoutées ensemble : et, en deux fois douze heures, c'est-à-dire en un jour, il frappe cent cinquante-six coups.

Pour faire frapper le marteau, on a imaginé de fixer sur un

des côtés de la première roue de sonnerie , un certain nombre de chevilles dont chacune élève successivement le marteau ; pour cet effet, l'axe du marteau est mis en cage [a], roulant sur deux pivots : cet axe porte un bras ou levier qui correspond aux chevilles de la première roue, avec lesquelles il *s'engrène ;* le même axe du marteau porte un bras au bout duquel le marteau lui-même est fixé pour frapper sur la cloche, pressé par son propre poids. L'axe de la première roue, ou de chevilles, porte un cylindre autour duquel s'enveloppe la corde portant un poids de pesanteur convenable pour élever le marteau et le faire frapper sur la cloche; mais cette roue seule ne suffit pas, car, le marteau une fois élevé, cette roue continueroit à tourner sans laisser au marteau le temps de redescendre. Il a donc fallu y ajouter d'autres roues et un *modérateur,* afin de régler l'intervalle de temps qui doit avoir lieu entre chaque coup de marteau. Dans les anciennes horloges on a seulement ajouté une roue et deux pignons à lanterne : le premier de ces pignons engrène dans la première roue, ou de chevilles , et son axe porte la seconde roue : celle-ci engrène dans le second pignon , dont l'axe porte , en dehors de la cage , le modérateur ou régulateur, qui est un *volant* formé par deux ailes longues, larges et légères , qui , présentant à l'air une assez grande surface , ralentit suffisamment la vîtesse du rouage, et laisse au marteau le temps de frapper sur la cloche. Voilà pour l'action du marteau. Maintenant il faut voir comment on règle le nombre des coups que le marteau doit frapper : c'est l'office d'une pièce qu'on a appelée *roue de compte.* A la circonférence de cette roue sont douze entailles inégales entre elles , et proportionnées

---

[a] Dans les grandes horloges de clocher, le marteau n'est pas placé dans la cage comme nous le supposons ici ; il est placé auprès de la cloche , et il correspond par des fils de fer, à une *bascule* mise en cage : mais cette disposition ne change rien aux effets qu'on veut expliquer ici.

au nombre de coups que le marteau doit frapper chaque fois que la sonnerie est mise en jeu, c'est-à-dire, à chaque heure révolue que l'aiguille marque sur le cadran ; ainsi, lorsque la sonnerie doit frapper deux heures, l'intervalle entre les entailles de la roue de compte est double de celui d'une heure ; pour trois heures, il est trois fois plus grand, et ainsi de suite en augmentant jusqu'à douze heures, dont l'intervalle est douze fois plus grand que celui d'une heure. Or, pendant que la roue de compte fait un tour, le marteau doit frapper soixante-dix-huit coups, nombre des heures additionnées pendant la moitié du jour.

On conçoit qu'il faut qu'aussitôt que le marteau a frappé le nombre de coups appartenant à l'heure, et divisés par la roue de compte, le rouage soit aussitôt arrêté : c'est la fonction d'une pièce appelée *détente*, dont voici la disposition. La détente est composée d'un axe mis en cage, et roulant sur deux pivots : cet axe porte un bras terminé par un *talon* qui appuie sur le bord de la roue de compte, y étant obligé par la pression d'un ressort ou d'un contre-poids : cet axe de la détente porte un second bras qui va répondre vers l'axe du *volant ;* celui-ci porte un bras ayant une cheville fixée sur un de ses côtés : c'est cette cheville que la détente doit arrêter aussitôt que le marteau a frappé le dernier des coups mesurés par la roue de compte ; ce qui s'opère de la manière suivante. Lorsque le bras à talon de la détente appuie sur le bord de la roue de compte, le bout du second bras de la détente laisse passer la cheville du volant ; et cela a lieu pendant tout l'intervalle qui sépare les entailles : mais aussitôt que la roue de compte présente au talon une de ses entailles, celui-ci y descend, et aussitôt le second bras se présente à la cheville du volant, et l'arrête au moment où le dernier coup du marteau a été frappé pour l'heure actuelle. Il reste à expliquer comment la sonnerie est mise en jeu à la fin de chaque heure révolue, et comment on donne la liberté au rouage de tourner, et au marteau de frapper.

Dans les anciennes horloges à roues et à balancier, la roue qui porte le poids fait sa révolution en une heure. (Celle-ci sert à conduire les roues de cadran, c'est-à-dire, à conduire une autre roue portant un pignon qui fait faire un tour en douze heures à la roue qui porte l'aiguille des heures.) Cette roue, que porte la grande roue du mouvement, porte une cheville qui correspond à un troisième bras de la détente ; c'est ce bras qui, étant élevé à chaque heure par la cheville dont nous venons de parler, donne au rouage de la sonnerie la liberté de tourner, et au marteau celle de frapper, à chaque heure, le nombre de coups divisé par la roue de compte, et indiqué par le cadran.

Telle est en gros l'idée que l'on peut se former du méchanisme des anciennes sonneries. On ne tarda pas à faire sonner à ces machines, la demi-heure, et par un seul coup ; et cette sonnerie de la demie est encore en usage de nos jours : mais nous pensons que cette addition est très-inutile ; car, à moins de voir le cadran, on ne peut savoir à quelle heure cette demie appartient ; il seroit bien préférable de faire sonner une seconde fois l'heure à la demie, c'est-à-dire, de faire répéter l'heure avec un double coup (à la fin de l'heure sonnée) pour avertir que c'est la demie et pour la distinguer de l'heure.

On ajouta, par la suite, aux anciennes horloges, un rouage particulier pour faire sonner les quarts d'heure ; et nous croyons cette addition aussi inutile que celle de la demie, et par les raisons que nous venons d'exposer.

II.
Invention du Réveille-matin.

CE NE FUT pas assez pour l'homme d'avoir inventé l'horloge, cet instrument précieux, qui, en mesurant le temps, et le marquant sur le cadran, règle les momens de la vie, multiplie nos travaux en employant utilement tous les instans du jour; il voulut que le temps lui fût annoncé, lors même qu'il ne pouvoit voir le cadran ; et il inventa la sonnerie des heures: il voulut plus; il voulut avoir l'heure lors même qu'il étoit plongé dans le plus profond sommeil ; il chercha un instrument assez puissant pour interrompre son sommeil à un instant de la nuit où des circonstances pressantes l'obligeoient de reprendre la suite de ses affaires : il inventa cette méchanique qu'il appella *Réveille-matin*, instrument dont l'utilité répond si bien à celle de l'horloge même. C'est à l'aide de cet instrument que le voyageur abrége sa course ; que le médecin arrive à l'instant propice pour administrer le remède qui préserve le malade d'un accident funeste : c'est par son secours que le général prévient l'attaque de son ennemi ; ce fut aussi à l'aide de cet instrument que dans les monastères le Sacristain ne fut plus obligé de veiller la nuit pour avertir les Religieux de l'heure de l'office ; il est même vraisemblable que ce fut le premier but et le premier usage du réveille-matin : enfin, il est peu de circonstances de la vie où l'horloge à réveille-matin ne soit utile.

Le réveille-matin est une méchanique adaptée à l'horloge, et disposée de sorte qu'à une heure quelconque donnée, un double marteau frappe sur une cloche par un mouvement précipité et continu, en faisant un assez grand bruit pour interrompre, tout-à-coup, le sommeil le plus profond de la personne auprès de laquelle l'horloge est placée.

Le réveille-matin fut, sans doute, d'abord inventé, comme nous venons de le dire, pour l'usage des monastères : voici comment le P. ALEXANDRE rend compte de cet usage, et la description qu'il donne du réveil dans son Traité des horloges, *page 142.*

« Le réveil qu'on met aux horloges de gros volume, est pour la commodité des communautés régulières, pour réveiller pendant la nuit. Le tout ne consiste qu'à faire des trous taraudés sur la roue de cadran, aux endroits qu'on a besoin, dans lesquels on met des chevilles à vis, afin de pouvoir les changer selon les occasions. Ces chevilles rencontrent une bascule [ou détente] qui, par le moyen d'un fil d'archal et des renvois, a communication dans le dortoir : cette bascule tire le fil d'archal au bout duquel est attaché un poids ; et quand la bascule échappe de dessus la cheville, le poids tombe et fait détendre le réveil.

» Le réveil en lui-même est composé d'une roue de rencontre, et d'un arbre qui a des palettes et qui est posé verticalement ; au bout de cet arbre sont deux marteaux posés horizontalement, lesquels, par leur mouvement réciproque, frappent dans un timbre qui est au-dessus. Sur l'arbre de la roue de rencontre, il y a une poulie creusée où entre la corde à laquelle est attaché un poids qui fait tourner la roue de rencontre ; il y a un cliquet qui arrête cette poulie quand on remonte le poids. »

Cet usage du reveille-matin fut bientôt répandu, à cause de sa grande utilité ; dans la suite, on l'ajouta aux horloges d'appartement ; et peu après l'invention des horloges portatives, il fut adapté aux montres, et toujours avec le même méchanisme, dont nous donnerons la description et les figures.

III.
Horloges d'appartement.

LES PREMIÈRES horloges à balancier étoient d'un trop grand volume, pour pouvoir être bien exécutées ; d'ailleurs, dans cet ancien temps, les arts étant dans leur enfance, la main-d'œuvre étoit aussi grossière que les machines mêmes : et il a dû s'écouler bien du temps avant de perfectionner la main-d'œuvre, de manière

manière à pouvoir réduire le volume des horloges ; en sorte que l'on n'avoit alors, pour mesurer le temps, que les horloges publiques placées dans les clochers : mais enfin, l'art s'étant perfectionné, on construisit des horloges plus petites et propres à être placées dans les appartemens à l'usage des particuliers. C'étoit déjà un pas fait vers la perfection, au moins de la main-d'œuvre ; car la construction resta la même que celle des grandes horloges. La seule différence qui a pu exister, c'est que le balancier, au lieu d'être horizontal, et suspendu par un cordon, devint vertical, et que le pivot placé vers le balancier fut formé en couteau pour diminuer le frottement. Dans cette disposition, la roue de rencontre devint horizontale, et par conséquent son axe vertical. La force motrice de ces horloges étoit un poids de même que dans celles de clocher.

CE FUT déjà un degré de perfection que l'art de la mesure du temps acquit, lorsque l'on fut parvenu à réduire le volume des grandes horloges pour les placer dans les appartemens ; et alors ces machines devinrent moins rares, et à mesure aussi la main-d'œuvre se perfectionna. Ce fut sans doute après ces premiers degrés ajoutés à l'art des horloges, que l'on osa tenter de construire de nouvelles machines propres à être placées dans la poche et portées marchant : et celui-là le premier qui en eut la pensée, fit une entreprise très-hardie, et qui exigeoit beaucoup de sagacité. En effet, comment imaginer qu'une machine qui ne peut avoir qu'un foible mouvement qui doit être continu pour mesurer le temps, pût être exposée, sans s'arrêter et sans altérer la justesse de sa marche, à toutes les agitations irrégulières, à toutes les sortes de positions que la personne qui la porte lui fait éprouver ?

Cet artiste conçut d'abord que le régulateur des grandes horloges, le balancier, pouvoit être employé dans cette nouvelle

IV.
Invention des Horloges portatives appelées montres.

machine : il eut assez de génie pour apercevoir, pour deviner une propriété importante du balancier, celle de conserver son mouvement dans les diverses positions horizontales, verticales ou inclinées, auxquelles il devoit être exposé. Il dut également concevoir que pour conserver son mouvement dans les diverses agitations, le balancier devoit être petit et léger, et avoir une grande vîtesse. Il obtint cette dernière propriété, en faisant battre au balancier un beaucoup plus grand nombre de vibrations, que ne faisoit celui des horloges de chambre même, qui en faisoient déjà un plus grand nombre que celui des grandes horloges.

Tels sont, en abrégé, les raisonnemens que ce premier auteur des horloges portatives a dû faire. Mais il ne suffisoit pas d'avoir créé son régulateur ; il restoit une difficulté bien plus importante encore, le moyen de la faire marcher, étant portée dans la poche, et dans toutes sortes de positions ; car il est aisé de sentir que le poids moteur des grandes horloges ne pouvoit être employé dans une telle machine : il a donc fallu que ce premier auteur créât une nouvelle puissance motrice ; et il inventa le *ressort* [a], qui, plié en *spirale*, et resserré dans un tambour,

---

[a] On croit que les Anciens ont eu connoissance du ressort. *Vitruve,* dans son *Architecture,* Liv. X, Chap. 1, parle d'un instrument appelé *Anisocycle. Perrault* suppose que c'est le ressort spiral ; voici ce qu'il en dit dans sa traduction de *Vitruve,* page 172, note 2 :

« On ne sait point certainement quel est cet instrument. *Budée* et *Jurnelle,* ne savent que la signification littérale de son nom, qui signifie des cercles inégaux. *Barbaro* dit que les cheveux bouclés font les anisocycles ; ce qui est vrai, supposé que les boucles sont inégales, comme elles seroient si elles étoient tournées par le fer chaud fait en cône. *Baldus* croit que cette machine qui jette des flèches par le moyen d'un ressort tourné en vis et enfermé dans un canal, est l'anisocycle ; mais les cercles de ce fil qui est entortillé comme de la cannetille ne sont point inégaux. Il y auroit plus d'apparence que l'anisocycle seroit cette sorte de ressort qui est fait d'une lame ou d'un fil d'acier, qui est tourné, non en vis, mais en ligne spirale sur un même plan, comme est le ressort de nos montres portatives où les cercles du milieu sont plus petits que ceux du dehors. »

conserve cependant une puissance assez grande et assez durable pour faire marcher l'horloge pendant 24 heures au moins.

Or, le ressort, par sa nature, agit avec la même puissance, quelle que soit la position et l'agitation de la pièce qui le porte. Mais on a vu que le balancier avoit aussi la même propriété ; d'où il suit que cette petite horloge put devenir portative. Mais, nous le répétons, l'auteur qui le premier en a tenté la construction, ne pouvoit être qu'un homme de génie ; et l'on peut dire qu'il créa une des merveilles de l'art de la mesure du temps.

L'auteur de cette première horloge portative employa pour le mouvement de cette machine, la même construction déjà admise dans les grandes horloges, et sur-tout dans celles d'appartement, c'est-à-dire qu'il fit usage du même rouage et du même échappement, celui à roue de rencontre, le seul alors connu. Le balancier fut, comme dans les horloges d'appartement, placé parallélement aux platines ; en sorte que l'horloge étant suspendue, le balancier étoit vertical ; il étoit horizontal, lorsque l'horloge étoit posée à plat sur une table : mais le pivot du côté du balancier devint rond et non angulaire, de même que celui de l'autre pivot de l'axe, puisque le balancier ne devoit pas avoir de position fixe.

Pour empêcher que l'horloge, étant portée, ne pût s'arrêter, ce premier auteur conçut qu'il étoit nécessaire de donner une assez grande puissance à son moteur, pour que le balancier étant arrêté, cette force motrice pût lui rendre le mouvement.

LORSQUE la première horloge portative fut exécutée, l'auteur de cette belle invention ne dut pas tarder à observer que, dans le cours de vingt-quatre heures, elle faisoit des variations considérables ; il vit que, lorsque le ressort étoit monté au haut,

V.
Cette première Horloge portative, varie par l'inégalité dans la force du ressort.

l'horloge avançoit beaucoup plus que lorsqu'il étoit au bas de sa course : variation qu'il ne put attribuer qu'à l'inégalité de la force du ressort, inégalité qu'il étoit d'ailleurs aisé de reconnoître, même en remontant l'horloge; car la force du ressort augmente très-sensiblement, et au point, qu'étant monté au haut, sa force devient à-peu-près double de ce qu'elle étoit à la fin de sa course. Il fut facile à ce premier auteur de reconnoître les variations de sa montre, en comparant sa marche à celle d'une horloge de chambre, laquelle, étant à poids, n'éprouvoit pas les mêmes variations : sans doute ce même artiste chercha les moyens propres à égaliser la force motrice de son horloge; mais il est à croire qu'il ne put complétement réussir, et que ce fut long-temps après lui qu'on y parvint. L'invention du ressort spiral, moteur des horloges portatives, paroît avoir été faite au plus tard vers le commencement du xvie siècle.

Il paroît même que dans ce temps, le ressort avoit déjà la forme spirale qu'il a conservée [a], qu'il étoit, comme il l'est actuellement, enfermé dans un tambour ou barillet; que son extrémité extérieure étoit attachée à ce tambour, et l'intérieure à un arbre autour duquel il se développoit, entraînant et faisant tourner avec lui ce tambour autour de son arbre, et par ce moyen, les roues; l'arbre restant fixe, comme cela s'exécute encore actuellement.

Les montres que l'on avoit à la cour du temps de CHARLES IX et de HENRI III, prouvent ce que j'avance. Il s'en trouve de ce temps-là qui sont fort bien travaillées, et de toutes grandeurs, petites, plates, en forme de gland, de coquille, et dans des bagues; d'autres qui sont construites pour aller long-temps. M. DERHAM dit qu'il en a vu une qui avoit appartenu à HENRI VIII, qui alloit pendant une semaine. Cependant, dit

[a] *Étrennes chronométriques;* par M. *Pierre le Roy.* 1764, page 63.

M. LE ROY, on s'aperçut bientôt que l'action du ressort étant beaucoup plus grande dans le haut de sa tension que sur la fin, il en résultoit de grandes variations dans la montre : on y remédia par une méchanique appelée *stack freed*[a], c'est-à-dire, par une espèce de courbe au moyen de laquelle le *grand ressort de barillet* remontoit un ressort droit, qui s'opposoit à son action lorsqu'il étoit au haut de sa bande, et augmentoit son action, lorsque ce ressort, étant vers le bas, agissoit plus foiblement. Ce moyen, fort ingénieux, précéda l'invention de la fusée, et donna peut-être l'idée de cette belle invention, qui, selon l'expression de M. LE ROY, est une des plus belles inventions de l'esprit humain.

APRÈS DIVERSES tentatives faites pour rendre la puissance motrice du ressort égale sur le rouage de l'horloge portative, un artiste savant et ingénieux inventa la fusée, méchanique qui donne au ressort moteur une action aussi uniforme que l'est celle du poids.

VI.
Invention de la Fusée, méchanique infiniment utile qui égale l'action du ressort à celle du poids moteur.

Pour comprendre l'effet de ce méchanisme, il faut savoir qu'ici le ressort moteur n'agit plus immédiatement sur la première roue du mouvement de l'horloge, mais qu'il le fait par l'entremise de la fusée, qui est elle-même placée sur cette première roue.

La *Fusée* est une espèce de cône tronqué, figuré à-peu-près comme une cloche : le contour de la fusée est cannelé, ou formé d'une petite rainure allant en spirale de la base au sommet : cette rainure sert à contenir une corde à boyau, dont un bout est attaché à la base de la fusée ; l'autre bout de la

---

[a] Ce nom, qui est allemand, pourroit servir à prouver que cette invention, et peut-être celle des montres, est due aux artistes allemands ; on sait d'ailleurs que l'opinion la plus générale est que l'invention des anciennes horloges a eu lieu chez eux.

même corde est attaché au barillet ou tambour qui contient le ressort. Lors donc que l'on remonte l'horloge, la corde qui entouroit le tambour, s'enveloppe autour de la fusée, et le ressort se bande ; et de sorte qu'étant tout au haut, et la corde arrivée au sommet de la fusée, le ressort tire avec sa plus grande force, et alors aussi la corde agit sur le plus petit diamètre de la fusée : mais à mesure que l'horloge marche, la force du ressort va en diminuant, tandis qu'au contraire les diamètres de la fusée vont en augmentant, et dans le même rapport que les forces du ressort vont en diminuant ; en sorte qu'il arrive (lorsqu'on a donné à la fusée la forme convenable) que, quoique la force du ressort soit inégale, cependant, au moyen de la fusée, il ne transmet au rouage, et par conséquent au régulateur, qu'une force toujours égale, et pareille à celle que l'on obtient par le poids moteur même.

NOUS AVONS rapporté ci-devant les plus importantes découvertes qui ont été faites pour mesurer le temps par les horloges à roues, réglées par l'échappement et le balancier. On a vu également l'invention de la sonnerie, du réveille-matin, et celle des horloges portatives. Ces diverses inventions forment le fondement de l'art de l'Horlogerie.

L'Horlogerie dès-lors enrichie de ces précieuses découvertes, et qui même aujourd'hui n'ont rien perdu de leur prix, des artistes habiles travaillèrent à l'enrichir encore par des recherches propres à imiter les lumières acquises par l'Astronomie. On imita les mouvemens du Soleil et de la Lune ; on fit marquer à ces machines, les jours du mois et de la semaine, les mois de l'année, le lieu du Soleil, &c.

On ne peut pas assigner bien positivement l'époque de l'invention des horloges portatives, la dernière de celles que nous venons de rapporter : mais cette invention doit avoir eu lieu au plus tard au commencement du XVI.ᵉ siècle ; et ce qui le prouve, c'est qu'en 1544 l'Horlogerie étoit déjà établie en corps de communauté, comme on le voit par les statuts des maîtres horlogers de Paris.

Statuts de 1544, art. X, donnés par FRANÇOIS I.ᵉʳ — « Nuls, de quelques états qu'ils soient, s'ils ne sont reçus maîtres, ne pourront faire ni faire faire horloges, réveille-matins, montres, grosses ni menues, ni autre ouvrage dudit métier d'horloger, dedans ladite ville, cité et banlieue de Paris, sur peine de confiscation desdits ouvrages et d'amende arbitraire. »

LA *figure 3, planche II,* représente le rouage de la sonnerie telle qu'elle étoit adaptée aux anciennes horloges. A, B sont les platines ou barres de fer du châssis qui, avec les montans C, D, forment le châssis rectangle ou cage de la sonnerie.

VIII.

Explication abrégée de la sonnerie des anciennes Horloges.

Le poids F, suspendu à la corde qui s'enveloppe sur le tambour G, est le moteur de la sonnerie : ce tambour ou cylindre porte, comme celui de l'horloge, *figure 1,* un rochet qui fait encliquetage avec la roue H pour le remontage du poids ; ce poids se remonte de même avec une manivelle qui entre sur le carré porté par l'axe du pignon à lanterne *a,* qui engrène dans la roue de *remontoir* I, portée par le tambour G.

La roue H porte huit chevilles *b c,* &c. qui servent à élever le marteau qui doit frapper sur la cloche : l'un et l'autre ne sont pas représentés ici ; mais il est facile d'y suppléer en concevant un axe mis en cage, lequel porte un bras qui répond aux chevilles, et un second bras auquel est attaché un fil de fer qui élève le marteau placé auprès de la cloche, placée elle-même au haut du clocher.

La roue dentée H engrène dans le pignon à lanterne *d,* fixé sur l'arbre de la seconde roue K : celle-ci, également dentée, engrène dans le pignon à lanterne *e*, dont le pivot prolongé de l'arbre porte le volant L : ce volant est le régulateur ou modérateur du rouage de la sonnerie, au moyen de ses deux ailes longues et larges, lesquelles, éprouvant beaucoup de résistance de l'air, ralentissent la vîtesse du mouvement des roues, et règlent l'intervalle qu'il doit y avoir entre chaque coup de marteau.

Pour régler le nombre de coups que l'horloge doit frapper à chaque heure, cela est produit de la manière suivante. Le pivot de l'arbre de la première roue H est prolongé en dehors du châssis B : ce pivot porte le pignon *f* de 8 dents, lequel engrène dans la roue M, qui porte 78 dents : de cette manière cette roue fait un tour pendant que le marteau a frappé 78 coups, c'est-à-dire, autant d'heures que la sonnerie doit frapper de coups en 12 heures. Sur la roue M est fixée une roue N portant 12 entailles placées en intervalles inégaux, selon le nombre des heures 1, 2, 3, 4, &c., comme on le voit en N, *fig. 4.* C'est cette dernière roue, qu'on appelle *roue de compte,* qui règle le nombre des coups que la sonnerie doit frapper à chaque heure. Sur la circonférence de la roue de compte N, doit appuyer le bras d'une détente qui n'est pas représentée ici ; ce bras porte un talon qui, appuyant sur le bord uni de la roue de compte, écarte un second bras de la détente, lequel correspond à la cheville *g* fixée sur le bras O porté par l'arbre du volant : tant que ce second bras de la détente est éloigné de la cheville *g*, le rouage de la sonnerie tourne, et le marteau frappe ; mais aussitôt que la roue de compte présente une de ses entailles au talon du premier bras de la détente, ce talon entre dans l'entaille ; le second bras de la même détente se présente à la cheville *g*, ce qui arrête tout de suite la sonnerie. Mais alors le marteau a frappé le nombre de coups correspondant

à

à l'heure actuelle, marquée par l'aiguille de l'horloge sur le cadran.

Il reste maintenant à expliquer comment, lorsque l'heure est écoulée, la sonnerie est de nouveau mise en action. C'est l'office d'un troisième bras de la détente, lequel correspond à une roue du mouvement de l'horloge, celle NN, *fig. 2,* qui fait son tour en 1 2 heures, et porte l'aiguille des heures. Cette roue porte 1 2 chevilles ; à chaque heure écoulée, une de ces chevilles élève le troisième bras de la détente, ce qui dégage le volant, lequel est aussitôt mis en mouvement par l'action du poids moteur, et les chevilles de la première roue élevant le marteau, lui font frapper autant de coups que l'aiguille marque d'heures sur le cadran.

L'explication que nous venons de donner des effets et offices de la sonnerie, suffisant pour donner une notion de ce mé-chanisme, nous renvoyons, pour de plus grands détails, à la description que l'on trouvera Chapitre XIII, et aux dessins d'une Horloge publique, telle qu'on l'a perfectionnée de nos jours, représentée *planche VIII.*

La *fig. 1, planche III,* représente en profil l'horloge à réveil, qui marque en même temps les heures, les minutes et les secondes. La *fig. 2* montre les cadrans de cette machine vue de face. Le petit cadran A est celui du réveil : le grand cadran concentrique au petit, est celui des heures et des minutes ; et le cadran B est celui des secondes.

IX.
Explication des figures qui repré-sentent le Réveille-matin.

Le rouage du mouvement, *fig. 1,* est composé de quatre roues, contenues dans la cage C D. H est la grande roue qui porte sur son arbre une poulie, dont le fond est hérissé de pointes servant à entrer dans le tissu de la corde portant le poids moteur F et le contre-poids G. Cette poulie porte le rochet d'encliquetage ; de sorte que quand on tire le contre-poids, on remonte le poids F.

La première roue H fait sa révolution en une heure : son axe, qui est aussi celui de la poulie, porte le pivot prolongé b en dehors de la platine C. Ce pivot porte un canon, sur le bout duquel est ajustée l'aiguille des minutes. Sur ce même canon, est rivée la roue c, laquelle engrène dans la roue d, de mêmes diamètre et nombre de dents : l'axe de la roue d porte le pignon e, qui engrène dans la roue f; celle-ci fait un tour en 12 heures, et son canon porte l'aiguille des heures.

La roue H, qui a 64 dents, engrène dans le pignon g qui en a 8. L'axe de ce pignon porte la roue I, de 60 dents ; celle-ci engrène dans le pignon h, lequel fait 60 tours pour un de la roue H : il fait donc un tour par minute ; et l'aiguille i, portée par le pivot prolongé de l'axe h, marque les secondes sur le cadran B, *fig. 2.*

L'axe du pignon de secondes h, porte la roue de *champ* K, qui a 48 dents ; elle engrène dans le pignon k, de 12 dents. L'axe de ce pignon porte la roue de rencontre ou à couronne L, de 15 dents. Cette roue fait échappement avec les palettes l, m, portées par l'axe du balancier MM, qui est le régulateur de cette machine.

A chaque révolution de la roue de rencontre L, le balancier fait 2 fois 15 vibrations, c'est-à-dire, 30 ; et cette roue fait 4 tours pour un de la roue de secondes. Ainsi le balancier fait 120 vibrations par minute, et 7,200 par heure. Chacune de ses vibrations est donc de demi-seconde de temps : l'aiguille des secondes fait donc deux battemens par seconde.

Le méchanisme du réveil, qui est très-simple, est contenu dans la seconde cage NO, assemblée avec celle qui renferme le rouage de l'horloge.

La roue à couronne P, ou d'échappement, porte sur son axe

la poulie Q entourée de la corde qui soutient le poids R moteur du réveil, et son contre-poids S. Cette poulie fait encliquetage avec celle P pour le remontage du poids.

Les dents de la roue P font *échappement* avec les palettes *n o* formées sur l'axe vertical T V, dont le bras coudé *p p q q* forme en *x* le marteau du réveil. Ce marteau, en forme de cylindre, porte deux bouts *x* qui frappent alternativement sur les bords intérieurs d'une cloche qui n'est pas ici représentée.

La roue de réveil P porte à sa circonférence une cheville qui sert à arrêter le réveil, après que l'on a remonté le poids. Cet arrêt se fait au moyen du bras *p* de la détente *p q r*, mise en cage avec la platine du cadran et celle O du réveil.

Pour faire *détendre* le réveil, on a placé sur le canon de la roue des heures un autre canon qui porte le cadran du réveil *t*, et un contre-ressort *s* sur lequel est fixée une cheville qui sert à élever le bras *r* de la détente *r q p* ; de sorte que le bras *p* s'écarte de la roue P, et dégage la cheville qu'elle porte : le réveil part et sonne précipitamment, &c.

Pour que le réveil parte à l'heure précise où l'on veut être éveillé, il ne faut que faire tourner le cadran de réveil A, *fig. 2*, de sorte que le chiffre de l'heure donnée soit placé sous le petit bout *v* de l'aiguille des heures. Si l'on veut qu'il sonne à quatre heures et demie, on place le cadran comme on le voit, *fig. 2*, entre les chiffres 4 et 5, &c.

POUR rendre portatives les anciennes horloges, il ne suffisoit pas d'en réduire le volume ; il falloit également que le balancier régulateur de ces machines fût rendu parfaitement d'équilibre, afin que ses vibrations se fissent de la même manière dans toutes les positions que la nouvelle horloge pouvoit éprouver ; et il falloit aussi que ces vibrations fussent beaucoup plus promptes,

X.
Explication des figures qui représentent la première Horloge ou Montre portative.

afin de n'être pas susceptibles des agitations. Mais ces diverses corrections ne suffisoient pas encore. Il étoit absolument indispensable de créer une nouvelle manière de force motrice; car le poids moteur ne pouvoit plus être employé. L'auteur de la première horloge portative imagina heureusement de substituer au poids, l'action d'un ressort : et cet auteur, quel qu'il soit, fut le véritable inventeur des horloges portatives qu'on appelle improprement *montres*.

Ce nouveau moteur est une invention précieuse, qui est devenue de la plus haute importance de nos jours, puisque nous lui devons les grands succès des horloges à longitudes.

Le ressort employé pour moteur des horloges portatives est une longue lame d'acier trempé et pliée en spirale. Ce ressort est vu, *fig. 3, planche III*, dans son état naturel, avant d'être placé dans le tambour et adapté à l'horloge.

La *figure 4* représente l'horloge ancienne portative vue en plan, et la *figure 5* la représente vue de profil. A est un tambour appelé *barillet*, qui sert à recevoir le ressort spiral moteur de cette horloge. Pour introduire le ressort dans son tambour, on se sert d'un arbre rond portant un crochet qui agit sur le bout intérieur du ressort, lequel porte une ouverture pareille à celle du bout extérieur *a, fig. 3*. En tournant cet arbre, les spires du ressort se resserrent de manière à entrer dans le tambour ; et de sorte que le bout extérieur du ressort s'accroche à un crochet porté par l'intérieur de ce tambour. De cette manière, on concevra aisément comment l'action du ressort entraîne le tambour.

Le tambour A, *fig. 5*, roule sur l'arbre *b c*, placé dans la cage de l'horloge. Cet arbre porte un crochet qui s'accroche à l'ouverture intérieure du ressort moteur ; de sorte qu'en faisant tourner cet arbre, on bande le ressort. Pour cet effet, l'arbre *a b* porte en dehors de la platine B un pivot prolongé dont la partie excédante à la platine est formée en carré ; sur ce carré entre un rochet d'encliquetage sur lequel agit un cliquet et un ressort pour arrêter l'action intérieure du ressort qui alors agit uniquement sur le barillet. L'autre bout d de l'arbre du tambour porte également un carré sur lequel on fait entrer la clef pour rebander le ressort lorsque toute son action est épuisée.

Sur le tambour A, *fig. 5*, dans lequel le ressort moteur est placé, est fixée la roue dentée qui engrène dans le pignon a ; l'axe de ce pignon porte la roue dentée D : celle-ci engrène dans le pignon e ; son axe porte la roue de champ E, laquelle engrène dans le pignon f de la roue à couronne F. La roue F fait échappement avec les palettes g, h portées par l'axe du balancier G, régulateur de cette machine.

La roue de barillet ou de tambour C fait une révolution en quatre heures ; elle est fixée sur un canon qui roule sur l'arbre du tambour. Ce canon prolongé en dehors de la platine H, porte la petite roue I, *fig. 4 ;* cette roue engrène dans la roue K, qui fait une révolution en douze heures. C'est l'axe de cette roue qui porte l'aiguille L, qui marque les heures sur le cadran porté par la platine H.

CHAPITRE VI.

Découverte du Pendule *par* GALILÉE. *— Premier usage du Pendule* simple *dans les observations astronomiques.*

LE BALANCIER fut, pendant très-long-temps, le seul régulateur connu et propre à diviser le temps. Ce ne fut qu'à la fin du XVI.e siècle ou au commencement du XVII.e , que l'on découvrit un nouveau principe de régularité, celui du *pendule* [a]. Cette découverte précieuse appartient à GALILÉE, célèbre philosophe, et mathématicien du Duc de Florence.

GALILÉE, fils de VINCENT GALILÉE, né à Pise en 1564, n'est pas seulement célèbre pour avoir été victime de l'ignorance et du fanatisme, en soutenant le mouvement de la Terre; il le fut plus encore par ses belles découvertes mathématiques, celles de la chute accélérée des corps, du pendule, &c.

« La chute accélérée des corps étoit un phénomène digne des méditations de GALILÉE : ces corps tombent, parce qu'ils sont pesans. GALILÉE considéra la pesanteur comme une force attachée aux corps, comme une force continuellement agissante ; il y trouva la cause de l'accélération [b].

» Mais cette découverte importante n'auroit peut-être pas été faite , sans une autre découverte qui fut présentée par le hasard; c'est celle de la mesure du temps par le pendule. Dans l'étendue des petits espaces que l'homme peut faire parcourir, la chute des

---

[a] Le pendule est un corps pesant qui, étant suspendu à un fil et mis en mouvement, va et revient continuellement sur lui-même en faisant des *oscillations* ou *vibrations* dont la durée est sensiblement la même. Le pendule, ainsi mis en mouvement, sert donc à mesurer des portions du temps ; mais la résistance que l'air oppose au corps, et celle du fil qui le suspend, font bientôt cesser son mouvement.

[b] *Hist. de l'Astr. mod.* T. II, p. 80.

corps ne se mesure point par des heures, ni par des minutes. Un corps tombant du sommet d'une tour, ou roulant sur des plans inclinés et façonnés exprès, n'emploie que des secondes, et en petit nombre. Nous doutons que les horloges les plus parfaites de ce temps, pussent marquer exactement ces petits intervalles de la durée. Il n'étoit pas nécessaire que ces intervalles fussent précisément d'une seconde; il suffisoit qu'ils fussent égaux, et que l'on pût observer l'inégalité des espaces parcourus et correspondans. C'est le hasard sans doute qui nous présente ce tableau changeant et infiniment varié des faits et des circonstances; mais c'est le génie qui sait les voir et les distinguer dans la foule. Galilée considéroit un jour les oscillations d'une lampe suspendue à une voûte. Ce spectacle, souvent renouvelé, étoit muet pour le reste des spectateurs. Galilée y trouva un sujet de méditation : il s'aperçut que toutes les vibrations s'accomplissoient dans un temps sensiblement égal, quoique leur étendue diminuât continuellement, jusqu'à l'instant où le mouvement cesse, et où la lampe reste en repos dans la ligne verticale. Ce phénomène, qu'on nomme l'*isochronisme* du pendule, lui parut important et utile. Il s'aperçut encore que, toutes choses égales d'ailleurs, les vibrations étoient d'autant plus lentes, que le pendule étoit plus long, que la lampe suspendue étoit plus éloignée du point de suspension. Il se vit donc en possession d'un instrument propre à mesurer la durée; instrument qui donnoit des intervalles toujours sensiblement égaux, et des intervalles qu'on pouvoit augmenter ou diminuer à volonté, en rendant l'instrument ou le pendule plus long ou plus court. Nous ne doutons point que Galilée n'ait fait usage du pendule dans les belles expériences de la chute des corps: la durée égale de ses vibrations lui servit de moyen et de degrés pour arriver à la connoissance des lois de leur accélération [a].

[a] *Hist. de l'Astr. mod.* Tom. II, page 82.

» Voilà donc GALILÉE, et par lui l'espèce humaine, en possession de deux nouveaux organes; l'un pour mesurer les petites portions de la durée, les pas égaux du temps; l'autre [a] pour rapprocher de lui et ramener à sa portée les choses qui échappent à son œil, ou par leur petitesse, ou par leur distance [b].

I.
Premiers principes sur le pendule simple, établis par *Galilée.*

» IL Y A une troisième branche de la théorie des mouvemens accélérés [c], qui n'est pas moins importante que la précédente (la chute des corps); c'est celle du mouvementdes pendules qui nous servent aujourd'hui si heureusement à mesurer le temps avec précision. Nous en devons encore la première idée à GALILÉE [d]. Doué dès sa plus tendre jeunesse de l'esprit d'observation, il avoit dès-lors observé leur isochronisme. Il avoit aussi déjà remarqué que deux pendules inégaux, mis en mouvement, faisoient, dans un même temps, des nombres de vibrations qui sont réciproquement comme les racines carrées de leurs longueurs; et il avoit appliqué cette vérité à mesurer la hauteur des voûtes d'église, en comparant le nombre des vibrations des lampes qui y sont suspendues, avec celui que faisoit, dans le même temps, un pendule d'une longueur connue. La raison de cet effet se déduit facilement de la théorie sur l'accélération des corps; car, deux pendules inégaux qui décrivent des arcs semblables et fort petits, sont dans le cas de deux poids qui rouleroient le long de deux plans inégaux, mais semblablement inclinés. On démontre que les temps qu'ils emploîroient à les parcourir, seroient comme les racines des hauteurs. »

GALILÉE a expliqué lui-même les divers usages du pendule

<table>
<tr><td>

[a] Le Télescope: le hasard l'avoit fait découvrir; il a été perfectionné par *Galilée. Hist. de l'Astr.*, *mod.* Tome II, page 84.
[b] *Hist. de l'Astr. mod.* T. II, p. 85.

</td><td>

[c] Dit l'auteur de l'*Histoire des Mathématiques;* Tome II, page 268, à l'article GALILÉE.
[d] Voyez *Vita di Galileo, del Signor Viviani.*

</td></tr>
</table>

simple,

simple, dans un petit Traité[a] imprimé à Paris, en 1639. En voici l'extrait.

DANS L'AVIS qui est à la tête de cet ouvrage, il est observé qu'au moyen d'un pendule on peut connoître la hauteur de la voûte d'une église, sans la mesurer autrement que par le mouvement des lampes pendues auxdites voûtes ; car, ayant entre les mains un plomb et un fil long d'un pied, et observant que ce fil fait cinq vibrations contre une vibration de la lampe, la distance de la voûte à la lampe est de vingt-cinq pieds. Si une vibration de la lampe est égale à dix vibrations du pendule d'un pied, la hauteur sera de cent pieds, qui est le carré des vibrations d'un pied.

Dans le Chapitre I, GALILÉE donne l'idée de ce qu'il appelle *Horloge physique :* c'est un poids mis au bout d'un filet, et qui quelque longueur qu'on lui donne, fait un certain nombre de vibrations dans un temps déterminé, et ainsi mesure le temps.

Au Chapitre II, il explique la manière du mouvement du pendule, dont la durée des vibrations (ou plutôt du mouvement) est continuellement diminuée par l'opposition de l'air, et qui vient enfin au repos.

Chapitre III. De la construction du pendule, et du moyen de le faire aller moins vîte, en raison donnée. Pour faire les vibrations d'un pendule plus lentes de la moitié ou doubles, il faut que le pendule soit quatre fois plus long, &c.

Chapitre IV. Premier usage de cette horloge pour les longitudes et les observations des éclipses : mais il faudroit compter

I I.

Les usages du pendule simple, expliqués par *Galilée.*

---

[a] Intitulé *L'usage du cadran ou de l'Horloge physique universelle,* par *Galilée,* Mathématicien du Duc de Florence; Paris, *Rocolet,* 1639, in-8.º Voyez *Traité du P. Alexandre,* page 296.

les vibrations du pendule ; ce qui est d'une pratique très-difficile.

Chapitre V. Second usage de l'horloge pour connoître les mouvemens naturels sur les plans perpendiculaires et sur les plans inclinés.

Chapitre VI. Manière de comparer les chutes perpendiculaires avec les chutes obliques.

Chapitre VII. Moyen de trouver combien un poids seroit descendu par une ligne droite vers le centre de la terre, tandis qu'il descend par un plan oblique incliné.

Chapitre VIII. Comparaison des vîtesses sur les plans différemment inclinés.

Chapitre IX. Deux problèmes sur la chute des corps pesans sur toutes sortes de plans.

Chapitre X. Usage des horloges pour la médecine.

Chapitre XI. Pour les astronomes.

Chapitre XII. Pour les chasseurs.

Chapitre XIII. Pour les arpenteurs.

Chapitre XIV. Pour la musique.

Chapitre XV. Pour les prédicateurs.

Nous observerons qu'il pourra paroître aujourd'hui assez étonnant que GALILÉE, après avoir fait la précieuse découverte du pendule, et en avoir si bien expliqué les propriétés et les divers usages, n'ait pas pensé à l'appliquer à l'horloge. Le pas nous paroît simple et facile. Il falloit prendre une des horloges à balancier, telles qu'elles existoient de son temps, en ôter le balancier, et substituer à sa place le pendule (non pas simple, mais avec une verge ou fil de métal); régler la longueur de ce nouveau régulateur sur le nombre de vibrations que faisoit le balancier : il ne l'a pas fait. Sans doute cette application ne lui étoit pas réservée : GALILÉE avoit assez de gloire, acquise par toutes ses autres découvertes.

« LES ASTRONOMES se sont servis du pendule simple, pour mesurer avec plus d'exactitude le temps de leurs observations, avant même qu'on en eût fait l'application aux horloges. On croit que le fameux TYCHO-BRAHÉ l'a mis en usage : mais selon STURMIUS, RICCIOLI a été le premier qui se soit servi du pendule pour mesurer le temps : LANGRENUS, VENDELIN, MERSENNE, KIRCHER, et plusieurs autres, l'ont suivi en cela [a]. »

III.
Le pendule simple employé dans les Observations astronomiques, par Riccioli, Langrenus, Vendelin et Kircher.

MOUTON, astronome, prêtre de Lyon, faisoit sans éclat des observations utiles [b]. En 1659 et 1661, il tenta de mesurer le diamètre du soleil. Les instrumens qui servoient à mesurer l'angle de ce diamètre, étoient susceptibles d'erreurs considérables. On faisoit alors peu d'usage du pendule et de son isochronisme reconnu par GALILÉE. La difficulté d'en compter les vibrations, et sur-tout celle de déterminer la durée de ces vibrations, en rendoit l'usage difficile. HEVELIUS l'employa cependant dans l'éclipse du Soleil du 11 août 1654, et se servit d'un pendule qui faisoit 39 vibrations par minute, et 2,340 par heure.

IV.
Mouton, astronome de Lyon, emploie le pendule simple pour mesurer le diamètre du Soleil.

V.
Hevelius fait usage du pendule simple dans l'éclipse du Soleil en 1654.

MOUTON employa le pendule plus ingénieusement : il conçut l'idée de mesurer le diamètre du Soleil, par le temps que son globe met à traverser le méridien. MOUTON eut donc le nombre de minutes et de secondes de l'équateur, qui répondoit au nombre de vibrations du pendule. L'horloge à pendule ne lui étoit pas connue [c] : il ne s'éleva point à l'idée d'un instrument qui devînt

---

[a] *Traité des Horloges,* de *Derham,* page 168.

[b] *Hist. de l'Astr. mod.;* Tome II, page 233.

[c] Cette horloge ne fut bien connue qu'en 1673; la première qui paroît avoir été faite, est de 1658.

une horloge perpétuelle, et une mesure de tous les momens[a] : mais son industrie lui en procura un qui le mit à portée de faire une opération importante. Il compta combien son pendule faisoit de vibrations pendant le passage du Soleil au méridien ; et il en conclut que le diamètre de cet astre, lorsqu'il est le plus loin de la terre, est de 31' 31 ou 32". La détermination étoit plus exacte que celle qui fut faite peu de temps après par AUZOUT et par PICARD. M. de LALANDE n'a pas trouvé plus d'une seconde à retrancher, quoiqu'il se servît d'un excellent *micromètre* objectif. C'est un grand mérite que celui de devancer ainsi son âge, et d'atteindre à une précision éloignée de plus d'un siècle.

[a] Cet instrument, cette horloge existoit, il y avoit des siècles, dans l'horloge à balancier ; mais elle demandoit à être perfectionnée comme elle l'a été dans le XVIII.e siècle, où sa justesse le dispute à celle de l'horloge à pendule même, conduite à sa plus rigoureuse perfection. *(Note de l'éditeur.)*

CHAPITRE VII.

De l'application du pendule *à l'Horloge. Le pendule substitué au balancier est devenu, depuis cette époque, le* régulateur *des horloges* fixes *, celles* Astronomiques, *&c. —— Invention de la* cycloïde *par HUYGENS. —— Utilité des horloges à pendule pour la Physique générale. C'est par leur secours qu'on a reconnu la véritable figure de la terre. Elles ont servi de nouvelles preuves au mouvement de rotation de notre globe.*

DEPUIS les inventions qui constituent les anciennes horloges à balancier dans le XIV.ᵉ siècle, les premières dont on ait eu connoissance ; l'invention des horloges portatives ou montres, faite vers le XV.ᵉ siècle ; l'application du pendule à l'horloge vers le milieu du XVII.ᵉ siècle, forme une époque importante dans l'art de l'horlogerie. C'est de cette époque que commence cette perfection qui de nos jours a été portée à un si haut degré : et, il faut en convenir, cette extrême perfection consiste autant dans celle que la main-d'œuvre a acquise, que dans les inventions ajoutées à celles des Anciens ; et, nous le répétons ici, les anciennes inventions sont encore la base de toutes nos horloges actuelles. Mais, pour revenir au pendule, plus cette application est importante, et plus il est nécessaire de fixer ce qui appartient véritablement à son auteur, ce qui est dû aux premiers inventeurs des horloges à balancier, et enfin de tracer également ce que l'application elle-même a procuré de justesse, de ce qu'elle a acquis des auteurs qui ont perfectionné les horloges à pendule depuis cette première application. Nous devons d'autant plus insister sur la nécessité de cette espèce d'analyse, que les historiens qui ont rendu compte de l'application du pendule à l'horloge, ont toujours confondu ces trois choses : les inventions anciennes, l'*application* elle-même, et les perfections ajoutées.

Avant de rechercher quel est le véritable auteur de l'application du pendule, il est nécessaire de rappeler ici quel étoit l'état de l'horlogerie à l'époque où cette application paroît avoir eu lieu ; c'est par-là seulement que l'on pourra fixer le degré de mérite qui doit être accordé à cet auteur.

On croit communément que l'application du pendule aux horloges a été faite vers le milieu du dix-septième siècle. Or, à cette époque il y avoit plus de cent ans que toutes les inventions importantes qui constituent les horloges, avaient été faites : car, long-temps avant le milieu du quatorzième siècle, on étoit en possession des horloges à roues réglées par un balancier dont les vibrations étoient produites par l'échappement. Ce balancier étoit suspendu par un fil ou petit cordon ; ces horloges étoient mises en mouvement par un poids[a] ; on avoit, dès ces premiers temps, des horloges qui marquoient les heures, les minutes, les secondes et parties de seconde, et par conséquent les plus petites portions de la durée[b]. Dès 1544 on avoit des horloges d'appartement à sonnerie et à réveille-matin. L'invention des horloges portatives ou montres devoit, à cette époque, être ancienne[c]. Ces montres avoient pour moteur un ressort spiral réglé par une fusée ; elles marquoient les minutes : le régulateur étoit le balancier, réglé par l'échappement à roue de rencontre.... le premier connu, celui des anciennes horloges.

[a] *Voyez* Chap. IV, page 52.
[b] *Ibid.* page 58.

[c] *Voyez* Chap. V, page 79.

Tel étoit l'état de l'horlogerie vers le milieu du seizième siècle, c'est-à-dire, plus de cent ans avant l'application du pendule aux horloges. Or nous verrons ci-après que la première horloge à pendule est exactement construite et composée des mêmes inventions qui constituent les premières horloges. Donc l'auteur de cette application a simplement *substitué* le pendule au balancier : il a conservé le même échappement, le même rouage, le même moteur, &c. Mais d'ailleurs, on a vu, dans le chapitre précédent[a], que la découverte du pendule appartient à GALILÉE, et qu'elle date de la fin du seizième siècle. Ce célèbre auteur en a, le premier, établi les lois ; il en a expliqué les divers usages. Plusieurs astronomes se sont servis du pendule, pour leurs observations, long-temps avant qu'il fût appliqué à l'horloge : d'où l'on peut conclure que, dans l'application du pendule à l'horloge, l'auteur de cette application célèbre n'a rien inventé. Il étoit nécessaire de rappeler ici ces faits, avant de rapporter les diverses opinions des historiens sur l'auteur de cette application.

« ÉDOUARD BERNARD, professeur d'astronomie à Oxford, dans le dernier siècle, étoit très-instruit de la langue des Arabes et de leurs connoissances[b]. Selon lui, plusieurs causes ont favorisé chez eux la culture de l'astronomie.

» La beauté du climat et la pureté de l'air ; l'exactitude et la grandeur de leurs instrumens, qui sont tels que les Modernes auroient peine à le croire ; le grand nombre des astronomes qui ont observé et qui ont écrit ; les princes puissans et magnifiques qui les ont protégés. » Il ajoute que les Arabes mesuroient les plus petites parties du temps par des clepsydres, par de grands cadrans solaires ; ou enfin, ce qui doit surprendre, par des pendules. »

I.
Opinions diverses sur l'origine de l'usage du pendule et de son application aux Horloges.

II.
Les Arabes ont fait usage du pendule pour la mesure du temps.

[a] *Voyez* Chap. VI.
[b] *Histoire de l'Astr. mod. ;* Tome I, page 246, édit. 1785.

Nous voyons par-là que l'invention du pendule est bien plus ancienne qu'on ne pense. Il est fâcheux qu'ÉDOUARD BERNARD ne nous ait pas plus instruits sur ces détails intéressans... On ne nous dit point de quelle manière les Arabes faisoient usage du pendule. Nous ignorons s'ils s'en servoient seulement pour mesurer de petits intervalles, avant qu'il s'arrêtât par la résistance de l'air ; ou si, par le moyen d'une force motrice, destinée à restituer le mouvement, ils étoient parvenus à composer des machines semblables aux nôtres, qui marquassent le temps écoulé dans des intervalles plus considérables.

« C'est une chose remarquable que cette connoissance du pendule trouvée chez les Arabes. Il est bien extraordinaire qu'elle n'ait point immortalisé son auteur; que cet auteur ne soit ni loué ni cité dans les livres arabes que nous avons, &c. »..... Comment donc leur attribuer une des plus brillantes découvertes du siècle dernier ?.... Peut-être le livre d'où M. BERNARD a tiré ce fait, fourniroit-il des détails pour résoudre cette difficulté. M. BERNARD nous apprend que « cette propriété des corps suspendus qui oscillent, fut connue des Arabes : il nous dit qu'ils mesuroient le temps par des clepsydres, par des cadrans et par des pendules. Les deux premières ne leur appartiennent point ; peut-être la troisième ne leur appartient-elle pas davantage... En conséquence, il ne nous paroît pas impossible qu'ils aient puisé cette connoissance dans quelque manuscrit, dans quelque tradition orientale, comme ils avoient trouvé celle des clepsydres et des cadrans [a].

III.
Découverte du pendule et de son application à l'Horloge, attribuée à

» JUSTE BIRGE, Suisse, et né en 1552, paroît avoir eu des talens distingués [b]. Il eut d'abord la plus grande réputation

[a] *Hist. de l'Astr. mod.*, Tome I, page 247.

[b] *Histoire de l'Astronomie moderne;* Tome I, page 372, édit. de 1785.

pour

pour la construction des instrumens : il est l'inventeur du compas de proportion. B IRG E succéda à R OTH MA N , et observa à Cassel, depuis 1590 jusqu'en 1597 : il étoit si laborieux, qu'il entreprit et qu'il finit le travail de calculer les sinus de deux secondes en deux secondes. Ce travail, pénible et long, nous fait croire à la découverte que KÉPLER lui attribue ; c'est celle des logarithmes : . . . . mais cette découverte ne fut point un bienfait pour les hommes ; J U ST E B I RG E étoit si peu curieux de gloire, que sa découverte n'a jamais vu le jour... BECKER a fait honneur à J U S T E B I RG E d'une découverte également importante ; c'est celle du pendule, et de son application aux horloges. Cette assertion paroît sans vraisemblance [a]. B I R G E mériteroit moins d'éloge que de blâme d'avoir atteint cette invention, et de l'avoir laissé périr sans fruit et sans publicité.

» Les Astronomes se sont servis du pendule pour mesurer avec plus d'exactitude le temps de leurs observations, avant même qu'on l'eût appliqué à l'horloge [b]. On croit que le fameux TYCHO-BRAHÉ l'a mis en usage ; mais, selon STURMIUS, RICCIOLI a été le premier qui se soit servi des pendules pour mesurer le temps. LANGRENUS, VENDELINUS, MERSENNE, KIRCHER, et plusieurs autres, l'ont suivi en cela, quoiqu'ils ignorassent ce qu'il avait fait : mais M. HUYGENS les a appliqués le premier aux horloges. *(Sturm. Colleg. Curiosit. p. 1, tent. 14.)* A la vérité, plusieurs se sont attribué l'honneur de cette invention ; mais M. HUYGENS allègue de bonnes raisons pour montrer qu'il en est l'auteur. Il dit, entre autres choses, qu'il mit en

Juste Birge, qui vivoit vers la fin du XVI.e siècle.

[a] D'après le caractère qui est donné à *Juste Birge*, il n'est pas invraisemblable qu'il ait découvert le pendule et l'ait appliqué aux horloges. *Becker* n'est pas le seul, comme on le verra ci-après, qui ait attribué à *Juste Birge* cette application ; mais il ne l'a pas publiée, en sorte qu'il en a perdu tout le mérite. *(Note de l'éditeur.)*

[b] *Derham ,* Traité d'Horlogerie , page 168 , édit. 1746.

usage cette excellente invention dès l'année 1657 ; et l'année suivante 1658, il en fit graver le dessin, et en donna la description. *(Horol. oscill. pag. 3 de l'Édition de Paris.)*

» De ceux néanmoins qui la lui disputent, le grand GALILEO me paroît le mieux fondé. Le docteur JEAN-JOACHIM BÉCHER fit imprimer en 1680, en Angleterre, un livre portant pour titre, *De novâ temporis demetiendi ratione theoria*, qu'il dédia à la Société royale de Londres. Dans ce livre il dit que le comte MAGALOTTI, résident à la cour de l'Empereur, lui raconta toute l'histoire des pendules appliqués à l'Horlogerie, niant que M. HUYGENS de Zulichen y eût eu part ; et qu'un nommé TREFFLER, horlogeur du père du grand-duc de Toscane d'alors, lui conta la même chose, lui ajoutant qu'il étoit le premier qui avoit fait à Florence une horloge à pendule, par l'ordre du grand-duc de Toscane, et sous la direction de GALILEUS À GALILEO, mathématicien de son altesse, dont on transporta un modèle en Hollande ; enfin, que le comte dont on vient de parler, dit de plus, qu'un nommé GASPAR DOMS, Flamand, et mathématicien de JEAN-PHILIPPE DE SCHONBORN, dernier électeur de Mayence, lui avoit raconté qu'au temps de l'empereur RODOLPHE (c'est-à-dire vers 1612), il avoit vu à Prague une horloge à pendule, faite par le fameux JUSTUS BORGEN [JUSTE BIRGE], mathématicien et horlogeur de l'Empereur, dont le grand TYCHO-BRAHÉ s'est servi dans ses observations astronomiques. Ainsi s'exprime BÉCHER.

» On peut ajouter ce qui est rapporté par l'Académie *del Cimento*, savoir, que l'on jugea convenable d'appliquer le pendule au mouvement de l'horloge, chose que GALILEO trouva le premier, et que VINCENTIO GALILEI, son fils, mit en pratique en 1649. Voy. *Expér. de l'Acad. del Cimento.*

» Il n'y a pas d'autre réplique aux choses ci-dessus racontées

IV.
L'application du pendule à l'Horloge attribuée à *Galilée*, mise en pratique en 1649, par son fils *Vincent Galilée.*

par BÉCHER, comme témoin auriculaire, et à ce que l'Académie rapporte ensuite si expressément, sinon que M. HUYGENS, qui n'avoit pas moins de probité que de savoir, assure, en termes exprès, qu'il en fut l'inventeur; et que si GALILÉE eut une semblable idée, il ne l'avoit jamais perfectionnée. Il est d'ailleurs certain que cette invention n'a fleuri que jusqu'au temps que M. HUYGENS l'a publiée.

» Après que M. HUYGENS eut trouvé ces horloges à pendule, et qu'il en eut fait faire plusieurs en Hollande, M. FROMENTIL, horloger hollandois, vint en Angleterre, et fit les premières qui s'y soient vues vers l'an 1662. Il y en a encore actuellement une de celles-là au collége de *Gresham*, dont feu l'illustre M. SETH, évêque de *Salisbury*, fit présent à cette célèbre société : elle a été faite précisément selon la méthode de M. HUYGENS.»

« Pour ce qui regarde l'horloge à pendule [a], si le marquis MALVASIA a dit, en 1662, qu'il avoit une horloge à pendule, et qu'il s'en servoit comme il le marque, c'est une date qu'on peut rapporter à ce temps-là : mais non pas ce qu'il ajoute, qu'elle avoit été trouvée à Florence quelques années auparavant; non plus que ce qui est imprimé, en 1666, dans le *Saggio* de Florence, où il est dit que GALILÉE avoit eu la pensée d'appliquer le pendule à une horloge, mais que cela ne fut exécuté qu'en 1649, par son fils, sans marquer comment cette application avoit été faite. Mais si cette horloge à pendule étoit en usage depuis 1649, il n'y a pas d'apparence de croire que M. HUYGENS, qui étoit en relation avec tous les savans de l'Europe, et qui étoit fort connu à Florence, eût eu la hardiesse de faire imprimer la construction de cette même horloge à pendule, chez ADRIEN ULAAQ, à la Haye, en 1658, comme une chose nouvelle, neuf ans après que cela avoit été exécuté à

[a] Dit M. *de la Hire*, *Mémoires de l'Académie des Sciences*, 1717, page 80.

Florence, sans craindre de passer pour plagiaire, et de produire comme une nouveauté ce qui étoit déjà fort connu ; car on ne peut faire cette application que d'une seule manière, qui est de le *substituer* aux balanciers des horloges ordinaires, pour rectifier le mouvement de ce balancier, qui est toujours fort inégal. »

« Quoique le mouvement du balancier fût fort inégal [a], tant à cause de l'inégalité des dentures que du changement des temps, il a fallu cependant s'en servir jusques environ l'an 1660, puisqu'on n'avoit rien de meilleur.

» C'est au fameux GALILÉE, mathématicien du grand-duc de Toscane, que nous sommes redevables d'une invention plus excellente, qui est le pendule. Il s'en servoit utilement pour les observations astronomiques, et en composa un livre, qui, étant traduit de l'italien en français, fut imprimé à Paris [b] en 1639. Il eut la pensée de l'appliquer à l'horloge ; ce qu'il n'exécuta pas. Son fils, VINCENT GALILÉE, appliqua le pendule à l'horloge ; ce qui lui donna une perfection qui est autant au-dessus du balancier, que les horloges à balancier étoient au-dessus des meilleures clepsydres. Il en fit l'essai à Venise en 1649, comme il est rapporté dans le Recueil des expériences faites dans l'Académie *del Cimento*, sous la protection du duc de Florence, *page 21.*

» CHRÉTIEN HUYGENS perfectionna cette nouvelle invention, dont il crut pouvoir se faire honneur. En 1657, il donna, en hollandois, une courte description d'une nouvelle horloge ; et cet écrit fut imprimé dans la suite en latin. VINCENT GALILÉE voulut lui ôter l'honneur de l'invention, et prétendit que c'étoit à lui-même qu'elle étoit due ; ce qui obligea M. HUYGENS à donner un autre ouvrage en 1658, sous le titre de *Horologium,*

---

[a] Opinion du P. *Alexandre*, auteur du *Traité général des Horloges*, p. 18, sur l'application du pendule à l'horloge.

[b] Chez *Pierre Rocolet*, in-12.

dans lequel il explique la fabrique et les ressorts de cette nouvelle machine, et montre qu'elle étoit fort différente de la
pendule des Astronomes, inventée par GALILÉE.»

Le père ALEXANDRE ajoute, *page 310.* « GALILÉE est
l'inventeur du pendule simple; il s'en est servi pour les observations astronomiques avant l'an 1639. Son fils, VINCENT
GALILÉE, adapta le pendule aux horloges; et, en 1649, il
en fit une de cette construction à Venise. Son père en avoit eu
la pensée, sans en venir à l'exécution. »

« PARMI les découvertes méchaniques de M. HUYGENS [a],
nous en remarquerons une principale, et qui semble avoir été le
motif et l'occasion de toutes les autres; c'est celle de l'application
du pendule à régler le mouvement des horloges...

» L'égalité de durée entre les oscillations du pendule, étoit un
phénomène déjà fort connu lorsque M. HUYGENS entra dans la
carrière des mathématiques. GALILÉE, qui en avoit fait la première observation, avoit aussi eu l'idée de l'appliquer à la mesure
du temps, et quelques Astronomes, à son imitation, l'avoient employé dans cette vue; mais, faute de moyens commodes pour en
compter les vibrations et en perpétuer le mouvement, cette idée
n'avoit pas encore apporté beaucoup d'utilité à l'Astronomie. On
voit, à la vérité, un auteur italien [CARLO DATI] revendiquer à
GALILÉE, ou à son fils, l'*invention* de M. HUYGENS [b]; mais
c'est une pure assertion, qui, n'étant revêtue d'aucune preuve,
ne mérite pas grande attention. D'ailleurs, quelle apparence
qu'une invention si utile, si facile à mettre en pratique, et si

V.

L'application du pendule à l'Horloge, attribuée à *Huygens.*

[a] Opinion de M. *Montucla*, auteur de l'*Histoire des Mathématiques*, sur l'application du pendule à l'Horloge; Tome II, page 383. (Paris, 1768, chez *Jombert.*)

[b] Ici M. *Montucla* se trompe; ce n'est pas une invention, mais la simple substitution du pendule des horloges, qui étoient inventées depuis plusieurs siècles, à leur régulateur [le balancier].

recherchée non-seulement par les Savans, mais encore par les Artistes, eût resté ensevelie pendant près de vingt ans dans un pareil oubli ; cela n'est aucunement vraisemblable.

» M. Huygens ne s'adonna pas plutôt à l'Astronomie, que, sensible aux avantages que cette science pouvoit tirer du pendule, et aux inconvéniens qui s'y opposoient, il travailla à les lever. Le succès répondit à ses desirs. Également doué du génie de la Méchanique et de celui de la Géométrie, *il imagina une construction d'horloge* [a] où le pendule, servant de modérateur au rouage, ne lui permet qu'un mouvement très-uniforme. Voici une idée de ce méchanisme. Le pendule, qui est une verge de fer au bas de laquelle le poids [la *lentille*] est suspendu, communique par sa partie supérieure un mouvement alternatif à un essieu garni de deux petites palettes, tellement disposées, qu'à chaque vibration elles ne laissent passer qu'une dent de la roue avec laquelle elles s'engrènent. Cette roue ne peut donc avoir qu'un mouvement aussi uniforme que celui du pendule même ; et, puisque de son mouvement dépend celui de tout le rouage, dont les parties s'engrènent mutuellement et enfin avec elle, ce rouage est contraint de marcher avec la même

---

[a] *Huygens n'imagina pas* (comme le prétend ici l'Historien des Mathématiques) *une construction d'horloge* pour y adapter le pendule ; toutes les parties de cette construction étoient *inventées* depuis plusieurs siècles ; et sans l'*échappement*, cette belle et ancienne invention, dont M. *Montucla* explique plus bas les effets, ni *Huygens*, ni aucun autre Méchanicien n'eût jamais pu parvenir à faire servir le pendule pour mesure continue du temps. Si cette méchanique de l'échappement n'eût pas été connue, il eût fallu l'inventer ; et il est fort douteux qu'elle eût jamais été l'ouvrage d'un Méchanicien seulement doué de la théorie.

Toutes les autres parties qui constituent l'horloge étoient également inventées, et *Huygens* n'y a rien changé ; M. *de la Hire*, que nous avons cité plus haut, a été plus exact en disant, *qu'on ne peut faire cette application* (du pendule) *que d'une manière, qui est de le SUBSTITUER au balancier des horloges ordinaires.*

uniformité que le pendule. Il y a plus ; ce rouage, par l'action du poids ou du ressort qui le met en mouvement, fait un petit effort contre le pendule, et lui communique à-peu-près la même quantité de mouvement qu'il en perd à chaque vibration par la résistance de l'air : de sorte qu'au lieu de rester vingt-quatre heures en mouvement, comme il pourroit faire sans cela, il ne peut s'arrêter que lorsque le poids ou le ressort de la machine cessera d'agir[a]. M. HUYGENS fit cette *belle découverte* vers la fin de l'année 1656 ; et vers le milieu de 1657, il présenta aux États (de Hollande) une horloge de sa nouvelle construction. Il la dévoila bientôt après par un écrit particulier, et elle a été si universellement adoptée, que les petites horloges d'appartement en ont pris le nom de *pendules.* »

L'application du pendule à l'horloge a été une époque si importante pour l'Astronomie et la mesure du temps, et cette application a été présentée si différemment par divers Auteurs, que nous devons encore citer ici l'article de l'Histoire de l'Astronomie qui en traite, parce qu'il servira à nous procurer de nouveaux éclaircissemens, et à juger enfin du véritable point de vue sous lequel cette application doit être considérée, et ce que l'on doit en effet à son auteur.

« L'art de mesurer le temps avança et se *perfectionna tout-à-coup* par une *invention mémorable* [b]. HUYGENS médita sur les horloges, et il regretta sans doute que l'usage de cette belle machine fût si borné par son inexactitude ; il se rappela que

---

[a] L'explication que M. *Montucla* vient de donner du méchanisme ou des effets de l'horloge, appartient à la construction de nos anciennes horloges : de la manière que cela est ici présenté, on seroit tenté d'en attribuer le méchanisme à *Huygens ;* et les mots de *belle découverte* qui suivent, le confirment : la note précédente ([a]) a décidé la question.

[b] Dit *Bailly , Hist. de l'Astr. mod. ,* Tome II, page 258.

Nous examinerons tout à l'heure ce début de l'auteur.

GALILÉE avoit employé le pendule à la mesure du temps ; mais le pendule ne servoit alors que pour de petits intervalles. En peu de temps le nombre des vibrations est considérable ; il est difficile de les compter ; d'ailleurs l'air résiste au mouvement des corps [a]. Le pendule, mis en mouvement, diminue peu-à-peu ses vibrations, et finit par s'arrêter : voilà les difficultés. HUYGENS, heureusement, ne désespéra pas de son génie ; il pensa que, pour compter les vibrations, il suffiroit d'adapter au pendule un rouage qui portât des aiguilles, et qui marquât sur un cadran le nombre des vibrations accomplies. Il sentit enfin la possibilité d'appliquer le pendule aux horloges [b].... Voici comment il s'y

[a] L'air résiste en effet au mouvement des corps ; mais ce n'est pas à cette résistance seule que l'on doit attribuer la diminution du mouvement du pendule ; la plus grande partie de cette diminution appartient au frottement de la suspension du pendule. *(Note de l'éditeur.)*

[b] *L'art de mesurer le temps avança et se perfectionna tout-à-coup par une* INVENTION *mémorable* (dit *Bailly*), *l'application du pendule aux horloges.* Ce peu de mots exige quelques éclaircissemens, et nous devons les donner.

L'art de mesurer le temps par les horloges, forme trois époques assez distinctes. La première, qui est en même temps la plus importante, parce qu'elle est la base de tout ce qui s'est fait depuis, est celle de l'invention des horloges à roues, à balancier, à échappement, dont le moteur est un poids, &c. ; cette époque comprend également l'invention des horloges portatives à balancier, dont le moteur est un ressort spiral. La deuxième époque comprend l'application ou substitution du pendule au balancier des horloges fixes, et l'application du ressort réglant au balancier des horloges portatives. La troisième époque, est celle où les diverses machines qui composent les deux premières époques ont acquis le plus haut degré de perfection ; en sorte qu'on est parvenu à donner aux horloges à pendule, qui, dans l'origine, étoient grossières et mal composées, la plus rigoureuse précision ; et d'après les anciennes horloges à balancier, on a créé les horloges à longitudes : c'est à cette époque aussi que l'on a donné aux horloges portatives, une exactitude qui les égale, en quelque sorte, à celle des horloges à pendule les plus parfaites. Or, cet état de précision n'est nullement l'ouvrage des auteurs des deux premières époques ; il est dû, en entier, aux recherches, aux travaux des artistes célèbres qui depuis plus d'un siècle ont enrichi cet art : *Sully*, *Julien le Roy*, *Graham*,

prit :

prit : il emprunta l'idée des palettes du balancier, lesquelles, en s'engrenant alternativement dans les dents d'une roue, servent à retarder la descente du poids moteur des horloges qu'HUYGENS avoit sous les yeux. Il appliqua ces palettes à l'extrémité supérieure du pendule ; il les fit engrener de même dans les dents d'une roue. Le mouvement de la roue se conforme à celui du pendule ; une dent échappe à chaque vibration ; et comme les vibrations sont toujours égales, les pas de la roue sont toujours uniformes . . . . . »

Nous avons présenté ci-devant les opinions des divers Auteurs

Harrison, &c., comme on le verra dans les chapitres suivans. Ces artistes habiles ont enrichi l'art par leurs découvertes, et en donnant à la main-d'œuvre la plus grande précision, et par l'invention des instrumens qui suppléent encore l'adresse des artistes en l'augmentant. Les écrivains qui ont parlé de la mesure du temps, paroissent avoir confondu et réuni en un seul les objets de ces trois époques, en attribuant à l'auteur de l'application du pendule à l'horloge, tout ce qui avoit été créé avant lui et tout ce qui s'est fait depuis. On n'a donc pas dû dire que l'*art se perfectionna tout-à-coup par une invention mémorable.* Sans doute, le pendule a ajouté un grand degré de perfection aux horloges *fixes ;* mais les horloges à pendule du temps d'*Huygens* ne sont pas plus nos horloges astronomiques, que les anciennes horloges à balancier ne sont nos horloges à longitudes, quoique ces dernières soient aussi à balancier : ce n'est pas non plus une invention *mémorable ;* car cette

application consiste uniquement à avoir *substitué* le pendule au balancier régulateur des anciennes horloges. Le pendule lui-même, dont la découverte est due à *Galilée*, n'est pas une invention ; c'est l'observation d'un effet naturel de la pesanteur, agissant sur un corps suspendu librement : ce corps, étant écarté de la verticale par une puissance quelconque et ensuite abandonné à lui-même, oscille ou vibre pendant un certain temps.

Les éclaircissemens que nous venons de donner nous ont paru nécessaires pour rétablir dans ses vraies limites l'application du pendule à l'horloge. Nous les terminerons en observant que l'explication que l'Historien de l'Astronomie donne ici de l'horlòge d'*Huygens,* appartient en entier au méchanisme des anciennes horloges à balancier, et non à l'auteur de l'application du pendule. Nous avons déjà fait la même observation, ci-devant *page 95,* à laquelle nous renvoyons.

qui ont écrit sur l'application du pendule à l'horloge ; et nous avons établi, dans les notes qui accompagnent ces opinions, en quoi consiste véritablement cette application. Nous pouvons maintenant, avec plus de certitude, estimer quel est le véritable auteur de cette application.

On a attribué à JUSTE BIRGE la découverte du pendule et son application à l'horloge vers le commencement du dix-septième siècle. Il est possible que cela soit : mais comme cette découverte n'a été ni suivie ni publiée, on ne peut légitimement l'attribuer à cet auteur.

GALILÉE est reconnu généralement pour avoir fait la première découverte du *pendule.* Il s'en est servi dans ses expériences de la descente des corps sur des plans inclinés ; il l'a employé à des observations astronomiques ; il a, le premier, établi quelques-unes des lois du pendule simple. Dans un écrit, traduit en français en 1639, GALILÉE explique les usages de ce qu'il appelle *l'horloge physique universelle,* qui n'est autre que le pendule *simple :* mais, dans ces divers usages, il n'est pas parlé de l'application du pendule à l'horloge. Ainsi GALILÉE ne peut être considéré comme l'auteur de cette application.

VINCENT GALILÉE, fils du célèbre GALILÉE, paroît en effet avoir appliqué le pendule à l'horloge ; les témoignages qui l'attestent sont très-positifs : mais cette application n'ayant été ni publiée ni suivie, elle a été inutile.

VI.
L'application du pendule à l'Horloge appartient à Chrétien Huygens ; elle fut faite vers 1657.

CHRÉTIEN HUYGENS est donc en effet le véritable auteur de l'application du pendule aux horloges, et tout le prouve. HUYGENS eut l'idée de ce méchanisme en 1656 : il présenta sa première horloge à pendule aux États de Hollande le 16 juin 1657 [a] ; en 1658 il en publia le méchanisme dans un écrit

[a] *Hist. de l'Astr. mod.,* Tome II, page 260.

particulier. Dès l'année 1662, il y eut en Angleterre des horloges à pendule, exécutées d'après celles d'HUYGENS [a]. Enfin HUYGENS, dans son profond et immortel ouvrage de *Horologium oscillatorium*, ou Traité des horloges à pendule, donne une description complète du méchanisme de son horloge. Il établit la longueur du pendule simple qui bat les secondes, à trois pieds huit lignes et demie : il donne la théorie du pendule, celle des centres d'oscillation, &c.

MAIS de toutes les profondes et belles recherches d'HUYGENS, relatives à la mesure du temps, celle qui lui procurera une éternelle renommée, c'est la théorie de la *cycloïde*, et l'application de cette courbe vers le point de suspension du pendule, pour rendre d'égale durée les arcs inégaux que ce régulateur peut décrire. Voici comment le célèbre BAILLY décrit cette invention [b] :

V I I.
Invention profonde et savante faite par *Huygens* pour rendre d'égale durée les arcs d'inégale étendue décrits par le pendule (par des portions de cycloïde).

« HUYGENS, profond géomètre, étoit trop accoutumé à l'exactitude des conclusions géométriques, pour n'avoir pas quelque scrupule sur l'uniformité de sa nouvelle horloge : cette uniformité étoit fondée sur l'égalité des vibrations du pendule : c'étoit une vérité de l'expérience de GALILÉE ; mais de quelle expérience ! On ignore comment ce grand homme avoit pu s'assurer que des oscillations si petites, accomplies dans un si petit espace de temps, le fussent dans un temps égal. L'assertion de GALILÉE, son expérience, ne prouvoient qu'une chose, c'est que les inégalités ne pouvoient être saisies par nos sens. Cette inégalité insensible suffisoit à GALILÉE pour l'emploi du pendule dans un intervalle très-court : mais lorsqu'on vouloit lui faire mesurer des jours, des mois, des années, ces inégalités devoient

[a] *Traité des Horloges,* par *Derham,* page 171.

[b] *Hist. de l'Astron. mod.,* Tome II, page 260.

s'accumuler, et pouvoient cesser d'être insensibles. Huygens demanda du secours à la Géométrie; il chercha quelle étoit la courbe le long de laquelle il falloit faire descendre un corps, pour que le temps de la chute fût toujours le même, quel que fût le point de cette courbe et la hauteur où la chute commençât. La Géométrie, en effet, lui en fournit une; c'est la *cycloïde* [a]. Cette proposition doit paroître paradoxale, que deux corps roulant sur un plan qui auroit la forme de cette courbe, partis de deux hauteurs différentes, arrivassent en même temps au terme de leur chute : c'est cependant une vérité incontestable, reconnue par la théorie et par l'expérience. La cycloïde, convenablement disposée [b], a sa partie supérieure presque verticale, et sa partie inférieure presque horizontale. Les corps tombent plus vîte par la direction verticale que par une direction inclinée. Le corps qui part de plus haut, commence donc sa chute avec plus de vîtesse. Ce n'est pas tout. En conséquence des lois de la chute toujours accélérée des graves, si le corps parti de plus haut a plus d'espace à parcourir, il reçoit plus d'accélération que le corps parti de plus bas ; et ces deux choses, la grandeur de l'espace et l'augmentation de la vîtesse, se compensent tellement, que les deux corps arrivent en même temps au bas de la courbe.

» Mais cette découverte de la théorie étoit d'une application bien difficile ; comment faire marcher un pendule le long d'une cycloïde ? Huygens y réussit cependant ; et cet effort, quoiqu'il ait été suivi de peu d'utilité [c], fait trop d'honneur à l'esprit

---

[a] *Hugenii Horologium*, page 87.

[b] L'axe étant perpendiculaire à l'horizon.

[c] La *Cycloïde* a été abandonnée, parce que l'échappement à roue de rencontre, dont *Huygens* se servit, et qui alors étoit le seul connu, détruisoit les propriétés de la cycloïde, qui ne sont telles, en effet, que lorsque cette courbe est appliquée au pendule simple et non pas à l'horloge ; mais nous pensons que cette belle invention peut aujourd'hui

humain pour que nous le passions sous silence. HUYGENS avoit découvert une espèce de courbe, engendrée d'une manière singulière. Supposons une courbe le long de laquelle on ait plié et couché un fil ; si l'on saisit une des extrémités de ce fil, et qu'on le déplie successivement, cette extrémité décrira une seconde courbe. La première, d'où le fil se déroule et se déplie, est nommée la *développée* de la seconde. HUYGENS chercha quelle étoit la développée de la cycloïde, et il trouva que c'étoit encore la cycloïde. La cycloïde, en se développant, se reproduit elle-même. Alors HUYGENS plaça au point de suspension de son pendule, et des deux côtés, deux petites lames de métal, auxquelles il donna la forme de cette courbe. Il suspendit la verge de son pendule à un fil : dans les vibrations alternatives, le fil se plie et se courbe sur les lames cycloïdales ; et en se développant, ce fil, ou le pendule qui en est le prolongement, ne peut décrire également qu'une cycloïde . . . .

» HUYGENS, par cette suspension savante, força donc le pendule de descendre et de remonter, en oscillant le long de cette courbe : mais l'invention, quoique infiniment ingénieuse, quoique produite par des méditations profondes, n'a pas été long-temps suivie.

» On fut donc en possession d'une horloge susceptible de la plus grande exactitude [a] : l'homme la fait mouvoir d'un mouvement plus égal que celui des astres. On reconnut la nécessité d'employer chaque jour l'équation du temps inégal du Soleil, découverte par HIPPARQUE. Si cette équation n'avoit pas été connue, les horloges l'auroient manifestée : mais, avec cette correction, nous jouissons de la certitude du temps qui s'écoule.

---

devenir utile, étant employée avec un autre échappement. Nous reviendrons par la suite sur cet objet. *Voyez* ci- | après, Chap. XII. *(Note de l'éditeur.)*

[a] *Bailly, Histoire de l'Astronomie moderne,* Tome II, page 263.

Dans l'usage de la vie, avec un peu de soin, on doute à peine des minutes, lorsque les Anciens, avec leurs clepsydres, doutoient peut-être des heures. Mais dans l'usage astronomique, en employant les corrections nécessaires, on voit des horloges ne pas varier d'une seconde en deux mois, et de cinq secondes en une année [a]. »

VIII.
Invention de la première Horloge marine à pendule d'Huygens.

LE GÉNIE profond d'HUYGENS ne s'est pas seulement exercé à enrichir l'Astronomie et l'art de l'Horlogerie, de cet instrument exact de la mesure du temps : à peine avoit-il construit sa première horloge à pendule, qu'il chercha à procurer aux Navigateurs une horloge propre à déterminer la longitude en mer ; il composa, dès 1660, son horloge marine à pendule, machine qui fut éprouvée en mer en 1664. Nous donnerons, dans le Chap. XV, destiné à présenter les diverses constructions d'horloges marines, la description de celle d'HUYGENS.

IX.
Construct. d'une autre Horloge d'Huygens, déduite du mouvement circulaire des pendules.

LA FORCE centrifuge, combinée avec celle de la pesanteur, donne naissance à un genre d'oscillation qu'HUYGENS examine dans son Traité [b], et qui lui fournit la matière de plusieurs propositions curieuses. Un poids étant suspendu à un fil, au lieu de lui donner un mouvement d'oscillation dans un plan vertical,

[a] *Éclaircissement.* Dans le passage que nous venons de citer, l'auteur de l'Histoire de l'Astronomie confond deux époques très-éloignées : le commencement de ce passage, qui suit immédiatement l'article de la cycloïde d'*Huygens*, se rapporte aux horloges d'*Huygens* ; et la fin du même passage ne peut convenir qu'aux horloges astronomiques de notre temps (et en effet, *Bailly* cite l'Astronomie de *Lalande*, où il est parlé de cette précision des horloges,) : car les horloges d'*Huygens* ne pouvoient donner l'heure qu'à 5 ou 10″ près par jour ; et on prétend, selon *Lalande*, qu'il y a en Angleterre des horloges qui n'ont pas plus de 5″ de variation en un an. On peut, à la vérité, douter, sans être injuste, qu'il existe aujourd'hui une horloge qui puisse donner cette extrême précision.

[b] *Horologio oscillatorio,* page 157.

comme aux pendules ordinaires, on le fait tourner circulairement ; de sorte que le fil auquel il est suspendu, décrive une surface conique. Ce mobile est ainsi sollicité par deux forces qui ont des directions contraires : l'une est la pesanteur, qui tend à le ramener à la perpendiculaire, en le faisant rouler le long de la courbe qu'il décriroit par une oscillation ordinaire ; l'autre est la force centrifuge, qui tend à l'écarter de cette perpendiculaire, en l'élevant le long de la même courbe. Il y a un point où ces deux forces sont en équilibre : de là vient que le mobile décrit autour de l'axe, qui est vertical, une circonférence horizontale [a].

« C'est de ce genre d'oscillation (dit HUYGENS) que nous avons déduit une autre horloge [b], presque dans le même temps de la première, appuyée de même sur un principe certain d'uniformité, quoiqu'elle ait été moins connue que la première, parce que celle-ci est d'une construction plus simple et plus facile ; néanmoins on en a exécuté plusieurs avec succès : elle a d'ailleurs cet avantage, que les secondes sont marquées d'un mouvement uniforme, et non par secousses, comme dans la première, et qu'elle ne fait aucun bruit, quoique le bruit que l'on entend à chaque seconde, ne soit pas inutile dans les observations astronomiques.

» IL SEROIT très-utile (dit ailleurs HUYGENS)[c], et il y a long-temps qu'on le desire, d'avoir une mesure fixe, à laquelle on puisse rapporter toutes les autres, et qui ne soit sujette à varier ni par les injures du temps, ni par la vétusté. Si les Anciens avoient eu une pareille mesure, on ne verroit point une si grande variété dans les déterminations qu'on a faites du pied romain, du pied grec, et de l'hébreu.

X.
Moyen d'établir une mesure universelle et perpétuelle au moyen du pendule (proposé par *Huygens*).

---

[a] *Histoire des Mathématiq.*, Tome II, page 409.

[b] On trouvera l'explication de cette horloge à la fin de ce livre.

[c] *Horologio oscillatorio*, page 151.

» L'horloge que nous avons décrite, en fournit une très-simple, et qu'on chercheroit en vain, ou du moins qu'on trouveroit très-difficilement, par d'autres moyens. On a tenté, à la vérité, cette recherche par les oscillations simples d'un pendule pendant une révolution des étoiles, ou en comparant le nombre des oscillations, à la différence d'ascensions droites d'étoiles connues ; mais ce moyen, outre qu'il est très-pénible et très-ennuyeux par l'attention qu'il faut avoir en comptant les vibrations, n'est pas d'ailleurs si sûr, à beaucoup près, que celui que fournissent les horloges ; mais, outre les horloges, il étoit encore nécessaire, pour déterminer cette mesure le plus exactement qu'il est possible, de connoître les centres d'oscillations. Aujourd'hui que nous sommes en possession de ces deux choses, nous pouvons entreprendre de la fixer. Les horloges les plus convenables à cette recherche, sont celles qui marquent les secondes ou les demi-secondes.

» Après avoir réglé une horloge de cette espèce au temps moyen, on suspendra, auprès de l'horloge, un *pendule simple,* c'est-à-dire, par exemple, une balle de plomb, attachée à un fil très-délié, et on l'écartera peu de la verticale, alongeant ou raccourcissant le fil, jusqu'à ce que ses oscillations, pendant un quart-d'heure, s'accordent avec celles du pendule de l'horloge. (Je dis qu'il faut peu écarter ce pendule simple, parce que ses vibrations ne sont égales que lorsqu'il décrit de très-petits arcs, comme de 5 à 6 degrés au plus.) Alors, ayant mesuré la distance du point de suspension au centre d'oscillation de la balle, et l'ayant divisée en trois parties, chacune sera la longueur que nous avons appelée *pied horaire,* et qui, de cette manière, non-seulement sera le même par-tout, mais pourra toujours se retrouver aisément. On pourra donc, en déterminant le rapport des autres mesures à celle-ci, fixer celles-là pour toujours. Le pied de Paris étant à notre pied horaire, comme 864 à 881,

en

en prenant pour unité le pied de Paris, le pendule qui bat les secondes (à Paris), doit être de 3 pieds o pouce 8 lignes $\frac{1}{2}$ [a]. Le pied de Paris est au pied du Rhin, comme 144 à 139, c'est-à-dire qu'en diminuant le pied de Paris de 5 de ses lignes, on a le pied du Rhin. Ces rapports ainsi établis, ces mesures, et toutes les autres que l'on comparera de la même manière, sont fixées pour toujours. »

Nous terminerons ce VII.e Chapitre, en rapportant quelques-uns des usages de l'horloge à pendule ; *cette belle machine qui, selon l'expression du célèbre Auteur de l'Histoire de l'Astronomie, est d'un usage continuel pour mesurer les intervalles de la vie et les temps astronomiques. C'est un vrai don que le génie d'HUYGENS a fait à l'humanité, et l'une des plus ingénieuses inventions dont elle puisse s'applaudir* [b].

POUR déterminer la position des astres dans le sens de l'Équateur, « on fit usage en France d'une méthode nouvelle, qui ne commença à être pratiquée que dans les beaux jours de l'Astronomie, et qui en fonda les succès ; c'est la méthode de mesurer la distance des astres par le temps [c], puisqu'il s'agit uniquement de découvrir la déclinaison et l'ascension droite d'un astre (pour en fixer la position). La déclinaison peut être facilement connue ; l'astronome n'a qu'à prendre à son mural la hauteur méridienne de l'astre ; il connoît la hauteur de l'Équateur. La différence des deux hauteurs lui donne la distance de l'astre à ce cercle. C'est la déclinaison, c'est la moitié de ce qu'il

XI.
Huygens établit la longueurdupendule simple à secondes, à Paris, de 3 pieds o pouce 8 lignes $\frac{1}{2}$.

XII.
Usage des Horloges pour détermi-ner les ascensions droites des astres.

---

[a] En 1673, *Huygens* détermina la longueur du pendule simple à 3 pieds o pouce 8 lignes $\frac{1}{2}$ = 440 lignes $\frac{50}{100}$.

En 1735, M. *de Mairan* trouva cette longueur du pendule simple qui bat les secondes, de 440 lignes $\frac{17}{100}$.

En 1792, M. *Borda* a déterminé de nouveau cette longueur du pendule simple à secondes, à 440 lignes $\frac{60}{100}$.

[b] *Histoire de l'Astronomie moderne,* Tome II, page 260.

[c] *Ibidem*, page 293.

demande. Tout se réduit donc à l'ascension droite ; mais qu'est-ce que l'ascension droite ? C'est un arc de l'Équateur, une portion du cercle de la révolution diurne, dont les parties égales passent en temps égaux au Méridien . . . . Avec une horloge bien réglée, c'est-à-dire, dont la marche est parfaitement uniforme, la différence des temps des passages de deux astres doit donc indiquer la différence de leur ascension droite ; et si l'ascension droite ou la place de l'un de ces astres sur l'Équateur est connue, celle de l'autre le sera aussi . . . . Le landgrave de Hesse avoit déjà essayé cette méthode : il observoit le temps du passage des étoiles par un *azimuth* avec leur hauteur. THADÉE HAGECIUS proposa de faire cette observation dans le Méridien ; mais le temps n'étoit pas venu : cette excellente méthode manquoit de l'instrument nécessaire ; les horloges étoient trop défectueuses ; les erreurs auroient été énormes. On pouvoit alors se moquer de la proposition d'HAGECIUS : les hommes ne peuvent prévoir ni les présens du hasard, ni les ressources du génie ; on n'auroit pas cru aux prodiges de ce siècle, si on les avoit annoncés d'avance. Comment deviner que la méthode d'HAGECIUS seroit le moyen des recherches futures, et la base de toute précision? Elle fut suivie en France dès l'établissement de l'observatoire [a] ; elle a été adoptée par les Anglois en 1690. Presque tous les progrès de l'Astronomie sont nés de cette méthode. Ils montrent l'influence qu'un homme peut avoir sur les siècles par une seule idée : ils sont nés en partie du hasard, qui donna les lunettes ; ils sont évidemment les fruits du génie d'HUYGENS, qui appliqua le pendule aux horloges. »

XIII.
Usage de l'Horloge à pendule dans

« Dès les premiers temps que l'horloge à pendule fut en usage, on soupçonna une inégalité dans la longueur du pendule.

[a] En 1667.

PICARD parle de quelques expériences faites à Londres, à Lyon, à Bologne en Italie, d'où on pouvoit conclure que le pendule qui bat les secondes, devient plus court à mesure qu'on avance vers l'Équateur[a]. Cette conjecture naquit dans les assemblées de l'Académie : on y dit que, *supposé le mouvement de la Terre, les poids doivent descendre avec moins de force sous l'Équateur que sous les Pôles*[b]. DESCARTES avoit montré que tout mouvement circulaire produit une force centrifuge. Or, le mouvement diurne de la Terre sur elle-même est circulaire ; il en doit résulter une force qui tend à éloigner les corps du centre du globe, et qui les éloigneroit s'ils n'étoient pas enchaînés par la pesanteur, si cette force ne détruisoit pas la force centrifuge. Mais on ne détruit l'effet d'une force que par une autre force, ou par une portion de force employée à la détruire : la pesanteur perdoit donc une portion de sa force par le mouvement de la Terre ; les corps tomboient donc moins vîte qu'ils ne feroient si la Terre étoit en repos : aux Pôles, qui sont immobiles, aux Pôles, qui n'ont pas plus de mouvement que si la Terre elle-même étoit immobile, la pesanteur doit avoir toute son action ; il n'y a ni mouvement circulaire ni force centrifuge ; et les corps, libres d'obéir à toute leur pesanteur, doivent y tomber plus vîte et avec plus de force que sous l'Équateur, où, le mouvement circulaire étant plus grand, plus sensible, on peut croire que la force centrifuge est plus grande, et la pesanteur plus diminuée. La longueur du pendule peut en conséquence être différente, suivant les distances à l'Équateur. Cependant cette vérité, indiquée par la théorie, sembloit contredite par l'expérience. On avoit mesuré le pendule à la Haye, à Montpellier, à Uranibourg ; on l'avoit trouvé de

la Physique générale ; le raccourcissement du pendule à secondes sous l'Équateur, procure une nouvelle preuve du mouvement de rotation de la terre sur son axe, et de la vraie figure de ce globe.

[a] *Hist. de l'Astr. mod.*, Tome II, page 358.

[b] *Mesure de la Terre*, par *Picard*, article IV.

la même longueur qu'à Paris[a]. Montpellier est bien plus près de l'Équateur; cette ville est de douze degrés plus méridionale qu'Uranibourg. L'Académie hésitoit entre des expériences mal faites et une théorie encore incertaine : mais elle sentit que, pour décider une question aussi importante, il falloit établir ces expériences dans des lieux plus éloignés les uns des autres ; il falloit sur-tout approcher de l'Équateur, où le pendule devoit-être le plus court. Cette question ne pouvoit donc être résolue que par des voyages.

» Un des membres de l'Académie, RICHER, se dévoua pour aller éclairer les doutes de l'Académie. L'île de Caïenne, éloignée de cinq degrés de l'Équateur, offroit un poste convenable pour les éclaircissemens desirés ; le roi donna ses ordres pour les facilités et les dépenses du voyage ; et RICHER mit à cette entreprise le zèle que méritoit l'importance des questions. Il falloit en effet du zèle; car il alla passer plus d'une année dans un climat mal-sain ; il n'en revint que malade : MAURISSE, chargé de l'aider dans ses observations, y mourut. Mais RICHER remplit dignement sa mission : parti en 1672, il revint en 1673, rapportant des connoissances utiles et une découverte importante.

» Un fait important[b] par la conséquence de ses résultats, et qui fut le principal fruit du voyage, c'est l'accourcissement observé du pendule. Quand RICHER fut arrivé à Caïenne, et qu'il eut fait marcher son horloge, il fut étonné de voir qu'elle ne faisoit plus le même nombre de vibrations dans la durée d'un jour ; elle en faisoit 148 de moins qu'à Paris, et par conséquent retardoit chaque jour de 2' 48". RICHER, pour régler son

---

[a] La raison en est simple ; c'est que ces petites différences ne pouvoient être saisies par la mesure du pendule simple; il n'y a que l'horloge à laquelle on l'adapte, qui puisse marquer précisément les différences de la longueur du pendule.

[b] *Hist. de l'Astr. mod.*, Tome II, page 370.

horloge, c'est-à-dire, pour que le pendule battît exactement les secondes, raccourcit le pendule d'une ligne un quart. Cette observation a été réitérée pendant dix mois, et RICHER a trouvé constamment le pendule de même longueur. Il rapporta même à Paris le pendule, fixé à cette longueur nécessaire pour qu'il battît les secondes à Caïenne; et ce même pendule, arrivé à Paris, ne les battit plus : l'horloge auroit avancé de la même quantité dont elle avoit retardé en arrivant à Caïenne.»

Cette belle et importante expérience ne tarda pas long-temps à être confirmée. « Le célèbre HALLEY[a] se transporta, en 1677, à l'île Sainte-Hélène, et trouva, comme RICHER, qu'il falloit y accourcir le pendule. Quelques années après, VARIN et DESHAYES furent envoyés par LOUIS XIV pour déterminer la position de différens lieux par des opérations astronomiques : ils trouvèrent qu'à Caïenne le pendule devoit être encore plus accourci que RICHER ne l'avoit fait. Ce phénomène nouveau avoit peut-être intimidé l'observateur. RICHER eut peine à croire ses yeux : il ôta au phénomène tout ce qu'il pouvoit y ôter, et il le vit le plus petit possible. DESHAYES trouva cet accourcissement de deux lignes. Le même phénomène fut observé à la Martinique, à Saint-Domingue, au Brésil, à Porto-Belo, entre les deux Amériques, à Louvo dans le royaume de Siam, à Gorée sur la côte d'Afrique, près le Cap-Vert. On voyoit, dans toutes ces quantités observées, que l'accourcissement étoit le plus grand à l'Équateur, et diminuoit en s'approchant de nos climats. Ce n'étoit donc plus un phénomène particulier; c'étoit un phénomène général, et qui tenoit réellement à la combinaison de la force centrifuge et de la pesanteur. Si l'on n'avoit pas été assuré que les corps, mus en rond, tendent sans cesse à s'échapper et à fuir le centre du mouvement; si l'on avoit pu douter de l'existence de la

[a] *Hist. Ast.*, Tome II, page 373.

force centrifuge, on en auroit eu une preuve sensible dans cette diminution de la pesanteur. Le phénomène qui la manifeste, a donc déjà cette utilité : mais il est peu de faits dont l'on ait tiré des conséquences plus curieuses et plus importantes. Celui-ci dévoile l'action des ressorts de la Nature ; et nous n'anticipons point trop sur les temps, en disant qu'il a conduit l'esprit géométrique à la forme des corps célestes, et donné naissance à des conjectures heureuses pour surprendre le secret de leur formation. L'Académie eut la gloire de prévoir le phénomène, d'en prescrire l'observation, et RICHER eut celle de l'observer. »

« Un simple phénomène, dit ailleurs BAILLY [a], tel que celui du retardement des horloges dans un certain climat du monde, et l'accourcissement nécessaire du pendule, avoit fait connoître ces changemens, avoit dévoilé la figure de la Terre (aplatie aux Pôles). L'auteur du grand et bel ouvrage intitulé l'*Astronomie,* le célèbre LALANDE, en parlant de l'expérience de RICHER, s'exprime ainsi (art. 2658) : « Telle fut la première expérience qui prouva démonstrativement, par le moyen du pendule, que la Terre tournoit sur son axe. M. HUYGENS soupçonna dès-lors qu'en vertu de la force centrifuge qui rendoit la pesanteur des corps sous l'Équateur moindre qu'à Paris, il pouvoit très-bien se faire que les parties de la Terre y fussent aussi plus relevées et plus éloignées du centre ; ce qui devoit donner à la Terre la figure d'un *sphéroïde* aplati vers les pôles. »

TABLE des longueurs du Pendule simple, selon les divers degrés de latitude. [b]

Sous l'Équateur, à 2434 toises de haut. *M. BOUGUER,*   pouc. lig.
   Fig. de la Terre, page 342 . . . . 36. 6,70.
Sous l'Équateur, à 1466 toises. *Par le même* . . . . 36. 6,83.

[a] *Hist. de l'Astr. mod.,* Tome II, page 517.

[b] *Astronomie,* par M. *de Lalande,* Tome III, art. 2699, 2.ᵉ édition.

		pouc.	lig.
Sous l'Équateur, au niveau de la mer. *Par le même*		36.	7,07.
A Porto-Belo, lat. 9ᵈ 34'. *Par le même*		36.	7,16.
Au petit Goave, île Saint-Domingue, 18ᵈ 27'. *Par le même.*		36.	7,33.
Au Cap de Bonne-Espérance, 33ᵈ 55'. *Mém. Acad. 1751, page 438*		36.	8,07.
A Genève, 46ᵈ 12'. *Par M. MALLET, avec le pendule invariable*		36.	8,17.
A Paris, 48ᵈ 50'. *Mém. Acad., 1735, par M. DE MAIRAN.*		36.	8,52.
Par M. BOUGUER, après les réduct. faites.		36.	8,67.
A Paris, en 1792. *Par M. BORDA*		36.	8,60.
A Leyde, 52ᵈ 9'. *Par M. LULOFS*		36.	8,71.
A Pétersbourg, 59ᵈ 56'. *Par M. MALLET*		36.	8,97.
A Pello, 66ᵈ 48'. *M. DE MAUPERTUIS, Fig. de la Terre, page 180*		36.	9,17.
A Ponoi, en Laponie, 67ᵈ 4'. *Par M. MALLET*		36.	9,17.

> *Nota.* Dans le voyage fait au Pôle boréal, en 1773, par le Capitaine *Phipps*, on trouve, *page 182*, que le pendule qui bat les secondes à Londres, accélère de 72 à 73" en 24 heures, par la latitude 79ᵈ 50' Nord.

« La *FIGURE 1, planche IV*, représente l'horloge vue de profil. A A, B B, sont deux platines placées verticalement : elles ont six pouces de hauteur, et deux pouces et demi de largeur, et sont assemblées par quatre piliers placés aux angles. La hauteur de ces piliers est d'un pouce et demi : les pivots des axes des principales roues entrent dans ces platines.

XIV.

Explication des figures qui représentent l'Horloge à pendule, à cycloïde et le pendule circulaire d'*Huygens*. [a]

» La première roue, marquée C, a 80 dents, et deux pouces et demi de diamètre : elle porte sur son axe une poulie D, dont la surface convexe est garnie de pointes, pour empêcher la corde qui passe sur cette poulie de glisser, et à laquelle corde deux poids sont attachés, comme on l'expliquera ci-après. La roue C reçoit donc son mouvement d'un poids, et le communique au

---

[a] *Horologium oscillatorium ;* Paris, 1673, page 5.

pignon E, de huit ailes, et par conséquent aussi à la roue F, de 48 dents, qui a même axe que ce pignon. La roue F conduit le pignon G et la roue de champ H, de même axe : cette roue a 48 dents. C'est de cette dernière roue que le pignon I et la roue K, de même axe vertical, reçoivent leur mouvement. Le pignon I est de 24 dents. La roue K porte 15 dents inclinées, comme le représente la figure. NQ et P, sont deux ponts fixés sur la platine BB. Les extrémités P et Q de ces deux ponts, portent les pivots de l'axe LM; et la partie saillante Q du pont NQ, est percée de deux trous, l'un que traverse l'axe LM, l'autre qui retient le pivot supérieur de l'arbre de la roue K. Le même axe LM (qui traverse aussi la platine BB), porte deux palettes, qui doivent être levées alternativement et en sens contraire par les dents de la roue K. La partie M de l'axe LM qui sort de la cage, porte la fourchette S, entre les deux branches de laquelle passe la verge VV du pendule VX, suspendu par le moyen de deux fils entre deux lames, dont T est le profil, mais que l'on voit d'ailleurs en perspective dans la *figure 2*, qui donne assez à juger comment le tout est suspendu. A l'égard de la courbure des lames, nous en parlerons assez au long par la suite : tenons-nous-en, pour le présent, au mouvement de l'horloge, dont nous remettons pour quelques momens à décrire les autres parties. Il est évident d'abord que le pendule ayant été écarté de la verticale, et ensuite abandonné à lui-même, non-seulement permettra aux dents de la roue K de passer successivement, mais que le mouvement imprimé par le moteur pourra faire agir les dents de la roue K sur les palettes de la verge LM, et rendre, par ce moyen, au pendule entraîné par la fourchette, le mouvement que le frottement, la résistance de l'air, lui ôteroient insensiblement; et quoique, dans les horloges ordinaires, la roue K

n'agisse

n'agisse pas toujours avec la même force, la courbure que nous avons donnée aux lames sur lesquelles les fils du pendule doivent s'appliquer, assujettit le pendule à faire ses oscillations toutes de même durée, tant que sa longueur reste la même; détermine les dents de la roue K à ne passer que dans des temps égaux, et donne, par conséquent, l'uniformité à toutes les autres parties de l'horloge, puisque leurs mouvemens sont proportionnels ; en sorte que, y eût-il quelque vice dans la construction, quelques difficultés dans le mouvement du rouage occasionnées par le changement de température dans l'air, pourvu que le mouvement de l'horloge n'en soit point totalement interrompu, il n'en résultera aucune inégalité, aucun retard ; l'horloge mesurera toujours exactement le temps, ou ne le mesurera point du tout.

» Voici maintenant ce qui regarde la disposition et la marche des aiguilles : gg est une troisième platine, parallèle aux deux premières, et distante d'un quart de pouce de la platine A A. Le centre du cadran qui est tracé sur cette platine, est le prolongement de la roue C. Sur ce cadran sont tracées deux circonférences concentriques, l'une divisée en 12, l'autre en 60 parties. Sur l'axe de la roue C, et hors de la platine A A, est chassé à frottement le canon de la roue a. Ce canon est prolongé jusqu'en e, à travers la platine gg, et peut ainsi tourner avec la roue C, et indépendamment d'elle, quand on le juge à propos. C'est au point e que l'on place l'aiguille des minutes. A l'égard de la roue a, elle conduit une roue b, de même nombre de dents qu'elle, et dont l'axe porte un pignon de six ailes, dont les pivots portent, d'une part, sur la platine A A ; de l'autre, sur le pont c fixé à la même platine. Enfin ce dernier pignon conduit la roue d de 72 dents, dont le canon, qui embrasse celui de la roue a, se termine au-dessous de e, et passe, comme lui, à travers la platine *gg*. L'extrémité de ce canon porte l'aiguille des heures, que l'on fait un peu plus courte que celle des minutes.

» A l'égard des secondes, pour éviter la confusion, l'axe de la roue H, qui est prolongé jusqu'à la platine *gg*, porte un cadran *ff*, divisé en 60 parties, qui tourne en même temps que la roue H ; et un index *g*, fixé dans la partie supérieure d'une ouverture faite à la platine *gg*, marque les secondes à mesure que les divisions passent : le tout renfermé dans sa boîte, est représenté par la *figure 3*.

» La longueur nécessaire pour que le pendule, appliqué à l'horloge que nous venons de décrire, fasse chacune de ses oscillations en une seconde, est de trois pieds, comptés depuis le point de suspension, c'est-à-dire, depuis l'attouchement des deux lames, jusqu'au centre d'oscillation du poids X. Mais, par mesure d'un pied, je n'entends point la mesure connue sous ce nom en Europe, et qui n'a point une longueur constante dans tout pays ; j'entends une mesure invariable, que dorénavant j'appellerai *pied horaire*, dont la longueur dépend de celle du pendule à secondes, longueur qui, étant invariable, servira à conserver les mesures actuelles, en déterminant leur rapport à celle-ci. C'est ainsi que la mesure du pied de Paris sera fixée pour toujours, si nous établissons que sa longueur est à celle du pied horaire, comme 864 à 881. Mais nous remettons à discuter plus amplement cette matière, jusqu'à ce que nous traitions du centre d'oscillation.

» Examinons maintenant si le nombre de dents que nous avons assigné aux roues, convient aux révolutions que nous en exigeons. Il résulte de ces nombres, qu'à chaque tour de la roue C, la roue F fera 10 tours, la roue H 60, la roue K 120 ; et comme cette dernière a 15 dents qui lèvent alternativement les palettes L, L, c'est-à-dire que pendant une révolution de la roue K, chaque dent levera les deux·palettes, pendant le temps de cette même révolution, le pendule fera 30 vibrations, et par conséquent il en fera 3,600 pendant un tour de la roue C, chacune devant durer une seconde. La roue C fera donc son tour en une heure. Il en sera de même de la roue *a* et *b*; et comme le pignon de cette dernière conduit la roue *d*, douze fois plus nombrée que lui, il lui fera donc faire, ainsi qu'à l'aiguille placée en *e*, une révolution en 12 heures. Enfin la roue H faisant, comme nous l'avons dit, 60 tours pour un tour de la roue C, laquelle le fait en une heure, le cadran *ff* fera donc un tour à chaque minute.

» Le poids du pendule est de trois livres; et il est de plomb en entier, ou renfermé dans une superficie de cuivre : mais, pour éviter les effets de la résistance de l'air, il ne suffit pas de mettre un pendule très-pesant; il faut encore avoir attention à sa figure extérieure. C'est pour cette raison que nous lui avons donné la figure d'un cylindre renversé, et terminé en pointe par ses deux extrémités : cependant, si cette horloge devoit être employée pour la navigation, la figure d'une lentille seroit meilleure.

» On voit, dans la même *figure 3*, de quelle manière on doit suspendre le poids moteur, pour que le mouvement continue, lors même que l'on remonte le poids moteur de l'horloge; attention que l'on n'avoit point eue jusqu'ici, et qui méritoit quelque considération. La corde que l'on emploie ici, est con- tinue, c'est-à-dire que ses deux extrémités sont liées l'une à l'autre. On passe cette corde sur la poulie D, *fig. 1*, d'où elle descend en *d*, *fig. 3*, et embrasse la poulie *c*, qui porte le poids *b*: de cette poulie, elle remonte et passe sur la poulie *d*, portée à l'une des platines de la cage. Cette poulie est garnie de pointes, et porte d'ailleurs des dents en rochet, de manière que la poulie peut tourner quand on tire le cordon *m*, et ne peut tourner en

Q 2

sens contraire par l'action du poids *b* , étant retenue par le cliquet qui arcboute contre le côté droit des dents du rochet. De cette poulie, la corde descend pour embrasser une poulie *f*, qui porte le petit poids *g*, destiné à empêcher que le poids *b* ne descende autrement qu'en faisant tourner la poulie D , portée par la première roue C de l'horloge, *fig. 1:* enfin, de cette poulie, la corde retourne à la première poulie *d*. Il est clair, par cette disposition, que le poids moteur *b* emploie toujours la moitié de sa pesanteur à faire tourner le rouage , et que cet effort n'est pas suspendu lorsqu'on le remonte ; en sorte qu'il n'y a aucun instant perdu , et que l'horloge ne cesse pas de marcher pendant que l'on remonte son poids moteur.

» La *figure 4* représente plus en grand la disposition du poids moteur et de la corde *sans fin :* les mêmes lettres servent à l'explication que l'on vient de donner.

» On ne peut point donner de règles certaines pour déterminer la pesanteur du poids moteur *b ;* mais on peut dire , en général , que l'horloge aura été d'autant mieux exécutée , qu'elle exigera un moindre poids pour entretenir son mouvement. Dans les meilleures qu'on ait exécutées suivant les principes qu'on vient d'exposer , ce poids étoit de six livres , celui du pendule étant de trois livres , et la longueur du pendule de trois pieds horaires. Ces mêmes horloges , suspendues ou placées à hauteur d'homme, alloient pendant 30 heures.

XV.
De la Cycloïde. » LA SEULE chose qui nous reste maintenant à décrire, est la courbure des lames sur lesquelles doivent s'appliquer les fils qui suspendent le pendule, pour faire des vibrations d'égale durée ou isochrones ; courbure qui n'est point arbitraire ; car les vibrations d'un pendule simple ne sont pas d'égale durée, mais sont plus longues par de plus grands arcs, plus courtes par de plus

petits, nonobstant ce que quelques-uns ont prétendu dire de contraire : c'est ce dont il est d'ailleurs facile de s'assurer par une expérience assez simple. A l'extrémité de deux fils de même longueur, suspendez deux corps égaux et de même poids; et ayant fixé l'autre extrémité de l'un et de l'autre, écartez-les de la situation verticale, l'un peu, l'autre beaucoup, et abandonnez-les ensuite à leur pesanteur au même moment : vous les verrez, au bout de peu de temps, osciller l'un dans un sens, l'autre dans un autre, à l'égard de la verticale; et cela, comme il sera aisé de le remarquer, par l'anticipation de celui qui a été le moins écarté. D'ailleurs, on peut, par des principes certains, déterminer avec telle précision qu'on voudra le temps des oscillations par tels arcs qu'on voudra. On trouvera, par exemple, que le temps de la descente par un arc de 90 degrés, est au temps de la descente par un arc extrêmement petit, à très-peu près comme 34 est à 29, différence qui ne peut en aucune manière être attribuée à la résistance de l'air, comme quelques-uns l'ont prétendu, mais qui est une suite des lois du mouvement et de la nature du cercle. La construction du pendule isochrone nous fournira par la suite un nouveau moyen de le démontrer.

» Mais, dira-t-on peut-être, qu'importe cette inégalité, et à quoi bon cette courbure pour la corriger, si, comme vous le prétendez, votre pendule doit, par la construction de votre horloge, s'écarter toujours également de la verticale ? Elles importeroient peu sans doute, si on pouvoit s'assurer que les arcs parcourus sont toujours exactement et rigoureusement les mêmes : mais pour peu qu'il y ait de différence, si insensible qu'elle soit d'abord, accumulée pendant un grand nombre d'instans, elle produira une différence sensible ; et c'est ce que l'expérience confirme parfaitement : car, quelque égale que puisse être la force du moteur à l'égard de la première roue de l'horloge, néanmoins, avec quelques soins que les autres roues soient tra-vaillées, elle ne se communique point au pendule avec la même uniformité ; et cela, indépendamment d'inconvéniens qui ne dépendent point de la construction, tels que le froid, les saletés, le desséchement des huiles, &c. Combien, d'ailleurs, cette égalité des arcs décrits par le pendule, n'est-elle pas plus difficile, pour ne pas dire impossible, à obtenir en mer ? Il est donc à propos d'appliquer au pendule une correction telle, que les arcs, grands ou petits, soient parcourus dans un même temps. Mais, pour définir la courbure qui peut donner cette correction, il faut, avant tout, établir la longueur du pendule. Or c'est ce qu'on peut aisément déduire de ce principe, *que les longueurs des pendules sont entre elles comme les carrés des temps d'une vibration dans chacun :* en sorte qu'ayant établi que la longueur du pendule à secondes est de trois pieds (horaires), sa quatrième partie ou neuf pouces battra les demi-secondes, et réciproque-ment. Si on demande la longueur du pendule qui feroit 10,000 vibrations par heure, sachant qu'un pendule de trois pieds fait 3,600 vibrations, on verra que les temps de vibration dans chaque pendule, sont comme 3,600 à 10,000, ou comme 9 est à 25 ; et par conséquent on fera cette proportion : le carré de 25, ou 625, est au carré de 9, ou 81, comme 3 pieds est à la longueur cherchée, qu'on trouvera de 4 pouces $\frac{66}{100}$.

» Supposant donc de 3 pieds la longueur du pendule dans l'horloge que nous avons décrite, voici comment on décrira la cycloïde, selon la courbe de laquelle doivent être formées les lames par lesquelles ce pendule doit s'appliquer.

» On fixera sur un plan une règle A B, *planche V, fig. 1,* d'un demi-pouce d'épaisseur ; puis on formera un cylindre qui ait également un demi-pouce d'épaisseur, dont le diamètre de la base fasse la moitié de la longueur qu'on veut donner au pendule.

Ayant entouré ce cylindre d'un ruban, on fixera une extrémité de ce ruban à l'extrémité F de la règle, et l'autre sur le cylindre; enfin, on enfoncera dans le cylindre, et exactement à sa circonférence, une pointe de fer ou d'acier qui sorte un peu de la base : cela posé, si on fait tourner le cylindre le long de la règle A B, la pointe I tracera sur le plan auquel on a fixé la règle, la ligne courbe K I, à laquelle on a donné le nom de *cycloïde*, et dont le cercle qui sert de base au cylindre, s'appelle *cercle générateur*. Cette courbe est celle que doivent représenter les deux lames en question. Il n'est cependant pas nécessaire de leur donner toute la longueur que cette courbe peut avoir; la partie qu'on en doit prendre, doit commencer au point K. Mais, pour rendre plus sensibles la nature et les propriétés de cette courbe admirable, il faut jeter les yeux sur la *fig. 2, pl. V*, où elle est décrite entièrement, et le pendule représenté de manière à pouvoir décrire les plus grandes oscillations, qui, comme nous l'avons déjà dit, seront faites dans le même temps que les plus petites. Cette propriété qui n'a été remarquée jusqu'ici par personne, nous la démontrerons par la suite.

» On peut encore décrire cette courbe par points, de la manière suivante :

» Soit décrit, *planche V, fig. 3*, un cercle d'un diamètre égal à la moitié de la longueur du pendule; et ayant pris sur sa circonférence les parties égales A C, A G, C D, G H, &c., soient tirées G C, H D, &c., qui seront parallèles ; enfin soit prise L M égale à l'arc A F, et ayant divisé cette ligne en autant de parties qu'on a fait pour A F, on prendra C N et B C égales à une de ces parties, D P et H Q égales à deux, E R et I S égales à trois de ces parties, et ainsi de suite ; et ayant fait passer une courbe par les points A, O, Q, S, V, ainsi que A, N, P, R, T, on aura la même cycloïde que ci-devant. Reste à savoir comment on peut prendre L M égale à l'arc A F. Pour cet effet, on prendra, 1.º une ligne X Y égale au double de la sous-tendante de la moitié de l'arc A F ; 2.º X Z égale à la sous-tendante même de l'arc A F ; et ayant prolongé X Z d'une quantité Z *a* égale au tiers de la différence Y Z, la ligne entière X *a* sera extrêmement approchante de l'arc A F ; car, dans le cas présent, on n'a pas besoin de prendre l'arc A F de plus de 60 degrés : or, lors même que cet arc est un peu plus grand que 60 degrés, la construction qu'on vient d'enseigner donne l'arc à un six-cent-millième de sa longueur près, ainsi que nous l'avons démontré dans notre livre *de Magnitudine circuli.* »

X V I.
Déterminer l'espace que les corps pesans parcourent par leur chute libre dans un temps donné. [a]

« CEUX QUI ont cherché jusqu'ici la solution de ce problème, l'ont fait par voie d'expérience, voie qui ne peut être fort exacte, à cause de la grande vîtesse que les corps pesans acquièrent en peu de temps : mais à l'aide de notre proposition vingt-cinquième, sur la chute des corps, et de la détermination que nous avons faite de la longueur du pendule à secondes, nous pouvons résoudre la question avec toute la précision possible. Nous chercherons l'espace qu'un corps peut décrire dans la première seconde de sa chute, d'où il sera aisé de déduire celui qu'il décriroit dans tout autre temps. Cela posé, la longueur du pendule à secondes étant de trois pieds horaires, et le temps d'une oscillation par un très-petit arc étant au temps de la chute libre par une hauteur égale à la moitié du pendule, comme la circonférence d'un cercle est à son diamètre, c'est-à-dire, à très-peu près, comme 355 est à 113 : si on fait cette proportion, comme 355 est à 113, ainsi une seconde ou 60‴ sont à un quatrième terme ; ce quatrième, qu'on trouvera de 19‴ $\frac{1}{10}$, exprimera le temps de la chute d'un corps par une hauteur de 18 pouces. Mais les

[a] *Huygens de Horolog. oscillat.,* page 155.

espaces

espaces décrits en tombant, étant comme les carrés des temps, si on fait cette autre proportion : comme le carré de $19''' \frac{1}{10}$ est au carré de $60'''$, c'est-à-dire, comme $36,481$ est à $360,000$, ainsi 18 pouces sont à un quatrième terme, qu'on trouvera être 14 pieds 9 pouces 6 lignes, et qui exprimera l'espace parcouru en une seconde : et puisque le pied horaire est au pied de Paris comme 881 est à 864, cet espace, évalué au pied de Paris, sera de 15 pieds un pouce ; ce qui répond parfaitement aux expériences que nous avons faites avec tout le soin imaginable, expériences dans lesquelles nous ne nous en sommes rapportés au témoignage ni des yeux ni de l'ouïe pour saisir l'instant de la fin de la chute.

» OUTRE le genre d'oscillation dont nous venons de traiter, il y en a encore un autre, c'est celui où l'on fait parcourir au poids du pendule la circonférence d'un cercle. C'est de cet autre genre d'oscillation que nous avons déduit une autre horloge, presque en même temps que la première, appuyée de même sur un principe certain d'uniformité : quoiqu'elle ait été moins connue que la première, parce que celle-ci est d'une construction plus simple et plus facile, néanmoins on en a exécuté plusieurs avec succès ; elle a d'ailleurs cet avantage, que les secondes sont marquées d'un mouvement uniforme, et non par secousses, comme dans la première, et qu'elle ne fait aucun bruit, quoique le bruit que l'on entend à chaque seconde ne soit pas inutile dans les observations astronomiques. J'avois résolu d'en remettre la description à un autre temps, où j'aurois publié et démontré plusieurs théorèmes sur le mouvement circulaire et la force centrifuge ; mais, pour ne pas priver ceux qui aiment ces sortes de recherches, de plusieurs vérités intéressantes, je vais décrire ici

XVII.
De l'Horloge à pendule circulaire.[a]

[a] *Huygens de Horolog. oscillat.*, page 157.

R

cette horloge, et énoncer seulement les théorèmes[a], remettant les démonstrations à un autre temps.

XVIII.
Construction de l'Horloge à pendule circulaire.

» JE PENSE qu'il est inutile de décrire le rouage et l'intérieur de la machine, parce que les ouvriers peuvent aisément s'en faire une idée, et varier en plusieurs façons : je m'en tiendrai à ce qui regarde le régulateur.

» L'axe AD, *planche V, fig. 6*, est vertical et mobile sur deux pôles (ou pivots). En A est attachée une lame d'une certaine largeur, pliée suivant la courbe AB de la parabole [b] engendrée, par son développement, de la parabole ordinaire. EF est la parabole ordinaire, engendrée par le développement de AB, commencé en E. Le fil appliqué à cette courbe, et dont l'extrémité décrit la parabole EF, est BGF. F est un poids attaché à ce fil. L'axe DH venant à tourner, fait tourner le fil et le poids F qui tend ce fil, et fait décrire à ce poids des cercles parallèles à l'horizon, et d'autant plus grands, que le pignon K, qui fait tourner cet axe, reçoit plus de force de la part du rouage de l'horloge. Tous ces cercles sont dans la superficie du conoïde parabolique, engendré par FE, et, par cette raison, sont décrits en temps égaux, ainsi qu'on le verra par ce que nous dirons par la suite sur ce mouvement.

» Si l'on veut que chaque révolution soit d'une demi-seconde, il faut que le paramètre de la parabole EF soit de quatre pouces et demi du pied horaire, c'est-à-dire, la moitié de la longueur du pendule simple qui feroit ses oscillations en une demi-seconde. Le paramètre de la parabole AB étant les vingt-sept seizièmes de celui de la parabole EF, sera connu, ainsi que AE, qui est la

---

[a] Les théorèmes dont parle ici *Huygens*, sont placés à la fin de son ouvrage *de Horologio*, &c. Nous y renvoyons.

[b] Décrite par *Huygens* dans son *Horologium oscillatorium*, propos. 8, part. 3.

moitié du paramètre de EF. Si l'on veut que chaque révolution soit d'une seconde, toutes les lignes relatives à B A, que nous venons de nommer, doivent être prises quadruples.

» Quoique nous ayons regardé jusqu'ici le poids F comme attaché à un seul fil, il convient mieux néanmoins que ce fil soit double dans sa partie supérieure, et se termine en un angle dont le sommet soit en F, et qui soit d'environ 20 ou 30 degrés. C'est pourquoi la largeur de la lame en B doit être proportionnée à cet écart des fils : par ce moyen, le fil sera toujours en ligne droite ; ce qui n'arriveroit pas s'il n'y en avoit qu'un.

» Pour que le mouvement communiqué au poids F par le pignon K, se conserve, et que les révolutions se fassent très-librement, il est à propos que le pivot inférieur de l'axe DH porte sur quelque matière fort dure, sur un diamant, par exemple; le plus petit morceau, placé sous une lame de cuivre percée pour recevoir le pivot, suffira.

» Au reste, au lieu du fil BGF, on pourroit employer une chaîne très-mince d'or, ou d'un autre métal, afin que la longueur soit moins sujette à varier. C'est ainsi que nous l'avons pratiqué dans la première horloge : mais la courbure de cette chaîne, et le frottement continuel des anneaux, sont un obstacle à la liberté du mouvement de ce pendule. »

CHAPITRE VIII.

De l'application du Ressort réglant, au balancier des horloges portatives, appelées Montres. — *Construction actuelle des Montres* ordinaires.

La belle et importante invention des vibrations du balancier produites par l'échappement, a été pendant plus de trois cents ans le seul principe de régularité connu, et employé dans les machines qui mesurent le temps : et cette première invention a été la base des nouveaux principes qui ont été trouvés depuis, et l'origine de l'application du pendule aux horloges, et de celle du ressort vibrant, au balancier des horloges portatives ; car, nous le répétons, sans l'invention préliminaire de l'échappement, ni l'une ni l'autre de ces applications n'auroit pu avoir lieu.

Le principe de régularité des anciennes horloges à balancier, étoit fondé sur la constante étendue des arcs décrits par le régulateur ; car, pour peu que ces arcs vinssent à changer, la durée des vibrations n'étoit plus la même. Or, quoique le moteur de ces premières machines fût un poids, et que le balancier fût suspendu par un cordon qui en diminuoit le frottement, les diverses parties qui composent l'horloge étoient exécutées si grossièrement, que les inégalités dans les engrenages des roues et pignons, la quantité des frottemens des pivots, ceux de l'échappement, &c., ne permettoient pas que le régulateur pût décrire deux instans de suite les mêmes degrés d'étendue d'arcs de vibrations. Mais si, aujourd'hui que la main-d'œuvre de l'Horlogerie est portée au plus haut degré de précision, on exécutoit de nouveau la même construction de ces anciennes horloges, avec les dimensions convenables, on seroit peut-être étonné de la justesse que l'on obtiendroit, par le même principe de régularité des vibrations du balancier d'égale étendue.

La première application du pendule à l'horloge étoit d'abord fondée sur le même principe. L'horloge à pendule ne pouvoit donner de la justesse par sa marche, qu'autant que les arcs décrits par le pendule seroient constamment de même étendue ; car HUYGENS reconnut bientôt que le pendule décrivant des arcs de cercle, ces arcs venant à changer d'étendue, la durée des vibrations ne seroit plus la même. Or, à l'époque de l'application du pendule à l'horloge, la main-d'œuvre étoit trop imparfaite encore, pour que l'on pût espérer d'obtenir cette égalité dans les arcs décrits par le pendule : d'ailleurs, les variations qui en provenoient, étoient d'autant plus considérables, que, par la nature de l'é-chappement à roue de rencontre, employé dans les horloges, et le seul alors connu, le pendule décrivoit de très-grands arcs, de 20^d au moins ; et c'est justement dans ces grands arcs de cercle, que le temps des durées des vibrations diffère le plus entre elles. C'est à ces considérations que l'on doit la découverte d'un nouveau principe de régularité. Ce grand principe appartient uniquement au célèbre HUYGENS, et il en a fait lui-même le premier usage dans l'application de la sublime théorie de la cycloïde au pendule, comme on l'a vu dans le chapitre précédent.

On fut donc dès-lors en possession de deux grands principes de la régularité des machines qui mesurent le temps. Le premier est celui par lequel on parvient à tellement construire l'horloge, que les oscillations du régulateur soient constamment de la même étendue, et par conséquent de la même durée, celui sur lequel la justesse des anciennes horloges étoit fondée. Le second principe de régularité, est celui par lequel le régulateur est tellement combiné, que, soit qu'il décrive de grands ou de petits arcs, la durée des oscillations soit toujours la même, c'est-à-dire iso-chrone. Tel est le principe des horloges à pendule d'HUYGENS.

L'application du *ressort vibrant* au balancier, a été faite vers la même époque que celle du pendule à l'horloge. Cette invention du ressort vibrant est devenue très-importante : elle a été un grand moyen de perfection pour les horloges portatives ou montres, en déterminant la nature des vibrations du balancier, qui, auparavant, n'étoient réglées que par l'échappement ; en sorte que ces vibrations étoient accélérées ou retardées, selon que la puissance motrice agissoit avec plus ou moins de force. Mais, après un siècle écoulé depuis cette application du ressort vibrant au balancier, cette découverte a acquis un prix bien plus impor-tant encore, puisqu'elle est devenue la base des horloges à longitudes. C'est à cette dernière époque que l'on est parvenu à appliquer au régulateur des horloges à longitudes, le grand prin-cipe de l'égale durée des vibrations, par des arcs d'inégales étendues, décrits par le balancier, ainsi qu'on le verra Cha-pitre XV. Par cette heureuse découverte, le balancier, réglé par le ressort spiral réglant, est devenu un régulateur qui égale en quelque sorte le pendule, même perfectionné.

Cherchons maintenant quel est le véritable auteur de l'appli-cation du ressort vibrant au balancier. Pour cet effet, nous allons rapporter, comme nous l'avons fait pour le pendule, les opinions et témoignages des Auteurs qui ont parlé de cette application.

« CE FUT environ en 1674, que l'on fit paroître dans le monde [a], le premier ressort spiral réglant les montres par les vibrations. Je fus alors à Paris, où M. HUYGENS fit exécuter

[a] Remarques de M. *de Leibnitz*, insérées dans le Livre intitulé *Règle artificielle du temps*, par *Henri Sully;* | Paris, *Grégoire Dupuis,* 1717. *Voyez* page 116.

cette invention par M. T h u r e t , fameux Horloger. M. H o o k lui fit une querelle là-dessus , prétendant , dans un écrit public, avoir déjà fait auparavant une montre réglée par les vibrations *d'un ressort :* mais on n'avoit encore point vu de montre de sa façon , au moins avec un *ressort vibrant spiral.* Un Français, nommé H a u t e f e u i l l e , intenta même un procès, au Parlement de Paris, à M. H u y g e n s , prétendant que c'étoit son invention : mais il fut débouté. »

« L a r é g u l a r i t é de leurs coups et de leur mouvement leur a fait donner le nom de *montres à pendule.* Car on prétend que ces mouvemens sont aussi réguliers que ceux des pendules à secondes : un ressort qui enveloppe la partie supérieure de la verge du balancier, fait cette exactitude. Je nomme ce ressort, *ressort spiral.*

» Feu le savant docteur H o o k en fut l'inventeur [b] ; il étoit membre de la Société royale de Londres : il inventa aussi différentes manières de régulation , dont l'une se faisoit par le moyen de la pierre d'aimant, l'autre par un ressort très-délié et droit, dont un bout étoit attaché au balancier et l'autre à la platine : il faisoit ses vibrations de côté et d'autre avec le mouvement du balancier ; de sorte que le balancier étoit au ressort spiral (*Voyez* l'éclaircissement [b]) comme la lentille est au pendule, et le ressort comme la verge dudit pendule [c].

» Ce fut vers l'an 1 6 5 8 que ces inventions parurent, comme

II.

Des montres de poche réglées par un ressort adapté au balancier , par le Docteur *Hook.* [a]

---

[a] *Derham ,* page 175.

[b] *Éclaircissement.* Le Docteur *Hook* paroît être en effet l'inventeur de l'application du ressort au balancier ; mais il n'est pas l'inventeur des montres ; le méchanisme de ces machines existoit plus d'un siècle et demi avant lui. Il n'est pas non plus reconnu pour avoir adapté le spiral ; mais simplement un ressort droit au balancier.

[c] *Éclaircissement.* Cette explication est mal exprimée ; car le ressort est au balancier ce que la *pesanteur* est au pendule.

on le voit par plusieurs témoignages, entre autres par cette inscription qui se trouve sur une des montres à double balancier, comme celle dont il est question, qu'on présenta au roi CHARLES II. On y lisoit dessus : ROBERT HOOK *invenit, 1658 ;* T. T. TOMPSON *fecit, 1675.* Le roi goûta fort cette montre, et l'invention fut fort approuvée en Angleterre et dans d'autres pays, sur-tout en France ; ce qui fut cause que M. le Dauphin en envoya querir deux, que ce fameux Artiste, M. TOMPSON, lui fit.

» A la vérité, le docteur HOOK avoit fait plusieurs de ces montres avant ce temps-là : elles ne furent pourtant en vogue que vers l'an 1675, quoiqu'il eût obtenu un privilége pour ces inventions et pour d'autres concernant l'Horlogerie, dès l'année 1660. Mais ce privilége ne lui servit de rien pour lors, parce que s'étant brouillé avec certaines personnes de distinction qui le lui avoient procuré, les sceaux n'y furent point mis ; ce qui lui en différa l'usage pour quelque temps. Ce même savant docteur obtint aussi un privilége, en 1675, pour l'autre espèce de montre à ressort ; mais il ne crut pas qu'il valût la peine d'en profiter.

» Après ces inventions du docteur HOOK, et sans doute après la publication du livre de M. HUYGENS, *de Horologio oscill.,* à Paris, en 1673, où il n'est pas dit un seul mot de cette invention, quoiqu'il y soit fait mention de bien d'autres ; après tout cela, dis-je, on apporta en Angleterre la montre de M. HUYGENS avec un ressort spiral, qui y fit autant de bruit que si on avoit trouvé la longitude sur mer : le lord BROUNKIER en envoya une de France, où M. HUYGENS avoit un privilége pour les faire. J'en parle comme témoin oculaire.

» Cette montre nommée en français *montre à pirouette* de M. HUYGENS, s'accorde assez avec celle du Docteur HOOK dans l'application du ressort au balancier ; seulement, celle de M. HUYGENS avoit un ressort spiral plus long, et les battemens

y

y étoient bien plus lents. Toute la différence étoit donc, 1.º que la verge de balancier avoit un pignon au lieu de palettes; dans ce pignon engrenoit une roue de champ, et le faisoit aller plus d'un tour ; 2.º les palettes étoient sur l'arbre de la roue de champ ; 3.º la roue de rencontre qui suivoit, faisoit avec les palettes l'échappement, qui étoit celui ordinaire ; 4.º le balancier, au lieu de faire à peine un tour, comme à celle du docteur HOOK, faisoit dans celle-là plusieurs tours à chaque vibration.

» Il n'y a personne qui sache ce qu'a fait M. HUYGENS, qui puisse douter de sa capacité ; mais on aura sujet de soupçonner que les lumières qu'il a pu recevoir de M. OLDENBOURG ou de quelques autres de ses correspondans en Angleterre, ne lui aient été utiles en cette rencontre, et ne l'aient mis au fait de l'invention de M. le docteur HOOK. Véritablement M. OLDENBOURG s'en justifie dans les Transactions philosophiques, n.ᵒˢ 118 et 119. »

« Cette invention [les horloges à pendule] m'engage à dire quelque chose des horloges et des montres portatives[a], dont on rectifie le mouvement du balancier, qui est fort inégal en lui-même, par le moyen d'un ressort en spirale, qui maîtrise l'inégalité du balancier; ce qui est si fort en usage, que l'on ne fait point de montre à présent que de cette manière ; et j'en puis parler avec certitude, d'autant que c'est une affaire qui s'est passée entière-ment sous mes yeux. Cette invention fut proposée à Paris, seule-ment de vive voix, il y a environ quarante ans, par M. l'abbé DE HAUTEFEUILLE, d'Orléans, fort fécond en inventions mécha-niques. Aussitôt M. HUYGENS, qui étoit alors à Paris, et qui sembloit avoir quelque droit sur les horloges rectifiées, fit, à ce qu'il disoit, des expériences avec ses pincettes à ressort, dont on se sert pour le feu ; et ayant remarqué que les vibrations ou

[a] *M. de la Hire. Mémoires de l'Académie des Sciences,* année 1717, p. 81.

mouvement des branches en étoient assez égales, il fit construire une montre avec un ressort en spirale, sur les principes du mouvement égal des vibrations d'un ressort. »

« Le mouvement des montres [a] est gouverné par un balancier. Autrefois on n'avoit point d'autre moyen de le régler que par sa grandeur, par sa pesanteur, le tout proportionné au nombre des vibrations, et à la force du ressort qui donne le mouvement à la montre.

» Depuis que M. l'abbé DE HAUTEFEUILLE a trouvé l'admirable secret de modérer les vibrations du balancier des montres, par le moyen d'un petit ressort d'acier, dont il fit part à MM. de l'Académie royale des sciences en 1674, les montres que l'on a faites depuis, ont été d'un telle justesse, que celles où l'on a employé ce petit ressort, s'appellent, par excellence, *montres à pendule*, non qu'elles soient véritablement à pendule, mais à cause qu'elles approchent fort de la justesse des pendules.

» L'invention de M. DE HAUTEFEUILLE consistoit en un petit ressort droit, qui étoit attaché par une de ses extrémités sur la platine de la montre ; et l'autre bout, qui avoit la liberté d'aller et de venir, gouvernoit le balancier, à la circonférence duquel il étoit attaché mobilement, et formoit comme une espèce de pendule. Ce ressort ne pouvoit avoir de longueur qu'environ le diamètre de la platine.

» M. HUYGENS a perfectionné cette invention, en faisant ce ressort en spirale, lequel est attaché sur la platine par son bout extérieur, accompagné d'un petit rateau en coulisse qui le règle : le bout intérieur du spiral est inséré dans l'axe du balancier. »

« Il seroit difficile de trouver un homme doué de plus de

---

[a] *Traité des Horloges du P. Alexandre,* page 242.

génie, plus heureux et plus fécond dans ce genre (les inventions méchaniques), que le docteur ROBERT HOOK [a]. Le détail de ses inventions et de ses vues nouvelles, seroit d'une prolixité extrême. Les lecteurs doivent recourir à ses écrits nombreux, qui justifieront l'éloge que l'on vient d'en faire.

» Nous nous bornerons ici [b] à un trait de la sagacité du docteur HOOK : c'est l'application du ressort à régler le mouvement [du balancier] des montres. Cette invention si heureuse, et que l'on attribue ordinairement à HUYGENS, me paroît légitimement revendiquée par M. HOOK. On trouve effectivement dans l'Histoire de la Société royale de Londres [c], parmi les titres d'écrits présentés à cette Société, avant qu'elle publiât ses Transactions, on en trouve, dis-je, quelques-uns qui concernent évidemment cette application. Or, cette Histoire parut en 1668, plusieurs années avant qu'il fût question en France de rien de semblable. M. HOOK fit, dit-il [d], cette découverte dès l'année 1660, et il la communiqua à MM. BROUNCKER et MORAI, comme un échantillon de quelques inventions dont il disoit être en possession, et qui devoient lui donner la solution du fameux problème des longitudes : mais ne s'étant pas accordé avec ces messieurs sur les articles de l'espèce de société qu'ils devoient contracter entre eux, il n'a jamais voulu dévoiler son secret, et il l'a emporté avec lui. Nous remarquerons encore que lorsque M. HUYGENS publia, en 1675, cet usage du ressort, M. HOOK en fut très-indisposé. Il intenta au secrétaire de la Société royale [M. OLDENBOURG] un vif procès, l'accusant de prévarication, et de faire part à des savans étrangers, des découvertes dont les

---

[a] *M. Hook* naquit à Freshwater, le 16 juillet 1638; il fut admis à la Société royale en 1661 ; il fut aussi Professeur d'Astronomie au collége de Gresham : il mourut le 3 mars 1703 (vieux style). *Histoire des Mathématiques;* Tome II, page 465.

[b] *Ibidem.*

[c] Part. II, chap. 36.

[d] *Lect. on the spring.*

registres de la Société royale étoient les dépositaires. Mais il n'étoit pas besoin qu'OLDENBOURG commît cette indiscrétion, pour que l'invention dont nous parlons transpirât, puisque le livre cité plus haut parut en français dès l'année 1669; et peut-être fut-ce là que M. HUYGENS, et l'abbé DE HAUTEFEUILLE, qui lui disputa en justice réglée cette découverte, en puisèrent la première idée. D'ailleurs, M. HUYGENS avoit déjà été à diverses reprises en Angleterre; et il est à présumer que, dans les séjours qu'il y fit, il s'y informa avec soin des inventions des savans du pays.

» Quant à ce que dit M. WALLER, qui, dans la vie de M. HOOK, lui attribue aussi l'usage de la cycloïde pour rendre le mouvement du pendule parfaitement égal, cela n'est point fondé. Il n'y a rien dans l'ouvrage dont s'appuie M. WALLER, savoir, les Remarques de M. HOOK sur la *Machina celestis d'HEVELIUS*, qui favorise cette prétention : il s'y agit seulement du pendule circulaire, qui semble encore pouvoir être revendiqué à M. HOOK. A la vérité, parmi les titres d'écrits cités plus haut, il y en a un qui a trait à cette application de la cycloïde; mais il est probable que cet écrit est de M. HUYGENS lui-même, qui étoit membre de la Société royale, et qui fut à Londres en 1665 : d'ailleurs nous sommes fondés à penser que M. HOOK n'étoit pas assez profond géomètre pour faire une découverte de cette nature. »

« Voici deux remarques curieuses que nous fournit le chapitre du livre cité ci-dessus [a]. Nous y trouvons la première idée de l'octant anglois, dont se servent aujourd'hui tous les marins un peu jaloux de l'exactitude pour prendre les hauteurs en mer. On y rencontre aussi celle du soufflet centrifuge du Docteur DESAGULIERS. »

[a] *Hist. des Mathém.* Tome II, page 466.

EN COMPARANT les divers témoignages et les opinions des auteurs que nous venons de citer ; en examinant avec attention les titres d'invention des concurrens , à l'application du ressort spiral au balancier, on ne peut douter que la première application du ressort vibrant au balancier, n'appartienne évidemment au Docteur HOOK, et que cette invention, faite vers l'année 1660, ne fût simplement qu'un ressort droit et non plié en spirale. Enfin , on peut conclure aussi qu'HUYGENS a perfectionné cette invention, en donnant au ressort vibrant la figure spirale ; figure la plus favorable aux oscillations du balancier , et que par cette perfection ajoutée , HUYGENS ne partage , en quelque sorte, le mérite de l'invention de ROBERT HOOK.

HUYGENS , en donnant la figure spirale au ressort réglant du balancier, a procuré à ce régulateur un principe de justesse infiniment précieux, et il a été l'origine de l'extrême perfection qu'ont acquise de nos jours les horloges portatives. Mais cet auteur, si justement célèbre, ne se contenta pas de cette application ; il construisit une nouvelle manière de régulateur par la disposition qu'il donna à l'échappement à roue de rencontre, le seul alors connu : et dans cette composition, il n'avoit rien moins en vue que de déterminer les longitudes en mer, au moyen de sa nouvelle montre. Et nous pensons qu'il auroit pu arriver à un assez haut degré de précision, si, à cette époque, l'art de l'Horlogerie, ou plutôt la main-d'œuvre, eût acquis assez de perfection. Quoi qu'il en soit, HUYGENS, au lieu de faire agir immédiatement l'échappement sur l'axe du balancier , transporta l'échappement à la roue de *champ* même ; sur l'axe de celle-ci devenue roue à couronne ou d'échappement, il fixa une roue dentée qui engrenoit dans un pignon porté par l'axe du balancier. Par cette heureuse disposition, il en résulta deux avantages essentiels :

III.

L'application du *ressort vibrant* au balancier des Horloges portatives , appartient à *Robert Hook* ; cette invention date de l'année 1660. Ce ressort étoit droit et non plié en spirale.

IV.

La figure spirale du ressort vibrant , appartient à *Chrétien Huygens* ; cette perfection ajoutée date de 1674 ou 1675.

V.

Disposition adoptée par *Huygens*, dans l'application qu'il a faite du ressort spiral réglant, au balancier des montres portatives.

le premier, c'est que le balancier pouvoit décrire de très-grands arcs sans être exposé *au renversement*, qui, dans les montres ordinaires, peut avoir lieu si la cheville portée par le balancier est mal placée; et ces grands arcs sont d'ailleurs plus favorables dans une machine exposée à toutes sortes d'agitations.

Le second avantage de sa construction, c'est qu'en décrivant de grands arcs, l'échappement éprouvoit très-peu de recul, et par-là même les oscillations d'inégale étendue du balancier pouvoient cependant être isochrones.

Une telle montre, si elle eût été bien exécutée, auroit donné une justesse bien supérieure à celles à échappement à roue de rencontre ordinaire; sur-tout si elle eût toujours été entretenue dans la même température. HUYGENS auroit plutôt réussi par cette voie pour déterminer les longitudes en mer, qu'il ne l'a fait avec son horloge à pendule.

L'application du ressort spiral au balancier des montres, étoit une découverte trop importante à la justesse de ces machines, pour n'avoir pas dû être généralement imitée. Aussi voyons-nous que dès que cette application fut connue, tous les horlogers s'empressèrent de l'adopter; mais ils n'adoptèrent pas également la construction de la montre d'HUYGENS. Les montres de cette construction furent appelées *à pirouette;* et il paroît qu'on a peu fait de ces sortes de montres, peut-être parce qu'elles présentoient plus de travail, et que d'ailleurs on n'en avoit pas saisi les avantages. Quoi qu'il en soit, la construction des anciennes montres à roue de rencontre prévalut, et on n'y fit de changemens que ceux qu'exigeoit l'application du spiral au balancier. Depuis cette époque, ces montres ont été et sont encore généralement en usage, malgré les diverses inventions d'échappement qui ont été proposées : et ce premier échappement est encore le meilleur que l'on puisse employer pour l'usage ordinaire des montres dans la société. La justesse qu'on obtient de ces machines, est plus que suffisante pour les besoins ordinaires de la mesure du temps dans l'usage civil.

Nous n'examinerons point ici tous les changemens que les artistes ont proposés pour les montres ou horloges portatives : ces changemens consistent principalement dans l'échappement ; et on les trouvera dans le Chapitre I.ᵉʳ (Tome II), destiné à former le recueil de ce méchanisme des machines qui mesurent le temps.

Nous nous bornerons, pour le présent, à ajouter ici l'explication des figures qui représentent le spiral adapté au balancier, et la disposition de l'échappement dans la montre à pirouette d'Huygens : cette explication sera suivie de celle de la figure qui représente une montre à roue de rencontre, telle qu'elle a été perfectionnée de nos jours.

La *figure 1, planche XIV*, représente la disposition que Huygens a donnée à l'échappement en appliquant le spiral au balancier. A B représente une portion de la cage de la montre dans laquelle cet échappement est placé. CC est le balancier, vu de profil ainsi que les autres parties ; *a a* est le spiral, dont le bout extérieur est fixé au piton attaché à la platine B ; le bout intérieur du spiral est fixé à un canon porté par l'axe *c d* de balancier : cet axe porte en *d* un pignon dans lequel engrène la roue de champ D D, dont l'axe est parallèle aux platines ; cet axe porte les palettes *e, f* qui forment l'échappement avec la roue à couronne E E ; d'où l'on voit que les palettes, et l'axe qui les porte, parcourant un petit arc, la roue de champ D D fait décrire au pignon une grande partie de sa révolution et par conséquent aussi au balancier ; et on peut varier, à volonté, l'étendue des arcs du régulateur, selon que la roue de champ D porte un plus grand ou plus petit nombre de dents, et que

VI.
Explication de l'échappement à *pirouette*, construit par *Huygens*, en appliquant le spiral au balancier.

le pignon a plus ou moins de diamètre et par conséquent de dents.

VII.
Explication des figures qui représentent la disposition d'une montre ordinaire à roue de rencontre perfectionnée.

L A *figure 6, planche III,* représente, vue de profil, la montre et toutes les roues placées sur la même ligne, les platines coupées par le milieu des trous, afin de faire voir l'élévation précise de toutes les parties de la montre. A A est la platine des piliers ; *e e ,* son épaisseur ; *a* A, la partie de la platine qui forme ce que l'on appelle la *batte ; c c,* le pont réservé au centre de la platine, pour former un *tigeron* au pignon *h* de la roue du centre I ; B B, la creusure faite à la platine pour former la batte. C C est la seconde platine de la cage. D est le barillet ou tambour, dans lequel est renfermé le ressort spiral, moteur de la montre, et au-dehors duquel est placée la chaîne, dont un bout porte le crochet qui s'adapte au barillet ; l'autre bout de la chaîne porte pareillement un crochet, qui s'accroche à la circonférence de la base de la fusée E : *d* est la *noyure* faite à la platine, pour que le pivot inférieur de la fusée ait un plus grand *tigeron ; g g* est l'assiette ou *bouchon,* rivé à la platine, pour former l'épaisseur du trou du pivot de fusée, et le *réservoir* pour l'huile. G est la roue de fusée ; *h,* le pignon de la grande *roue moyenne ,* dans lequel engrène la roue de fusée. I est la grande roue moyenne ; elle engrène dans le pignon *k ,* sur lequel est rivée la petite roue moyenne L : le pivot supérieur 1 de cette roue, roule dans le trou fait à la platine C C ; et le pivot inférieur 2, dans un trou fait au pont *ff.* La roue L engrène dans le pignon *l,* sur lequel est rivée la roue de champ. Le pivot supérieur 3 , roule dans le trou de la platine C C ; et celui 4 , dans celui fait au pont *ff.* La roue de champ M engrène dans le pignon *m,* sur lequel est rivée la roue de rencontre N. Le pivot du dedans de la roue de rencontre roule dans le trou fait au *nez de potence* O ;

et

et l'autre pivot, dans le trou fait à la *contre-potence n*. La verge de balancier *op*, porte deux pivots, dont l'un supérieur *p*, roule dans le trou fait au *coqueret* P, fixé avec une vis sur le *coq* Q, attaché à la platine par deux vis. Le pivot inférieur de la verge de balancier roule dans le trou fait au talon de la potence O. La verge de balancier porte deux palettes, qui engrènent dans la roue de rencontre, et qui forment avec elle l'échappement. Le balancier R R est rivé sur l'*assiette* de la verge *op; rr* représente la coupe de la *coulisse* et du rateau appliqué sur le dehors de la platine C C. La plaque d'acier *s* sert à recevoir le bout du pivot de la verge, afin que sa *portée* ne frotte pas sur le coqueret : le bout du pivot inférieur de la verge roule de même sur une plaque *q*, d'acier trempé très-dur.

Le pivot supérieur 6 de la grande roue moyenne, roule dans le trou fait au centre de la platine : l'autre pivot 7 de la même roue, roule dans le pont réservé au centre de la platine des piliers : ce pivot prolongé 7 *z*, porte le pignon de chaussée *u*, qui engrène dans la roue de *renvoi* S ; celle-ci est fixée sur le pignon *x* : ce pignon porte deux pivots, l'un, 9 ; roule dans un trou fait à la platine des piliers, et l'autre, 10, dans le trou du pont T 10, attaché à la platine. Le pignon *x* engrène dans la roue de cadran V, rivée sur un canon qui roule sur celui de la chaussée. Le bout 11 du canon de chaussée est carré : sur ce carré, est ajustée l'aiguille des minutes X; l'aiguille des heures Y s'ajuste à frottement sur le canon de la roue de cadran.

Le pivot 12 de l'arbre de barillet, entre dans le trou fait à la platine C C ; et celui 13, dans celui de la platine des piliers. La partie saillante de ce pivot est limée carrément, pour recevoir le rochet d'encliquetage Z. Le bout prolongé 14 de ce carré, sert à remonter le ressort, pour lui donner le degré de bande convenable à la fusée : 15 est le carré de la fusée, qui sert à remonter la montre. Les encoches 16, 6, *i*, 3, 4, 7, 2, 4, que l'on voit faites aux ponts et aux platines, représentent la coupe des réservoirs que l'on a pratiqués aux bouts des trous des pivots pour y conserver l'huile.

La *figure 7* représente le dedans de la platine des piliers, vue en plan, avec les pièces qu'elle porte, lorsque l'on vient d'ôter la seconde platine. A est la platine; 1, 2, 3, 4, les piliers; D, le barillet; S, la chaîne; G, la roue de fusée; E, la fusée; *h*, le pignon de longue tige; I, la grande roue moyenne; *i*, le pignon qui porte la petite roue moyenne L; *l*, le pignon de la roue de champ M.

La *figure 8* fait voir le balancier en perspective, portant le ressort spiral réglant, et tel qu'on le voit lorsqu'on l'ôte de dessus le mouvement. R R est le balancier; *a*, *b*, les pivots de la verge de balancier; *c*, *d*, les palettes; *e*, la *virole* de spiral, mise à frottement sur l'assiette de la verge de balancier : *e f* est le spiral, dont le bout *e* se fixe par une cheville avec la virole; le bout extérieur *f* du spiral est fixé au *piton g h*, au moyen d'une *goupille* ou cheville *i*; le bout ou pivot *h* du piton, est fait pour entrer à frottement dans un trou fait à la platine CC. *k* est la cheville qui sert à empêcher le renversement du balancier, ou à fixer sa course.

La figure 9 représente le balancier avec son spiral, vu en plan. R R est le balancier; *a s* le spiral; *p* est le piton qui fixe le bout extérieur du spiral avec la platine; *r* R est le rateau dont le bras *a* porte une fente, dans laquelle passe librement la lame du spiral. Ce rateau sert à déterminer la longueur du spiral, et par conséquent à régler la montre, selon que l'on approche la fente *a*, ou qu'on l'éloigne du piton *p*. Si on l'approche de *p*, le ressort spiral agira par une plus grande longueur; ainsi les vibrations du balancier seront plus lentes, et la montre retardera. Si, au contraire, on éloigne la fente *a* du piton *p,* le ressort sera plus court, les vibrations seront plus promptes ; ce qui fait avancer la montre.

Pour faire mouvoir le rateau *r*R, le carré qui porte l'aiguille *t,* porte aussi la roue dentée S, laquelle engrène dans les dents du rateau ; et selon que l'on tourne cette aiguille, on fait avancer ou retarder la montre : le chemin que l'on fait faire à l'aiguille, est marqué par un petit cadran, qui n'est pas ici représenté.

La *figure 10* représente l'échappement à roue de rencontre, vu en grand et en perspective. R R est le balancier ; N N, la roue de rencontre ; *c, d,* les palettes.

CHAPITRE IX.

Invention de la Répétition *ajoutée aux Horloges et aux Montres ; — des Horloges sonnant les heures et les quarts, répétant l'heure et le quart à chaque quart, et les répétant à volonté. — Répétition à quart et demi-quart, répétant les minutes. — Montre à quatre parties, &c.*

L'ART de la mesure du temps fut de nouveau enrichi de deux belles et utiles inventions avant la fin du dix-septième siècle. La première, qui est la plus précieuse, et d'une utilité plus générale, est cette espèce de sonnerie qu'on a appelée *répétition*. C'est une méchanique infiniment ingénieuse, qui, ajoutée à l'horloge, sert à faire connoître à volonté, à chaque instant du jour ou de la nuit, et sans voir le cadran, l'heure et les parties de l'heure qui sont indiquées par les aiguilles de l'horloge.

La seconde est l'invention des horloges qu'on appelle *à équation*. Cette invention consiste en un méchanisme qui est adapté à l'horloge, et au moyen duquel on connoît à chaque instant l'heure du *temps moyen* et celle du *temps vrai* [a], et par conséquent la différence de ces deux temps ou l'équation.

Ces deux belles inventions sont dues aux Artistes anglois : nous traiterons de la répétition dans ce chapitre, et des horloges à équation dans le chapitre XI.

I.
Invention de la
répétition dans les
Horloges fixes.

LES HORLOGES dont il est ici question, dit M. DERHAM,

[a] On expliquera, dans le chapitre suivant, ce que c'est que temps moyen et temps vrai, et équation du temps, &c. Nous y renvoyons.

sont celles qui, par le moyen d'un cordon que l'on tire, sonnent les heures, les quarts et même les minutes, en tout temps du jour et de la nuit [a]. Cette sonnerie ou répétition fut inventée par M. Barlow vers la fin du règne de Charles II, en 1676.

Cette invention ingénieuse, et à laquelle on n'avoit pas pensé auparavant, fit d'abord grand bruit, et intrigua fort les horlogers de Londres : sur la seule idée qu'ils s'en formèrent, ils se mirent tous à tenter la même chose, mais par des voies différentes ; d'où est venue cette grande variété dans les ouvrages à répétition qui se sont vus à Londres dans ce temps-là.

Cette découverte continua à être pratiquée dans les horloges d'appartement jusqu'au règne de Jacques II ; ensuite on l'appliqua aux horloges portatives ou de poche : mais il s'est élevé des disputes touchant l'auteur de cette invention, dont je rapporterai simplement les faits au lecteur, lui laissant la liberté d'en juger ce qu'il lui plaira.

Vers la fin du règne de Jacques II, M. Barlow appliqua son invention aux montres de poche, et employa le célèbre Tompion, qui lui exécuta une montre de cette espèce suivant ses idées ; et alors, conjointement avec le lord Allebonne, chef de la justice, et quelques autres, il tâcha d'obtenir un privilége [b].

M. Quare, habile Horloger de Londres, avoit eu la même

[a] *Traité de l'Horlogerie,* édition 1746, page 185.

[b] Une chose assez remarquable qui a rapport à ces *priviléges* sollicités, c'est que des hommes célèbres tels qu'*Huygens* et *Hook,* aient sollicité des priviléges, ainsi que nous l'avons dit ci-devant. De nos jours encore, un horloger anglois a obtenu un privilége pour la prétendue découverte d'un spiral isochrone ; invention qui appartient en entier aux Artistes français, comme on le verra chap. XIII. Nous ne connoissons aucun Artiste français qui ait sollicité un privilége pour ses découvertes : la raison en est simple, cette nation est plus conduite et animée par le désir de la gloire que par l'amour des richesses.

pensée quelques années auparavant ; mais ne l'ayant pas perfectionnée, il n'y songeoit plus, lorsque le bruit que fit le privilége de M. Barlow, réveilla en lui ses anciennes idées : il se mit donc à travailler, et finit sa pièce. Le bruit s'en répandit parmi les Horlogers, qui le sollicitèrent à s'opposer au privilége de M. Barlow. On s'adressa à la cour, et une montre de l'une et l'autre invention fut apportée devant le roi et son conseil ; le roi, après en avoir fait l'épreuve, donna la préférence à celle de M. Quare.

Voici la différence de ces deux inventions. La répétition, dans la montre de M. Barlow, se faisoit en poussant en dedans deux petites pièces, une de chaque côté de la boîte de la montre ; l'une répétoit l'heure, et l'autre les quarts d'heure : mais celle de M. Quare répétoit par le moyen d'une seule cheville située près le *pendant* de la boîte, laquelle étant poussée en dedans, faisoit la répétition des heures et des quarts, comme cela se fait à présent, en poussant une seule fois le *pendant* qui porte cette cheville.

Cette invention de la répétition dans les horloges fixes et dans les montres, ne tarda pas à être connue et imitée en France; et ces machines y étoient déjà fort répandues, lorsqu'en 1728 le célèbre Julien le Roy s'occupa de perfectionner ces machines. C'est à cette époque qu'il exécuta l'horloge à répétition dont on trouve la description à la suite de la *Règle artificielle du temps.* Cette horloge fut faite pour Louis XV.

Nous plaçons à la fin de ce chapitre, l'explication de la répétition : les figures représentent la disposition de cette méchanique adaptée à l'horloge fixe et à une montre portative.

II.
Premières notions du méchanisme de la répétition.

Quoique la *répétition*, telle qu'elle est en usage, soit une espèce particulière de sonnerie, son méchanisme diffère totalement de celui de la sonnerie : 1.º parce que chaque fois que l'on fait répéter, on remonte le ressort moteur, au lieu que dans la sonnerie ordinaire, le ressort ne se remonte qu'une fois en huit jours, en quinze, ou en un mois ; 2.º dans la répétition, on a dû substituer à la roue de compte ou chaperon, qui détermine le nombre des coups que le marteau doit frapper, un moyen tout-à-fait différent. Le premier auteur de cette ingénieuse méchanique, substitua à la roue de compte, une pièce à laquelle, eu égard à sa forme, il donna le nom de *limaçon*. Le limaçon est une pièce plane, divisée en douze parties, qui forment des degrés, qui vont en se rapprochant de la circonférence au centre ; elle fait sa révolution en douze heures : chacun de ces degrés est formé par une portion de cercle. Chaque fois que l'on fait répéter l'heure, la poulie qui porte le cordon, porte un pignon qui conduit un rateau, dont le bras s'enfonce sur un des degrés du limaçon, et règle le nombre de coups que le marteau doit frapper. Or, comme ce limaçon n'avance que d'un degré à chaque heure, il s'ensuit que, si l'on vouloit faire répéter à chaque instant de l'heure, on auroit toujours le même nombre de coups de marteau ; au lieu qu'en faisant tourner plus d'une fois par heure le rouage d'une sonnerie ordinaire, on auroit une heure différente. Une roue de compte ne pouvoit donc pas servir à former une répétition.

Le méchanisme de la répétition contient un second limaçon, lequel porte des degrés aussi en portion de cercle, pour régler les coups que doivent frapper les marteaux des quarts.

D ès les premiers temps où l'invention de la répétition fut connue, les Artistes horlogers s'empressèrent d'imiter ces machines : d'autres, plus habiles, en construisirent eux-mêmes, ou firent des changemens. De là vient le grand nombre de dispositions différentes que l'on a vues exécutées : mais, dans toutes ces

III.
Notion des Horloges et des Montres qui répètent d'elles-mêmes, les heures et les quarts à chaque quart.

diverses combinaisons, le même principe en fait la base. Ce sont toujours des *limaçons* et des rateaux qui déterminent le nombre d'heures et de quarts à frapper. On en fit qui répétoient l'heure, le quart et le demi-quart, et d'autres les minutes. On peut voir, dans le Traité d'Horlogerie de THIOUT, les diverses constructions de ces répétitions. Vers le même temps, on fit aussi des horloges et des montres qui sonnoient les heures et les quarts à chaque quart, et qui les répétoient, à volonté, par l'action continue d'un même rouage, et d'un seul grand ressort, moteur de sonnerie, qui suffisoit à remplir ces diverses fonctions.

Dans ces sortes d'horloges et de montres, ce sont des *limaçons* et des *crémaillères* qui règlent le nombre des coups à frapper.

Pour remplir cet objet, une détente que font agir, à chaque quart d'heure, quatre dents ou chevilles portées par la roue de minutes, sert à faire détendre la crémaillère, retenue par un cliquet : elle retombe tout-à-coup, et va poser sur un des pas du limaçon ; et aussitôt que cette détente a achevé son effet, le rouage de la sonnerie devient libre ; en sorte qu'en tournant, il fait frapper le marteau ; et en même temps une palette, qu'une de ses roues porte, remonte une dent de la crémaillère, et ainsi de suite, jusqu'à ce que le nombre d'heures fixé par le limaçon soit frappé ; et immédiatement après les heures, est aussi frappé le nombre de quarts déterminé par le limaçon des quarts. La crémaillère, arrivée à sa dernière dent, arrête le rouage.

Lorsque l'on veut faire répéter l'horloge, on tire un cordon, ou l'on pousse un bouton, si c'est une montre, dont l'action est telle, que l'on dégage la crémaillère, qui retombe aussitôt, et agit de la même manière que pour la sonnerie.

Nous renvoyons, pour plus de détails sur ces machines ingénieuses, au Traité d'Horlogerie de THIOUT, à celui de LEPAUTE, et à l'Essai sur l'Horlogerie de F. BERTHOUD.

On

ON A AUSSI construit, vers le milieu de ce siècle, des montres qui sonnent les heures et les quarts à chaque quart, et qui les répètent à volonté, en poussant un bouton ou *poussoir*. A cette espèce de montre, on a joint un réveil, des quantièmes, &c. Cette sorte de montre a été appelée à *quatre parties*.

La construction de la sonnerie et de la répétition diffère dans les montres dont il est ici question, de celles dont nous venons de donner une foible notion ; car ici on n'a pas fait usage de la crémaillère : c'est un rochet qui fait sonner les heures, et qui, pour cet effet, rétrograde à chaque fois que la montre sonne, ou qu'on la fait répéter. Cette action rétrograde du rochet, est produite par un effet assez subtil. Un second rochet, placé au-dessous du premier, reçoit l'action d'une *détente à fouet*, qui, en le faisant un peu rétrograder, soulève le cliquet, qui entraîne le premier : aussitôt ce *déclichement*, le premier rochet rétrograde, étant entraîné par un rateau qui engrène dans un pignon de ce même rochet ; et ce rateau, pressé lui-même par un ressort, retombe sur le limaçon des heures. Cet effet produit, le rouage, devenu libre, ramène la détente à fouet à son repos ; les heures et les quarts sonnent. Tels sont en gros les effets de cette espèce de sonnerie, dont on trouve les plans et la description dans le Traité de THIOUT. On a depuis travaillé à perfectionner cette construction : mais, à moins qu'elle ne soit exécutée avec la plus rigoureuse précision, ses effets ne sont pas assez sûrs, et celles à crémaillère peuvent être préférables.

ON DOIT à JULIEN LE ROY la suppression du timbre dans les montres à répétition, changement qui a rendu ces machines plus simples, en rendant le mouvement plus grand, plus solide, et moins exposé à la poussière. Ces montres, qu'il appela à *bâte levée*, sont d'une plus belle forme. Depuis ce célèbre Artiste,

I V.
Montres à quatre parties.

V.
Montre à répétition sans timbre.

TOME I.   V

toutes les montres françaises à répétition ont été faites sur ce modèle : mais en Angleterre, où les montres à répétition ont été inventées, on a continué de les faire à timbre, et en Espagne elles sont encore préférées. Dans les montres à répétition sans timbre, les marteaux frappent sur des masses soudées à la boîte.

Les montres à répétition, à timbre, ont aussi, comme celles sans timbre, la propriété d'être à *sourdine,* c'est-à-dire, de pouvoir répéter à volonté, sans que les marteaux frappent sur le timbre.

VI.
Répétition de montres sans rouage ni grand ressort.

Feu M. Julien le Roy avoit aussi tenté de rendre les montres à répétition beaucoup plus simples, en supprimant le rouage qui sert à régler l'intervalle entre les coups de marteau ; et, par-là même, le ressort moteur de ce rouage fut aussi supprimé ; cet Artiste célèbre réussit, en effet, à construire ces nouvelles répétitions, dont plusieurs ont été exécutées : mais il paroît que le public ne les a pas trouvées aussi commodes ; en sorte que cette composition n'a pas été imitée.

Après avoir donné une notion des diverses constructions d'horloges et montres à répétition qui sont en usage, et des sonneries qui répètent d'elles-mêmes les heures et les quarts à chaque quart, il nous reste à parler d'une autre construction d'horloge sonnant les heures et les répétant d'elle-même, qui a été faite de nos jours, et dans laquelle on s'est servi de roues de compte au lieu de limaçons et de rateaux.

VII.
Horloge à sonnerie d'heures qui répète l'heure et le quart d'heure même par le moyen des roues de compte, et qui marche un mois sans être remontée.

Cette horloge est composée de trois rouages particuliers placés dans la même cage : 1.º le rouage du mouvement, lequel sert à la mesure du temps, à la conduite des aiguilles, et à faire agir les détentes des sonneries ; 2.º le rouage de la sonnerie des heures ; 3.º le rouage de la sonnerie des quarts.

Pendant chaque heure, la sonnerie des heures sonne la même

heure quatre fois, savoir, l'heure simple à 60 minutes de l'aiguille ; à 15 minutes, elle répète l'heure, et la sonnerie des quarts sonne, immédiatement après l'heure, le quart par un double coup ; à 30 minutes, la sonnerie répète l'heure, et aussitôt celle des quarts répète le quart par deux doubles coups frappés sur deux timbres différens ; à 45 minutes, la sonnerie répète encore la même heure, qui est suivie de trois doubles coups frappés par les deux marteaux de la sonnerie des quarts.

Pendant douze heures que la roue de compte de la sonnerie des heures reste à faire une révolution, il faut que le marteau de cette sonnerie frappe quatre fois 78 coups, c'est-à-dire 312, nombre de quatre fois la même heure : elle est divisée en conséquence. Le chaperon ou roue de compte porte trente-six chevilles, lesquelles agissent successivement sur une détente qui correspond à celle de la sonnerie des quarts, afin de faire *détendre* celle-ci aussitôt que la sonnerie des heures a achevé de sonner ; et à ce moment les quarts sont répétés.

La roue de compte de la sonnerie des quarts fait un tour par heure ; pendant ce temps les marteaux de cette sonnerie frappent six doubles coups, un pour un quart, deux pour la demie, et trois pour les trois quarts.

Les détentes des sonneries sont construites comme celles des sonneries ordinaires. La roue des minutes porte quatre chevilles, qui répondent au dentillon qui agit sur les détentes de la sonnerie des heures, afin de lui faire sonner l'heure quatre fois par heure [a].

L'INVENTION de la sonnerie ajoutée aux horloges, a été infiniment utile pour annoncer au public, pendant la nuit ou

[a] On trouve, *Mesure du temps*, ou *Supplément à l'Essai sur l'Horlogerie* de | *F. Berthoud*, page 259, les dimensions et nombres employés dans cette horloge.

lorsque l'on ne voit pas le cadran, l'heure actuelle de l'horloge ; et c'est ici la vraie destination de cette ingénieuse méchanique. Peu après cette invention, quelques ouvriers auront sans doute cru ajouter un nouveau degré d'utilité à ces machines en leur faisant sonner un coup lorsque l'aiguille du cadran marquoit la demie ; et d'autres, avec les mêmes vues, firent sonner le quart, la demie, les trois quarts, et même les quatre quarts, avant de faire sonner l'heure : telles ont été jusqu'ici les horloges publiques, et la plupart des horloges d'appartement qu'on appelle *Pendules*. Mais il nous paroît que ce travail des horloges est absolument en pure perte ; car, dans une horloge qui frappe un coup pour indiquer la demi-heure, il est aisé de voir qu'elle ne dit autre chose, sinon que c'est une demie, mais sans désigner à quelle heure cette demie appartient : et après minuit ou midi, l'horloge, en deux heures de temps, ne sonne que trois coups simples, parmi lesquels la demie et une heure se confondent ; et on ne sait si l'horloge indique douze heures et demie, une heure ou une heure et demie ; puisque nous supposons qu'on ne peut voir le cadran, ce que la sonnerie doit suppléer ; la même observation se rapporte également aux horloges qui sonnent les quarts, en sorte que nous jugeons ces additions, ainsi isolées, comme un travail absolument inutile. Pour rendre donc aux sonneries leur véritable destination, celle de suppléer un cadran que l'on ne voit pas, il faut que la sonnerie répète l'heure à la demie, et de même pour ce qui concerne les quarts. Quant aux horloges ordinaires, il est très-facile de leur faire répéter l'heure à la demie, ainsi que nous l'avons pratiqué : en voici la disposition.

IX.

Horloge à sonnerie répétant l'heure à la demie par un rouage ordinaire, et sonnant les quarts.

A 60 MINUTES de l'aiguille, l'horloge sonne l'heure marquée sur le cadran ; 1 5 minutes après, elle frappe un coup sur un plus petit timbre pour désigner le quart ; à 3 0 minutes ou à la demie, l'horloge répète l'heure ; et pour la désigner, aussitôt que l'heure est achevée d'être répétée, elle frappe un double coup sur deux timbres ; à la 45.e minute ou aux trois quarts, elle frappe un double coup pour les désigner. Pour produire ces effets, on a ajouté à la sonnerie ordinaire un second marteau, qui, à la demie et aux trois quarts, fait le double coup avec le marteau des heures ; pour cet effet, la roue de compte porte des chevilles qui servent à élever le petit marteau, lequel frappe avant le gros marteau, ce qui fait deux coups précipités.

Le marteau qui frappe le quart simple, est élevé pendant 15 minutes par la roue de renvoi du mouvement ; ce même marteau, lorsque l'heure a été répétée, est élevé par une cheville de la roue de compte, pendant que le grand marteau est élevé par la roue des chevilles.

La roue de compte fait sa révolution à l'ordinaire, c'est-à-dire, en 12 heures ; durant le temps de sa révolution, le marteau des heures doit frapper deux fois 78 coups, c'est-à-dire, deux fois la même heure ; il doit frapper, de plus, 12 coups pour désigner la demie et 12 autres coups pour désigner les trois quarts, c'est-à-dire, en tout 180 coups.

LES HORLOGES à sonnerie frappent d'elles-mêmes les heures ; celles qui sont à répétition ne sonnent ou frappent que lorsqu'on tire un cordon ou que l'on pousse un bouton : pour lors deux marteaux frappent les heures et les quarts que marquent les aiguilles sur le cadran.

X.

Notion du mé-chanisme de la ré-pétition adaptée à l'Horloge à pendule ou fixe.

Pour faire répéter l'heure à une horloge, on tire un cordon qui entoure une poulie ; cette poulie est fixée sur l'axe de la première roue d'un rouage particulier, dont l'office est de régler l'intervalle qu'il doit y avoir entre chaque coup de marteau[a] ;

^a *Voyez* les figures 5 et 6, planche IV.

l'axe de cette roue porte un crochet qui tient à un ressort spiral moteur de la répétition, lequel est placé dans un petit barillet. Cet axe de la première roue porte aussi une roue non dentée, mais garnie de 1 5 chevilles, lesquelles servent à élever les marteaux; 1 2 de ces chevilles sont pour faire frapper les heures et les trois autres pour les quarts. Le nombre des coups que le marteau des heures frappe, dépend du plus ou moins de chemin qu'on fait faire à la roue des chevilles en tirant le cordon; et ce chemin dépend lui-même de l'heure que marquent les aiguilles de l'horloge : ainsi, lorsqu'il est midi trois quarts et qu'on tire le cordon, on oblige la roue des chevilles à faire un tour entier; pour lors, le ressort moteur ramène cette roue des chevilles, et celle-ci fait frapper 1 2 coups au marteau des heures et 3 coups pour les quarts. Pour distinguer les quarts des heures, on ajoute un second marteau qui, avec le premier, fait un double coup à chaque quart.

Expliquons maintenant comment on règle le chemin que la roue des chevilles doit faire lorsqu'on tire le cordon, pour que l'horloge sonne le nombre d'heures marqué par le cadran.

Une roue *s* de la *cadrature*, *figure 6*, porte sur sa tige pro-longée la pièce *s h*, dont la cheville *o* fait tourner l'étoile E de 1 2 rayons, et fait un tour en 1 2 heures; celle-ci porte la pièce L, qu'on appelle le *limaçon* des heures, divisée en 1 2 par-ties, tendant au centre de l'étoile; chacune de ces parties forme autant d'enfoncemens ou degrés qui vont en se rapprochant du centre : ce sont ces degrés, formés par des portions de cercle, qui règlent le nombre d'heures que le marteau doit frapper ; pour cet effet, la poulie P porte un pignon *a* qui engrène dans une portion de roue C, *figure 6*, qu'on appelle *rateau*. Lorsqu'on tire le cordon, et que par conséquent on fait avancer le rateau vers le limaçon, le bras *b* de ce rateau va s'arrêter sur celui des dégrés du limaçon qui se trouve sur son passage ; et selon l'enfoncement de ce degré, le marteau frappe plus ou moins de coups. L'horloge ne sonnera qu'une heure, si le degré 1 du limaçon le plus éloigné du centre, se présente au bras *b* du rateau ; car alors, la roue des chevilles n'étant engagée que d'une cheville avec la *levée* du marteau, celui-ci ne frappera qu'un coup ; si, au contraire, le degré 12 du limaçon qui est le plus enfoncé se présente au bras du rateau, celui-ci n'y arrivera qu'après que la roue des chevilles aura rétrogradé de 12 de ses chevilles ; l'horloge répétera 12 coups, &c.

Il nous reste à expliquer comment les quarts sont répétés. La pièce *s, figure 6*, qui fait tourner l'étoile, reste une heure à faire un tour ; elle porte le limaçon *h* qui est celui des quarts : ce limaçon est divisé en quatre parties qui forment trois enfoncemens ou degrés, sur l'un desquels, lorsqu'on tire le cordon, va poser le bras *k* de la pièce Q D, appelée le *doigt :* or, selon que le degré du limaçon qui se présente est plus enfoncé, le doigt s'écarte du centre de la poulie P, de sorte que le tirage du cordon étant achevé, la poulie retournant par la force du ressort moteur de la répétition, l'une des quatre chevilles qu'elle porte vient agir sur ce doigt, savoir, celle qui se trouve à la distance du centre *a* qui répond à l'élévation du bras D ; et c'est ce qui détermine les coups des marteaux des quarts : ainsi lorsque le doigt se présente à la cheville la plus près du centre de la poulie, le marteau des heures frappe seulement le nombre d'heures donné par le limaçon L, et il n'y a pas de quarts ; si le doigt se présente à la seconde cheville, il n'arrête la poulie qu'après que le marteau des heures a frappé l'heure, puis un quart, et ainsi de suite.

Voilà une notion des parties essentielles du méchanisme de la répétition ; nous allons en donner une explication plus détaillée.

LES *figures 5* et *6, planche IV,* représentent les principales parties d'une horloge à pendule à répétition [a]. La *figure 5* fait voir en plan les roues et les pièces contenues dans la cage. B est le barillet qui contient le ressort moteur de l'horloge ; C est la grande roue moyenne ; D, la roue des minutes ; E, la petite roue moyenne, et F, le rochet d'échappement.

Les roues G, L, M, N et le volant V, forment le rouage de la sonnerie, dont l'usage est de régler l'intervalle qu'il doit y avoir entre chaque coup de marteau. Le rochet R ou d'encliquetage, la roue G, qui est celle qui porte les chevilles, le ressort *r* et le cliquet *c*, sont tous placés sur l'axe de la roue L.

Lorsqu'on tire le cordon qui entoure la poulie P, *figure 6,* le rochet R, *figure 5,* fixé sur le même axe que la poulie, rétrograde, et les plans inclinés de ses dents éloignent le cliquet O ; ensuite le ressort moteur de la répétition, placé en dehors de la platine, *figure 5,* ramène le rochet dont les dents arcboutent contre le bout du cliquet ; ce qui entraîne la roue dentée L et le rouage M, N, V. Or, tandis que le rochet R entraîne ainsi la roue L, la roue des chevilles G, portée par le même axe, en tournant aussi, élève successivement les marteaux *l, m, fig. 6,* par l'action des leviers *m, n, figure 5.*

La poulie P, *figure 6,* porte à son centre le pignon *a,* lequel engrène dans la portion de cercle *b r,* dentée, et qu'on appelle *rateau :* c'est le mouvement de ce rateau qui sert à régler le nombre de coups que le marteau des heures doit frapper. Pour cet effet, lorsqu'on tire le cordon, le pignon *a,* que porte la poulie, fait avancer le rateau dont le bout *b* va poser sur un des degrés 8, 9, &c. de la pièce L, 1, 2, 3, &c., qui s'appelle *limaçon ;* et, selon que ces degrés sont plus loin ou plus près du centre V de son mouvement, le marteau frappe plus ou moins de coups.

[a] *Essai sur l'Horlogerie,* Tome I, page 36.

Lorsque

Lorsque le degré 1 se présente au bras *b* du rateau, le marteau frappe un coup ; si c'est le degré 2, il en frappe deux, &c.

Le limaçon des heures L, 1, 2, &c. est porté par l'étoile E : cette étoile se meut sur une vis à *portée* V, attachée à la pièce T R, mobile elle-même en T. Cette pièce forme, avec la platine, une petite cage, en dedans de laquelle tourne l'étoile E et le limaçon des heures L. L'étoile E est formée de douze rayons ou dents, et le limaçon de douze degrés ou pas, qui répondent aux douze heures. Ainsi il faut que l'étoile avance d'une dent à chaque heure ; c'est l'office de la cheville *c* portée par le limaçon des quarts *h*, 1, 2, &c. : ce limaçon est fixé sur l'axe d'une roue de cadran, laquelle fait un tour par heure : la cheville *c* du limaçon *h* fait avancer une dent de l'étoile E retenue par le sautoir M ; la dent de l'étoile arrivée à l'angle du sautoir, celui-ci, pressé par un ressort, pousse la dent, et lui fait achever le reste du chemin qu'elle doit faire à chaque heure : cet effet a lieu à l'instant où l'aiguille des minutes arrive au 60 du cadran. Voilà en abrégé l'idée du méchanisme qui fait répéter l'heure ; il reste à présenter de même celui des quarts.

Lorsque le marteau des heures a frappé le nombre de coups réglé par le limaçon des heures, la poulie P, *figure 6,* est arrêtée par une des quatre chevilles qu'elle porte, lesquelles agissent sur le bras D qui forme l'arrêt : si la répétition doit sonner l'heure seule, sans quarts, le bras D se présente à la cheville 1 de la poulie ; ce qui arrête le rouage aussitôt que les heures sont frappées. Mais si la répétition doit frapper ensuite un quart, le bras D se présente à la cheville 2, et ainsi de suite : le rapprochement ou l'écartement du bras D vers le centre de la poulie est réglé par le bras *k* du talon Q, qui a le même centre de mouvement que le bras D, et se meut avec lui : ce talon Q a son mouvement réglé par les divers enfoncemens ou degrés du limaçon des quarts *h* 1 , 2 , &c. Si l'horloge doit frapper trois quarts, le talon Q va poser sur le degré 3 , &c.

Il nous resteroit encore à expliquer divers effets ingénieux qu'on a imaginés pour rendre les fonctions de cette machine invariables. Nous en renvoyons l'explication ci-après, à l'Article XII qui traite du méchanisme de la répétition employée dans les montres, et pour de plus grands détails, aux divers Ouvrages où ces machines sont représentées, celui du P. ALEXANDRE, de SULLY [a], de THIOUT, LE PAUTE, BERTHOUD, &c.

XII.
Explication des figures qui représentent la répétition adaptée à une montre [b].

LA *figure 1, planche VI*, représente cette partie d'une répétition en montre, qui s'appelle *cadrature*. Elle est vue au moment où l'on vient de pousser le bouton pour la faire répéter.

Pour mieux concevoir l'effet et la disposition de cette répétition , il ne faut que jeter un coup-d'œil sur la *figure 2*. On voit en perspective la *crémaillère yc*, le *limaçon* L des heures et l'*étoile* E , les poulies A et B, le *rochet* R , la roue *a*, la *levée mn* , et le grand marteau M : or , ce sont les principales parties d'une répétition , qui sont représentées comme si elles étoient actuellement en mouvement.

P, *figure 1*, est l'anneau auquel tient le poussoir. Le poussoir entre dans le canon O de la boîte, et s'y meut selon sa longueur, en tendant au centre : il porte la pièce *p,* qui est d'acier, et limée plate par-dessous ; une plaque, qui tient à la boîte, sert à l'empêcher de tourner , et lui permet seulement de se mouvoir selon sa longueur : l'excédant ou rebord de cette partie du poussoir, sert à le retenir , de manière qu'il ne puisse sortir du canon de la boîte.

Le bout *p* du poussoir agit sur le talon *t* de la crémaillère CC, laquelle a son centre de mouvement en *y ,* et dont l'extrémité *c*

<hr>

[a] Édit. de *Julien le Roy.*   [b] *Essai sur l'Horlogerie* , N.° 182.

fixe un bout de la chaîne *ss* : l'autre bout de cette chaîne tient à la circonférence d'une poulie A, mise carrément sur l'axe prolongé de la première roue du petit rouage, placé dans l'intérieur de la cage pour régler l'intervalle des coups de marteau. Ce petit rouage n'est pas représenté ici, étant pareil à celui de la répétition en pendule, expliquée ci-devant. La chaîne *ss* passe sur une seconde poulie B.

Ce que nous venons de dire étant bien entendu, on voit que si l'on pousse le poussoir P, le bout *c* de la crémaillère parcourra un certain espace ; et par le moyen de la chaîne *ss*, il fera tourner les poulies A, B : ainsi le rochet R, *fig. 2*, rétrogradera jusqu'à ce que le bras *b* de la crémaillère CC, *figure 1*, appuie sur le limaçon L ; pour lors, ayant cessé de pousser le bouton P, le ressort moteur de la répétition, ramenant le rochet et les pièces qu'il porte, le bras *m, figure 2*, se présentera aux dents de ce rochet, et le marteau M frappera les heures, dont la quantité dépend du pas du limaçon L qui se présente au bras *b*.

Le limaçon L est fixé à l'étoile E, par le moyen de deux vis : ils tournent l'un et l'autre sur la tige de la vis V, *figure 1*, portée par la pièce TR, qui s'appelle le *tout-ou-rien*. Cette pièce se meut sur son centre T. Le tout-ou-rien forme, avec la platine, une cage où tournent l'étoile et le limaçon des heures. Voyons maintenant comment les quarts sont répétés.

Outre le marteau des heures, qui est placé dans la cage, il y a un second marteau, également placé dans l'intérieur de la cage : l'axe ou pivot de ce marteau passe à la *cadrature*, et porte la pièce 5, 6, *fig. 1*. Le pivot prolongé du marteau des heures passe aussi du côté de la cadrature, et porte le petit bras *q*. Ces pièces 5, 6 et *q*, qu'on appelle *levées*, servent à faire frapper les quarts par des coups doubles. Les levées 5, 6 et *q* sont mises en action par la pièce Q, qu'on appelle *pièce-*

des-quarts. La pièce-des-quarts porte en F et en G, des dents faites en rochet. Ces dents agissent sur les levées 6 et *q*, pour faire frapper les marteaux. La pièce-des-quarts Q est entraînée par le bras *k*, que porte l'axe du rochet des heures, placé au-dessus de la poulie A et de la pièce-des-quarts ; en sorte qu'aussitôt que les heures sont frappées, le bras *k* agit sur une cheville fixée sur la pièce-des-quarts G, et oblige celle-ci de tourner et de lever les bras *q* et 6, et par conséquent de faire frapper les marteaux.

Le nombre de quarts que doivent frapper les marteaux, est déterminé par le limaçon des quarts N, selon les enfoncemens ou degrés *h*, 1, 2, 3, qu'ils présentent. Lorsque l'on pousse le poussoir P, le bras *k* rétrograde, et ne retient plus la pièce-des-quarts : aussitôt que celle-ci est libre, elle rétrograde, étant pressée par le ressort D ; et les dents que porte la pièce-des-quarts, s'engagent plus ou moins avec les levées 6 et *q*, qui ont aussi un mouvement rétrograde, et sont ramenées par les ressorts 10 et 9 : le bras *k* ramenant la pièce-des-quarts, le bras *m*, que porte cette pièce, agit sur l'extrémité R du tout-ou-rien TR, dont l'ouverture *x*, à travers laquelle passe une *broche* fixée à la platine, permet que R parcoure un petit espace. Le bras *m* étant parvenu à l'extrémité R, celle-ci, pressée par le ressort *ix*, revient à son premier état ; de manière que le bras *m* pose sur le bout R, et que la pièce-des-quarts ne peut rétrograder, sans que le tout-ou-rien ait produit son effet. Le bras *u*, que porte la pièce-des-quarts, sert à renverser la levée *m*, *fig. 2*, dont la partie 1 passe dans la cadrature ; en sorte que lorsque les heures et les quarts sont répétés, la pièce-des-quarts continue encore à tourner, et le bras *u* renverse la pièce *m*, et met cette levée hors de prise du rochet, pendant tout le temps que le tout-ou-rien TR ne laissera pas rétrograder la pièce-des-quarts ; ce qui n'arrivera que dès qu'on aura poussé le poussoir assez fortement, pour que le bras *b* de la crémaillère, pressant suffisamment le limaçon, fasse écarter l'extrémité R du tout-ou-rien ; alors, seulement la pièce-des-quarts rétrogradera, dégagera les levées, et les marteaux frapperont le nombre d'heures et de quarts déterminé par les limaçons L et N.

On voit, d'après l'explication que nous avons essayé de donner de cette ingénieuse partie de la répétition, qu'il faut que la montre répète l'heure et les quarts justes déterminés par les limaçons, et par conséquent par les aiguilles, ou bien qu'elle ne répète point du tout. C'est par cette raison qu'on a appelé *tout-ou-rien* cette partie du méchanisme de la répétition.

La *figure 3* représente la chaussée portant le limaçon des quarts N, vue en perspective. Le limaçon N est fixé sur le canon *c* de chaussée, dont l'extrémité *d* porte l'aiguille des minutes. Ce limaçon porte une pièce S, qu'on appelle la *surprise*, dont l'effet est d'assurer les effets de la pièce-des-quarts, au moment où l'aiguille des minutes est à soixante minutes, et où l'étoile fait changer d'heure au limaçon. Pour cet effet, la surprise porte la cheville O, qui sert à faire tourner l'étoile E, maintenue par le sautoir, ou valet à ressort S, *fig. 1*. Lorsqu'une dent de l'étoile est arrivée à l'angle du sautoir, celui-ci, en redescendant, fait avancer encore l'étoile, dont une dent pousse subitement la cheville O, et fait avancer la partie Z de la surprise ; en sorte que le bras Q de la pièce-des-quarts vient poser sur cette partie ; ce qui empêche la pièce-des-quarts de descendre dans le degré 3, ainsi que cela eût pu arriver, si l'on eût en ce moment fait répéter : or, ici elle sonne seulement l'heure, telle qu'elle est indiquée par les aiguilles.

PLANCHE VI, fig. 4, 5, 6, 7. Les montres à réveil sont

XIII.
Explication des

des machines construites de telle sorte, qu'à une heure et un moment donné, un marteau frappe fortement sur un timbre par des coups précipités ; ce qui produit un bruit propre à éveiller la personne qui a le plus dur sommeil. Ce marteau est mis en mouvement par l'action d'un ressort moteur, qui fait tourner un rouage particulier dont une des roues fait échappement avec ce marteau.

Lorsque l'on veut que le réveil agisse, on commence par remonter son ressort, et on fait tourner le cadran A, *fig. 4*, jusqu'à ce que l'heure à laquelle on veut s'éveiller, se trouve sous la pointe E de l'aiguille des heures ; et la montre continuant de marcher, le réveil produit son effet, au moment où l'aiguille des heures est parvenue sur le grand cadran, à l'heure marquée par le petit bout de la même aiguille sur le petit cadran du réveil. Nous allons décrire ce méchanisme.

La *figure 5* de la *planche VI* représente les parties tant de la montre que du réveil, qui sont contenues dans la cage, dont TT est la platine des piliers : B est le tambour ou barillet du *mouvement* de la montre ; A, la roue de fusée ; F, la fusée ; S, la chaîne ; Q, le crochet qui arrête contre le garde-chaîne, porté par la seconde platine ; C, la grande roue moyenne ; D, la petite roue moyenne ; E, la roue de champ.

La roue G est la première roue du rouage du réveil ; N, le rochet d'encliquetage ; *m*, l'arbre qui porte le crochet pour contenir et bander le ressort moteur du réveil, placé dans un barillet attaché à la seconde platine de la montre. La roue G engrène dans le pignon *g*, qui porte la seconde roue *n* du rouage du réveil. Cette roue *n* engrène dans le pignon *h*. LMM est le marteau du réveil, mobile en I.

TT, *fig. 6*, représente le dehors de la platine des piliers, vue en dedans, *fig. 5*. C'est sur le dehors de cette platine qu'est placée la principale partie du méchanisme du réveil.

La pièce ou doigt A est portée carrément par le pivot prolongé de l'axe ou arbre de la première roue du rouage du réveil. Ce carré sert à remonter le ressort moteur du réveil. La dent portée par la pièce A, sert à régler le nombre de tours dont on doit remonter le ressort : pour cet effet, cette dent agit sur la petite roue F, qui porte trois dents qui n'occupent que la moitié de sa circonférence. Lorsque la dent a fait avancer ces dents, soit lorsqu'on remonte, ou que le ressort, en se développant, fait rétrograder la roue F, la dent va poser sur la circonférence non dentée ; ce qui arrête l'effort du remontage ou l'action du ressort qui se débande.

La roue *n*, *fig. 6,* est la seconde roue du rouage du réveil ; c'est la même représentée, *fig. 5 :* mais elle est placée en dehors de la platine, *fig. 6,* et maintenue par le pont H, ainsi que le rochet R, fixé sur l'axe du pignon *f*, *fig. 5.*

Les dents du rochet R d'échappement, *fig. 6,* agissent alternativement sur les leviers *a*, *b*, qui se communiquent le mouvement réciproquement, au moyen des dents que portent ces leviers. Le levier *a* est fixé et mis carrément sur le pivot prolongé *p* de l'axe du marteau du réveil : l'autre levier *b* se meut sur une broche fixée à la platine. Ces deux leviers forment donc, avec le rochet R, l'échappement qui fait agir le marteau du réveil. Voyons maintenant comment l'action du moteur et du rouage demeure suspendue, lorsque le ressort est remonté, jusqu'au moment indiqué par le petit cadran, et pris à volonté.

Le levier *b*, *fig. 6,* porte un bras ayant une partie angulaire 1, 2, dans laquelle entre l'angle *d*, formé sur le bras de la détente *df*4, mobile en *f*. Le bras *f*4 vient poser sur une plaque *p,* fixée sur un canon qui entre à frottement sur celui de la roue C, qui est celle des heures ; cette plaque *p* fait donc un tour en douze heures.

Pendant tout le temps que le bout 4 du bras *f*4 de la détente appuie sur le bord de la plaque *p*, les leviers *a*, *b*, étant retenus par l'angle ou talon *d* de cette détente, ne peuvent tourner ni le marteau frapper : ce n'est qu'au moment où l'entaille *o* de cette plaque se présente sous le bras 4, que le réveil peut produire son effet, car aussitôt le talon *d* de la détente s'éloigne de la partie angulaire 1, 2, tant par l'effet de ces talus, que par celui du ressort *q*, qui agit sur la détente.

Le bras *x* du levier *b*, sert à empêcher le marteau d'approcher trop près du timbre. La fourchette P, sur laquelle agit le bras *x*, fait ressort ; ce qui ramène le marteau aussitôt qu'il a frappé sur le timbre.

Le ressort *h* est celui qui fait la fermeture du mouvement dans la boîte : 5 est un cliquet, qui, avec le rochet D, retient le ressort moteur du mouvement à la bande convenable.

C est la roue de cadran, dont le canon porte l'aiguille des heures. R est la roue de renvoi, qui engrène dans le pignon de chaussée : le pignon de cette roue engrène dans la roue C des heures.

La *figure 7* représente le marteau IMM du réveil.

XIV.
Explication de la figure représentant une sonnerie d'heures et de quarts, répétant à volonté, et adaptée à une montre portative [a].

PLANCHE VI, *figure 8*. A, B sont deux crémaillères fixées ensemble, et mobiles en *a*. La crémaillère A sert à faire frapper les marteaux dont *b* et *c* sont les bascules ou levées : la disposition des deux marteaux est semblable à celle des montres à répétition ordinaire ; *d* est une double palette qui est portée fixement par l'axe d'une roue du rouage de sonnerie. La vîtesse de cette roue doit être telle, qu'à chaque tour qu'elle fait, le grand marteau des heures puisse frapper deux coups ni trop prompts ni trop lents ; ce qui dépend du nombre des dents du rouage,

[a] *Essai sur l'Horlogerie*, N.º 541.

que

que je n'ai pas cru devoir faire graver, sa disposition étant très-facile. Cette double palette est le moteur de la crémaillère B; et par conséquent, c'est la force qu'elle reçoit du ressort moteur de la sonnerie, qui donne le mouvement et fait frapper les marteaux.

Lorsqu'on presse le poussoir C, son action sur le levier D E oblige le bras F de ce levier d'écarter le petit bras x, ainsi que l'espèce de cliquet $x\,r$, dont le bout retient la crémaillère B, et l'empêche de descendre : mais, pendant qu'on pousse le poussoir, le levier E parcourt un grand espace ; et, en écartant le cliquet, il donne le temps à la crémaillère de descendre : la crémaillère étant pressée par le ressort f, le bout du bras qu'elle porte va poser sur le limaçon des heures, qui arrête son mouvement ; ce limaçon est porté par l'étoile G. Pendant que le cliquet reste écarté par le bras F, le second bras M qu'il porte, et qui passe à travers la platine, va arrêter la cheville d'une roue de sonnerie, ce qui empêche le rouage de tourner : mais dès que l'on cesse d'appuyer sur le poussoir, le bras d'arrêt M, porté par le cliquet, dégage la sonnerie ; la palette d, en tournant, fait frapper par la crémaillère A le nombre d'heures qui est donné par le limaçon; et la crémaillère B, en remontant, porte une cheville qui vient presser la pièce-des-quarts $l\,m\,o$, mobile en m, et dont le bras n porte un talon qui, passant à travers la platine, va se présenter à une cheville portée par une roue de sonnerie, et arrête le rouage aussitôt que les heures et les quarts sont frappés.

Le limaçon des quarts c règle, par ses enfoncemens ou degrés, le nombre de coups que les marteaux doivent frapper, au moyen du bras o de la pièce-des-quarts, qui va poser sur un de ces degrés lorsque la pièce sonne. Si la pièce-des-quarts pose sur le pas le plus élevé du limaçon c, la cheville de la crémaillère B ira poser sur le bout du bras l; alors elle ne sonnera pas de quart, parce que la crémaillère s'arrêtera immédiatement après qu'elle aura sonné l'heure par le mouvement du bras *n* de la pièce-des-quarts, qui arrêtera le rouage. Si, au contraire, la pièce des quarts descend sur le premier degré du limaçon *c,* la cheville de la crémaillère viendra poser contre l'entaille 1 : ainsi, après que les heures seront sonnées, la crémaillère avancera encore, et celle A fera sonner un quart, et ainsi de suite, lorsqu'on fait agir la répétition. Voyons maintenant comment la montre sonne d'elle-même.

Le limaçon *c* des quarts porte quatre chevilles qui servent à faire agir la détente à *fouet p q,* pour faire sonner les heures et les quarts : cette détente est *brisée* dans son centre Z, afin que, lorsqu'une des chevilles du limaçon abandonne le bras *p* de cette détente, celui-ci étant arrêté par une pièce de la platine, le bras *q* parcoure un grand espace en continuant à se mouvoir, et, en écartant le cliquet M au moyen de la cheville *r* contre laquelle le fouet *q* agira, donne le temps à la crémaillère de descendre sûrement. Lorsque le contre-coup de cette pièce a produit son effet, c'est-à-dire, que le bras *q* a parcouru un espace qui a consumé toute sa force de mouvement, le petit ressort que ce bras porte sert à le ramener.

Pour que la montre ne sonne que les quarts seulement à chaque quart, la crémaillère porte une cheville qui vient s'arrêter contre le talon *s* de la détente *s t* V, mobile en V ; en sorte que la crémaillère ne descend que de la quantité requise pour sonner les quarts et pour dégager la pièce-des-quarts *l m o :* mais lorsque l'heure doit sonner, une cheville du limaçon des quarts, laquelle est plus écartée du centre, agit en *t* de la détente *t s,* et l'écarte, de sorte que la cheville de la crémaillère passe à côté du talon *s,* et que son bras va poser sur le limaçon des heures.

Le même effet que l'on vient d'expliquer, est produit lorsqu'on fait répéter la montre. En pressant le poussoir, le bras I de la pièce D E agit sur le bras V de la pièce *s t*, ce qui écarte le talon *s*, de sorte que la cheville de la crémaillère passe à côté, et que le bras de celle-ci va poser sur le limaçon des heures.

Lorsque la crémaillère B descend sur le limaçon, les dents de la crémaillère A font rétrograder les levées *b* et *e* de la même manière que cela s'opère dans les répétitions ordinaires.

Lorsque l'on veut que la montre sonne d'elle-même les heures et les quarts à chaque quart, il faut écarter la pièce V *t s* par le moyen d'une détente attachée à la *bâte*, et qui n'est pas ici représentée ; par ce moyen, la crémaillère descendra toujours librement sur le limaçon des heures.

Les palettes de la pièce *d* doivent être formées par des courbes, afin que l'action du rouage s'exerce d'une manière uniforme sur les crémaillères.

CHAPITRE X.

De la Mesure naturelle du temps. — Le temps, mesuré par les révolutions du Soleil, est variable. — Les Horloges ne peuvent mesurer qu'un temps égal. — Du temps vrai et du temps moyen. — De l'Équation du temps.

Dès la première application du pendule aux horloges, ces machines acquirent déjà assez d'exactitude pour mesurer un temps égal, et servir aux observations astronomiques. Ce fut à-peu-près vers les mêmes temps que l'Astronomie se perfectionna, et que l'on reconnut la nécessité d'employer chaque jour l'équation du temps inégal du Soleil, découverte par HIPPARQUE[a]. Si cette équation n'avoit pas été connue, les horloges à pendule l'auroient manifestée.

Avant de parler des horloges appelées *à équation*, il est nécessaire de donner des notions des deux temps reconnus par les Astronomes.

I.
Cause de l'inégalité du temps mesuré par le Soleil.

« L'INÉGALITÉ[b] du Soleil conduisit HIPPARQUE à une découverte importante ; c'est celle de l'inégalité des jours : l'une, en effet, résulte de l'autre. Un jour artificiel de vingt-quatre heures est l'intervalle de temps écoulé entre un midi, ou le passage du Soleil au méridien, et le midi suivant : mais, dans cet intervalle, le Soleil s'est avancé, par son mouvement propre, d'un degré vers l'orient ; de sorte que pendant la durée d'un jour, les trois

[a] *Hist. de l'Astr. mod.* Tome II, page 263.
[b] *Ibid.* Tome I, page 90.

cent soixante degrés de l'écliptique passent au méridien, plus ce degré dont le Soleil s'est avancé. Il n'y auroit point d'inégalité à cet égard, si le mouvement du Soleil étoit toujours le même : mais il varie depuis 57′ jusqu'à 61′ ; et ces quatre minutes de différence rendent les jours inégaux. Ce n'est pas tout. Le temps du jour se compte par la révolution diurne autour des pôles de l'équateur : le mouvement du Soleil a lieu dans l'écliptique ; et il résulte de l'obliquité de ces deux cercles, qu'à des parties égales sur l'écliptique, répondent des parties inégales sur l'équateur. Quand le Soleil s'avanceroit tous les jours uniformément d'un degré, ce degré répondroit sur l'équateur à des parties tantôt plus grandes, tantôt plus petites; d'où naît une nouvelle différence dans la longueur des jours. Ces inégalités, en s'accumulant, forment ce que nous appelons aujourd'hui l'*Équation du temps*, c'est-à-dire, la différence du temps vrai au temps moyen ; du temps marqué par le Soleil, au temps marqué par une horloge bien réglée et qui marche d'un mouvement toujours égal et uniforme.»

« Flamsteed [a] n'avoit pas encore vingt-six ans, qu'il s'avança pour mettre d'accord les Astronomes, et pour prononcer sur une question importante, celle de l'équation du temps. L'intervalle écoulé d'un midi à l'autre, la durée d'un jour est inégale : Hipparque s'en étoit aperçu ; mais cette vérité étoit restée presque sans usage depuis dix-huit siècles. Dominique Cassini lui-même ne jugea pas à propos de l'employer dans ses premières Tables des Satellites, en 1666, parce que les Astronomes n'étoient pas d'accord. Ce partage étoit scandaleux : comment pouvoient-ils être divisés sur une chose dont les principes sont évidens, et ont été connus et annoncés par les plus anciens Astronomes, Hipparque et Ptolomée?

[a] *Hist. de l'Astr. mod.* Tome II, page 427.

» Une décision étoit d'autant plus pressante, que toutes les parties de l'Astronomie marchoient vers une exactitude nouvelle, et que la connoissance certaine du temps est indispensable pour dater les observations, et pour calculer leurs intervalles. Nous mesurons tout par des portions de jour, par des jours, ou par des années.

» On est convenu de prendre pour mesure commune, les jours moyens entre les jours inégaux, les jours que le Soleil fait avec sa vîtesse moyenne. Ce sont ces jours, c'est le temps qui auroit lieu, si le Soleil, parti pour commencer l'année, marchoit toujours d'un pas égal, et accomplissoit sa révolution avec uniformité ; c'est le temps que marquent nos horloges, qui tiennent cette uniformité du principe de leur construction, et qui n'ont que les irrégularités nées de l'imperfection de la pratique. Mais ce temps n'est plus celui du Soleil ; les époques, les dates du calcul ne se rencontrent plus avec le temps du ciel ; les phénomènes annoncés arriveront ou plutôt ou plus tard. Une éclipse est marquée pour midi de ce temps moyen : si elle tombe dans les jours que le Soleil fait plus longs, cet astre ne sera pas encore arrivé au méridien ; l'horloge marquera midi, mais il ne sera pas encore midi dans le ciel. Ici naît la considération de deux temps différens, le *temps moyen*, le *temps fictif*, qui est notre ouvrage, qui nous sert de règle, et que nous retrouvons toujours sur nos horloges ; le *temps apparent*, ou le *temps vrai*, qui est celui du Soleil et de tous les astres [a], et le seul qui soit manifesté par la grande horloge céleste.

» L'équation du temps, est chaque jour de l'année, la différence de ces deux temps ; elle sert à passer de la connoissance de l'un à celle de l'autre : elle étoit d'une nécessité habituelle pour les Astronomes ; et les uns ne s'en servoient pas : sa quantité précise

[a] Les étoiles fixes doivent être exceptées ; elles mesurent un temps égal.

est nécessaire pour décider le vrai moment des observations, l'intervalle véritable des phénomènes ; et les autres en employoient une fausse. La partie de l'équation du temps qui naît de l'inégalité du Soleil, est de $7'\ 56''$; celle qui naît de l'obliquité de l'écliptique, de $9'\ 55''$; et leur combinaison peut produire une différence de $16'\ 14''$. L'Académie des sciences de Paris avoit senti, dès 1670, la nécessité d'employer l'équation du temps, et d'en déterminer la quantité. Après en avoir examiné les principes, D. Cassini s'en occupa en 1678 : il compara les opinions des Anciens à celles des Modernes, et prononça en faveur des Anciens. Mais si nous rappelons ces faits, pour montrer que l'Académie et Cassini n'avoient pas oublié la considération d'un élément si important, cette détermination n'en appartient pas moins uniquement à Flamsteed ; c'est lui qui a publié le premier, en 1672, les idées saines qu'on devoit avoir sur ce point d'Astronomie ; c'est son écrit qui a été la première règle, et l'époque de l'usage non interrompu de l'équation ; c'est donc à lui qu'est due la gloire de cette *restauration :* nous employons ce mot, parce que Flamsteed n'a réellement rien produit de nouveau ; les deux causes avoient été indiquées par Hipparque [a] ».

« Le *temps moyen,* égal ou uniforme [b], est proprement celui des Astronomes ; car le *temps vrai* ou apparent leur est indifférent et inutile ; ils ne l'observent que parce qu'il sert à trouver le temps moyen : en effet, celui-ci est l'objet ou le but qu'ils se proposent. Le temps vrai est facile à observer, parce qu'il est marqué immédiatement par le Soleil que nous voyons ; mais ce n'est pas un temps propre à servir d'échelle de numération, car il est de l'essence d'une pareille échelle d'être toujours constante,

II.
Avantage du temps moyen.

[a] *Hist. de l'Astr. mod.* Tome II, page 430.
[b] *Astronom. de Lalande,* Tome I, N.° 973.

uniforme et égale. Toutes les révolutions célestes, toutes les époques en temps, tous les intervalles de temps que l'on trouve dans nos tables astronomiques, sont toujours en temps moyen. On ne peut faire avec les tables astronomiques aucun calcul, si ce n'est pour des temps moyens; et si l'on n'a que le temps vrai donné, il faut commencer par chercher le temps moyen qui lui répond.....

» La table même de l'équation du temps, qui renferme la différence entre le temps moyen et le temps vrai, donne cette différence en temps moyen, et ne pourroit la donner autrement. En effet, si nous concevons le Soleil vrai et le Soleil moyen éloignés l'un de l'autre de 4 degrés, en sorte qu'il doive s'écouler plus d'un quart d'heure de différence entre leur passage au méridien, cet espace d'un quart d'heure doit se compter comme tous les autres temps de nos tables, sur la même horloge et sur la même échelle que toutes les révolutions et toutes les durées des mouvemens célestes ; il doit donc se compter en minutes de temps moyen.....

» Il faut considérer, à la vérité, le temps vrai comme étant le seul que nous puissions observer, parce que nous ne voyons que le Soleil vrai auquel se rapporte le temps vrai ; mais, d'ailleurs, il ne doit jamais être employé ni servir à compter aucun intervalle de temps, si ce n'est pour parvenir à trouver par son secours le temps moyen : celui-ci est le seul dont on doit faire usage ; c'est la véritable mesure de la durée. Voilà pourquoi NEWTON et d'autres auteurs célèbres ont appelé *temps vrai*, celui que nous nommons *temps moyen :* cette dénomination n'étoit pas sans fondement, puisque le temps moyen est la vraie échelle dont on doit se servir dans la mesure générale du temps ; dans ce cas, on appeloit *temps apparent* celui que nous nommons en France le temps vrai, et le temps moyen
                                                                    s'appeloit

s'appeloit *temps égal* : cependant il paroît actuellement que presque tout le monde s'accorde à employer les noms de *temps vrai* ou *apparent* dans le sens que nous venons de leur donner ».

Le temps égal ou temps moyen est également d'un usage indispensable pour les Navigateurs.

« On est convenu, dit M. DE FLEURIEU[a], que les heures solaires seroient la mesure du temps : ce choix étoit naturel, parce que le Soleil étant l'objet le plus éclatant de l'univers, les hommes, dans tous les siècles, ont dû rapporter la mesure du temps à son mouvement.

» On emploie des horloges pour mesurer le temps ; mais on ne doit exiger de ces machines qu'un mouvement uniforme. Il faut donc distinguer deux sortes de jours ou de temps : le premier , un jour ou *temps vrai* ou apparent (c'est celui qui est déterminé par l'intervalle entre l'instant du passage *réel* du Soleil au méridien et l'instant de son retour *réel*) ; le second, un jour ou *temps moyen* (et c'est l'intervalle d'un midi à l'autre , tel qu'on l'observeroit tous les jours, si les durées de la révolution du Soleil étoient égales).

» Le *temps moyen* est celui que doivent marquer les horloges qui sont bien réglées : le *temps vrai* est celui qu'on déduit des observations du Soleil, et qu'un bon cadran doit marquer. »

« Le temps vrai, dit PINGRÉ[b], est le seul qu'on puisse observer ; mais il est mesuré, comme nous l'avons dit, par le mouvement inégal du Soleil, et on ne l'observe que pour trouver le *temps moyen* ou uniforme , le seul dont on puisse faire usage.

» Le temps vrai est déterminé par le mouvement diurne du

---

[a] *Voyage fait en 1768 et 1769 ,* Tome II , pages 409 — 411.
[b] *Voyage de MM. Verdun , Borda* et *Pingré, en 1771 et 1772 ,* Tome II, page 404.

Soleil : le temps écoulé entre le passage de cet astre au méridien et son retour le lendemain au même méridien, forme un jour vrai divisé en vingt-quatre heures vraies : les jours vrais ne sont pas égaux, parce que le mouvement du Soleil n'est point égal. Les jours vrais en décembre sont d'environ 50 secondes plus longs qu'en mars ou en septembre. Le mouvement d'une excellente horloge est, au contraire, parfaitement égal ; donc il ne peut suivre exactement celui du Soleil. Si les causes de l'inégalité du Soleil étoient anéanties , le mouvement de cet astre mesureroit un temps toujours égal à lui-même : ce temps toujours égal, est ce que nous appelons *temps moyen ;* c'est celui que doit marquer une bonne horloge , réglée sur le mouvement moyen ou supposé égal du Soleil.

» Puisque les observations font connoître le temps vrai, et que les horloges ne peuvent suivre que le temps moyen, il est clair que, pour comparer les horloges aux observations, il faut réduire à une même espèce de temps celui qui est donné tant par les observations que par les horloges : l'usage ordinaire est de réduire au temps moyen le temps vrai donné par les observations.»

La connoissance du rapport du temps moyen au temps vrai est donc nécessaire pour régler les horloges à pendule et les horloges marines sur le mouvement moyen du Soleil ; et elle est indispensable pour l'usage des tables astronomiques , parce que ces tables ne pouvant être disposées que pour des temps égaux et uniformes, c'est toujours le temps moyen qu'il faut employer, lorsqu'on veut calculer le lieu d'une planète. Enfin, la table du *temps moyen* au *midi vrai* devroit servir en tout temps et à tous les amateurs de la précision, *parce qu'on devroit se passer du temps vrai, et n'employer même dans la société que le temps moyen*[a].

---

[a] *Connoissance des temps* à l'usage des Astronomes et des Navigateurs, pour l'an VII , *page 187.*

L'ACTION de la pesanteur ou *gravitation*, est la cause qui produit les vibrations du pendule ; car, lorsque l'on a écarté le pendule de sa verticale, et qu'on l'abandonne à lui-même, la pesanteur le fait descendre ; et, avec la force qu'il a acquise, il remonte à la même hauteur de l'autre côté de la verticale : or, cette action de la pesanteur étant constamment la même dans le même lieu, il s'ensuit que le pendule *libre* fait toutes ses vibrations d'égale durée, tant qu'elles ont la même étendue. Cela bien établi, on conçoit aisément pourquoi l'horloge à laquelle le pendule est appliqué, doit mesurer un temps égal et uniforme ; car ce pendule étant mis en mouvement, l'office du moteur et du rouage consiste à restituer au pendule la force qu'il perd à chaque vibration, soit par la résistance qu'il éprouve de la part de l'air, soit par celle qu'oppose sa suspension. Or, le moteur étant un poids, ou un ressort égalisé par une fusée, il agit toujours avec la même force sur le rouage. L'action transmise au pendule est donc constamment la même ; ce *régulateur* fait donc des vibrations d'égale étendue, et par conséquent de même durée. Les roues, et les aiguilles qu'elles portent, vont en avançant par un mouvement égal, uniforme ; ainsi le temps qu'elles indiquent, est un temps de même nature que le temps moyen : d'où l'on peut conclure que les horloges à pendule ne peuvent diviser et marquer naturellement que le temps égal ou *temps moyen*, et que toutes les fois que l'on veut régler une telle horloge par le passage du Soleil au méridien, ou par l'heure d'un cadran solaire, il faut soustraire les variations du Soleil qui ont lieu à cette époque, telles qu'elles sont marquées dans nos *Tables de l'équation du temps*, et tenir compte de ces quantités pour obtenir le temps moyen. C'est par-là que l'on jugera si une horloge est réglée sur le moyen mouvement du Soleil.

Les mêmes principes et les mêmes raisonnemens sont applicables

III.

Les Horloges et les Montres ne peuvent mesurer naturellement qu'un temps égal, uniforme : le temps moyen,

Z 2

aux horloges et aux montres dont le régulateur est un balancier. On doit donc être bien certain que l'horloge ou la montre la plus parfaite, ne peut suivre que le temps égal, le temps moyen, et jamais la marche inégale et variable du Soleil.

On peut bien, à la vérité, par un méchanisme particulier, faire suivre aux horloges et aux montres les variations du Soleil; mais c'est par artifice, comme nous le verrons dans le Chapitre XI.

IV.
Dans l'usage de la mesure du temps pour le service public, le temps moyen est le seul qu'il soit convenable de suivre.

Nous avons vu, par ce qui précède, que les horloges dont se servent les Astronomes et les Navigateurs, dans l'usage continuel qu'ils font de la mesure du temps, sont toujours réglées sur le temps moyen, le seul qui leur est propre. Les Artistes horlogers un peu éclairés font de même usage du temps égal ou moyen pour les horloges ou montres : mais, malgré qu'en divers temps ces Artistes aient tenté de faire adopter ce même temps dans l'usage civil, le peuple, moins instruit, a persisté en France à régler les momens de son travail sur le temps vrai ou variable du Soleil. Nous rapportons ici les motifs que nous avions exposés autrefois[a].

Avant l'application du pendule aux horloges, l'art de la mesure du temps étoit trop imparfait, pour que, dans l'usage civil, il ne fût pas nécessaire de prendre le Soleil pour mesure du temps : mais depuis cette époque, cet art a acquis un tel degré de précision, que les Astronomes, les Navigateurs, et tous les Artistes assez éclairés, ne font usage du temps mesuré par le Soleil, que pour servir de terme de comparaison, afin de régler les horloges sur le temps moyen, et ramener de temps à autre l'heure de ces machines, à celle dont cet astre est la première mesure ; et la

[a] Dans une lettre écrite en 1754, à l'abbé *Raynal*, insérée dans le Mercure de novembre, et dans un court | Mémoire présenté à l'Institut national, l'an V [1797].

perfection de nos horloges est telle, qu'une horloge à secondes ordinaire étant une fois réglée sur le moyen mouvement du Soleil, et mise à l'ordre du temps moyen, on pourroit se dispenser de vérifier sa marche pendant une année entière, sans avoir à craindre d'erreur sensible pour tous les usages civils. « On fut donc en possession, dit le célèbre auteur de l'Astronomie moderne [a], d'une horloge (celle à pendule) susceptible de la plus grande exactitude. L'homme la fait mouvoir d'un mouvement plus égal que celui des astres. Dans l'usage de la vie, avec peu de soin, on doute à peine des minutes, lorsque les Anciens, avec leurs clepsydres, doutoient peut-être des heures : mais dans l'usage astronomique, en employant les corrections et les attentions nécessaires, on voit des horloges ne pas varier d'une seconde en deux mois, et de cinq secondes en un an [b]. »

A mesure que les horloges et les montres se sont perfectionnées, elles se sont extrêmement multipliées, même dans les campagnes ; en sorte que l'on fait peu d'usage des cadrans solaires, et seulement pour remettre ces machines à l'heure du Soleil, lorsqu'elles s'en sont écartées. C'est donc aujourd'hui un usage général, reçu dans la société, d'employer les horloges et les montres à la mesure du temps ; et c'est d'après la mesure naturelle du temps donné par ces machines, qu'il est le plus convenable de se régler. Or, cette mesure ne peut être qu'un temps égal ou uniforme, le temps moyen ; par-là, on aura constamment des jours de même durée, que toutes les horloges s'accorderont à marquer.

La mesure du temps par les horloges, est, dans tous les instans de la vie, en notre puissance, la nuit comme lorsque le Soleil

[a] Tome II, page 263.

[b] La justesse attribuée ici aux horloges, est citée dans l'*Astronomie de Lalande*, article 2465. Nous pensons qu'il est permis de douter de cette extrême justesse ; et que les auteurs de ces horloges seroient fort embarrassés s'ils étoient obligés d'en expliquer les causes. (*Note de l'éditeur*).

nous éclaire. Ces machines nous indiquent les parties presque indivisibles de la durée ; au lieu que les astres n'ont que des époques éloignées, la plus courte étant d'un jour. Le grand cadran céleste exige des instrumens et des observations : le midi même au Soleil en exige, si on veut l'obtenir avec précision ; et ces astres, on ne peut pas toujours les observer ; de fréquens nuages nous les dérobent ; en hiver sur-tout on voit rarement le Soleil.

CHAPITRE XI.

Des Horloges et des Montres qui marquent l'Équation du temps [le temps égal et le temps vrai.] — Horloge à secondes et à équation, marquant les mois, leur quantième ; les quantièmes et les phases de la Lune, le lieu du Soleil, &c.

LES HORLOGES et les montres ne peuvent diviser et marquer naturellement que le temps égal, uniforme, appelé *temps moyen ;* tandis que le Soleil, qui est notre règle, et l'astre le plus facile à observer, ne mesure, par ses révolutions journalières, qu'un temps inégal, mais dont l'inégalité se répète tous les ans aux mêmes époques, sensiblement de la même manière. On a donc cherché à inventer un méchanisme qui, appliqué à l'horloge, imitât et suivît les variations reconnues dans le mouvement du Soleil. C'est à cette espèce d'horloge que l'on a donné le nom d'*Horloge à équation* ou de *Montre à équation.* Ces machines sont disposées de manière que l'aiguille ordinaire des minutes, marque le temps égal ou *naturel* de l'horloge ; pendant qu'une seconde aiguille des minutes, adaptée à cet effet à l'horloge, indique le *temps vrai* ou *apparent* du Soleil. Ainsi une telle machine indique à chaque instant la différence du temps vrai au temps moyen, marquée par les *Tables d'équation* que les Astronomes ont dressées de ces différences.

Si l'horloge est tellement réglée, que la première aiguille suive le temps moyen, celle du temps vrai, d'après la méchanique [a]

I.
Invention des Horloges qui marquent l'équation du temps.

---

[a] L'explication que l'on trouvera à la fin de ce Chapitre, servira à faire entendre les effets du méchanisme de l'équation ajouté aux horloges.

ajoutée, devra chaque jour être d'accord avec le midi du Soleil ; tandis que l'aiguille du temps moyen pourra, dans certains temps de l'année, être de 1 5′ en avance sur celle du temps vrai, et, en d'autres temps, de 1 6′ en retard sur cette même aiguille, conformément aux quantités données par la Table de l'équation du temps, insérée dans la Connoissance des temps.

La plus ancienne horloge à équation qui soit parvenue à notre connoissance, est celle qui étoit placée dans le cabinet du roi d'Espagne, Charles II, et dont il est parlé à la suite de la *Règle artificielle du temps*, de Sully (édition de 1717). Voici comment cela est rapporté[a] :

II.
La première Horloge à équation fut construite à Londres.

« Ce que M. le B. de Leibnitz a dit (dans ses remarques à la suite du livre de Sully) : Si une montre ou pendule faisoit d'elle-même la réduction du temps égal à l'apparent, que ce seroit une chose belle et bien commode ; à ce sujet, j'ai à vous dire que, dans les années 1699 et 1700, il s'est trouvé dans le cabinet du roi Charles II, de glorieuse mémoire, roi d'Espagne, une horloge avec une pendule royale (un pendule à secondes), faite à poids et non à ressort, de quatre cents jours de mouvement, à monter une seule fois. J'ai, par ordre de sa Majesté, et en sa présence, vu et expliqué les instructions qui étoient venues de Londres avec des montres, qui contenoient beaucoup de choses curieuses. J'ai eu ordre d'aller toujours au palais pendant plusieurs mois, pour observer ladite horloge, et la comparer avec le cadran solaire. J'ai donc remarqué qu'elle démontroit l'équation du temps *égal* et *apparent*, exactement selon les Tables de Flamsteed, qui se trouvent de même dans les Tables Rudolfines, &c.... »

[a] Extrait de la lettre du R. P. *Kresa*, S. J., écrite à M. *Williamson*, horloger du cabinet de sa Majesté Impériale, du 9 janvier 1715.

SULLY,

SULLY, à la suite de la lettre dont on vient de voir l'extrait, y répond de la manière suivante *(page 9)* :

« Ce que le Rév. P. KRESA rapporte de l'horloge du feu roi d'Espagne est bien vrai. Il y a plus de vingt ans qu'on a fait de ces horloges à Londres, et je crois être le premier qui ait appliqué ce même mouvement (de l'équation) à une montre de poche, il y a douze à quatorze ans.

» Il y a deux manières de faire suivre le temps du Soleil aux horloges.

» L'UNE EST celle dont les vibrations du pendule sont réglées sur le temps *égal* ou moyen, et dont la réduction du temps égal à l'apparent, est faite par le mouvement particulier d'une seconde aiguille de minutes sur le cadran : et c'est de cette manière qu'est faite l'horloge du roi d'Espagne, et toutes les autres qu'on a faites jusqu'ici, et qu'on appelle en Angleterre *Pendules d'équation*.

> III.
> Horloge à Équation par deux aiguilles.

» LA SECONDE manière, qui est celle que j'entends, et qui n'a pas encore été exécutée, que je sache, est par un pendule dont les vibrations seroient réglées sur le temps *apparent*, et qui par conséquent seroient inégales entre elles : cette horloge ayant son cadran à l'ordinaire, ses aiguilles d'heures, de minutes et de secondes, seroient toujours d'accord, et montreroient uniquement et précisément le temps apparent, comme il est mesuré par le Soleil.

> IV.
> Projet d'Horloge à temps apparent, par *Sully*.

» L'exécution de cette seconde manière est bien plus difficile que la première; car, comme les parties du temps *apparent* sont inégales entre elles, et que les vibrations mêmes du pendule doivent se conformer à ces inégalités, on s'oblige, par cette sorte de construction, de démontrer sur l'horloge ce qui arrive dans la nature, savoir, que non-seulement les jours, mais que les heures, les minutes, &c. qui succèdent les unes aux autres, sont inégales entre elles, et que ces inégalités même suivent encore des variations qui ne reviennent à leur période qu'au bout de l'année. »

Dès la fin du siècle dernier, et au commencement de celui-ci, les Artistes français s'occupèrent des moyens d'ajouter aux horloges un méchanisme propre à faire marquer par ces horloges les variations du Soleil. Nous plaçons ici les dates de ces recherches, telles qu'elles ont été consignées dans les Mémoires de l'Académie des sciences de Paris, et qu'elles sont rapportées dans le Traité des horloges du P. ALEXANDRE.

V.
Projet d'Horloge à temps apparent, présenté à l'Académie des Sciences, en 1698, par le P. Alexandre.

« LE 12 avril 1698, M. DE VARIGNON a lu à l'assemblée de l'Académie royale des sciences, le projet d'une pendule à mouvement apparent, du R. P. D. ALEXANDRE, religieux bénédictin de la congrégation de S. Maur, lequel a paru à la compagnie ingénieux et bien imaginé; de quoi j'ai donné ce présent certificat. A Paris, ce 13 avril 1698. Ainsi signé: FONTENELLE, *secrétaire de l'Académie des sciences*[a]. »

VI.
Horloge d'équation à cadran de minutes mobile, par M. *le Bon*, horloger à Paris, 2 août 1717.

» JE VIENS, dit M. LE BON[b], de mettre au jour un des plus beaux ouvrages qu'il y ait jamais eu, et approuvé de toute l'Académie des sciences. C'est une pendule qui marque le temps apparent et l'équation du Soleil, telle qu'elle est marquée dans la Connoissance des temps, seconde pour seconde, et enfin se

[a] Ce certificat est ainsi rapporté, *Traité des Horloges* du P. *Alexandre*, page 144; mais ce certificat ne dit pas par quel moyen l'auteur prétend remplir ces effets; si c'étoit par le pendule, ainsi qu'on le voit dans son traité, publié en 1734, *Sully* l'avoit annoncé avant le P. *Alexandre*, dès 1716.

[b] *Traité des Horloges* du P. *Alexandre*, page 342, on trouve l'extrait d'une lettre de M. *le Bon*, écrite à M. *de Hautefeuille*, le 2 août 1717.

rapporte toujours avec le Soleil ». Et, *dans une lettre du 2 octobre 1717*, M. LE BON explique son ouvrage en ces termes : « J'ai deux cercles concentriques pour marquer les minutes, dont un est pour le temps égal de la pendule (celui-ci est fixe), et l'autre pour le temps apparent ou équation du Soleil. Le premier indique un temps régulier , et l'autre suit le mouvement du Soleil à la seconde par jour. Le changement de l'équation du Soleil se fait à midi par le cadran (mobile) des minutes, qui avance ou retarde suivant la table d'équation , et le cadran fixe sert à faire voir les différences du temps vrai au temps moyen ; et on a le plaisir de voir les changemens tels que la Connoissance des temps les donne pour chaque midi. J'oublie de vous dire qu'il y a deux cadrans pour les secondes, et deux pour marquer les heures, qui ont leur mouvement en raison de celui des minutes ; et le grand cadran marque toujours le mouvement apparent du Soleil par des aiguilles à l'ordinaire. »

« M. LE ROY, horloger dans la rue de Harlay, près du Palais, a présenté à l'Académie royale des sciences une nouvelle *pendule* qui marque le temps vrai, le lieu du Soleil et sa déclinaison. Cette pendule a été d'autant mieux reçue de MM. les Académiciens , que l'auteur a suivi l'hypothèse astronomique, et qu'il est le premier qui ait pu joindre l'art à la pratique. Elle a été présentée à M. le duc D'ORLÉANS, qui a souhaité de voir la méchanique de cet ouvrage. »

VII.
Horloge à équation, par M. *Julien le Roy* , 20 août 1717. [a]

Le P. ALEXANDRE, à la suite de cette annonce, fait l'observation suivante : « Ces deux ouvrages, dit-il, des sieurs LE BON et LE ROY, ne paroissent guère différens de la pendule qui a

[a] Extrait de la gazette d'Amsterdam , du 27 août 1717, article de Paris, le 20 août 1717.

Cet extrait est rapporté dans le *Traité des Horloges ,* du P. *Alexandre ,* page 343.

été trouvée dans le cabinet de CHARLES II, roi d'Espagne, dont a parlé M. SULLY, &c. Mais ces sortes d'ouvrages ont besoin d'une roue qui fasse un tour en un an astronomique, ce que ces messieurs n'ont pas fait encore : et comme ils n'ont employé qu'une roue qui fait un tour en 365 jours, comme ont fait tous les ouvriers qui les ont précédés, c'est près de 6 heures de défaut par an ; ce qui va toujours en augmentant. Il faut quelque chose de plus juste pour avancer que l'on a suivi l'hypothèse astronomique, comme fait M. LE ROY, &c. »

Dans le Traité du P. ALEXANDRE, on trouve encore, *page 363*, les annonces de plusieurs horloges à équation, l'une d'un curé de Saint-Cyr, en date du 30 novembre 1723, et deux constructions de M. THIOUT, horloger de Paris, en date du 25 avril 1724. Nous ne nous arrêterons pas à ces annonces, parce que leur méchanisme n'y est pas assez bien désigné : celles de M. THIOUT sont décrites dans son Traité, auquel nous renvoyons. Nous observerons, d'ailleurs, que les constructions rapportées par le P. ALEXANDRE ne sont pas les seules qui aient été faites sur le méchanisme de l'équation adaptée aux horloges, il y a même peu de parties des horloges sur lesquelles les Artistes se soient plus exercés. On trouve, dans les divers Traités d'horlogerie publiés depuis celui du P. ALEXANDRE, dans l'Encyclopédie, &c., plusieurs constructions du méchanisme de l'équation, et entre autres de MM. ENDERLIN, L'ADMIRAUD, PASSEMANT, RIVAZ, BERTHOUD, &c.

VIII.
Horloge à secondes, à équation, marquant le lever et le coucher du Soleil, les mois, leurs quantièmes perpetuels, &c., par *Enderlin*. [a]

« CETTE HORLOGE à pendule marque les heures et les minutes du *temps vrai*, et les minutes et les secondes du temps moyen : elle est représentée en plan, *fig. 1, planche VII* [b], qui fait

[a] *Traité* de *Thiout*, page 252, pl. XXV.

[b] C'est la pl. VII. de l'*Histoire de la mesure du temps*.

voir la face des cadrans : elle marque aussi les quantièmes du mois, sur une portion de cercle ABC, par une aiguille D. On a évidé concentriquement un demi-cercle, autour duquel est marqué le quantième de la Lune : ce quantième est marqué par un petit *index,* que la figure de la Lune porte : cette Lune, par son mouvement, marque aussi ses phases. Au-dessus de ces divisions, il y a des ouvertures à travers lesquelles on voit les mois de l'année, le lieu du Soleil dans le zodiaque, son lever et son coucher. L'année bissextile est aussi représentée dans une ouverture pratiquée dans l'intérieur du cadran.

» La *figure 2* représente la cadrature, composée d'une roue annuelle A, qui fait sa révolution en trois cent soixante-cinq jours six heures : elle porte une courbe d'équation B, dont le mouvement règle celui du rateau CDE, mobile au point D. La partie C appuie toujours sur les bords de cette courbe. L'autre extrémité E fait mouvoir, suivant l'inégalité de la courbe, le rouage FGH : ce rouage est mobile sur le centre de la roue de minute G; il est contenu sur une petite plaque, qui peut se mouvoir autour du point F. Les trois roues F, G, H, sont de même diamètre et de même nombre de dents. Le canon de la roue de minute G, porte l'aiguille du temps vrai. Une seconde roue I, placée dessous, porte un canon qui traverse celui de la première G : c'est ce canon qui porte l'aiguille des minutes du temps moyen. La roue I engrène dans une seconde roue K, double en nombre et en diamètre de la roue I. La roue K fait mouvoir une troisième roue L, fixée sur celle H, sous laquelle elle est placée : celle-ci fait tourner la roue F, qui fait aussi mouvoir la roue G suivant l'équation. Sur le centre I, on place la roue de cadran, laquelle marque les heures du temps vrai, suivant le mouvement qui lui est communiqué par le pignon F.

» Le rateau E engrène dans les dents d'une roue placée au-dessous de celle K, et concentriquement : cette roue N, qui ne peut être vue, porte une rainure, dans laquelle s'enveloppe la chaîne 15 O : la pièce O est un barillet qui contient un ressort, qui tire toujours cette roue N pour faire appuyer le bras C du rateau sur le bord de la courbe B. La roue N, dans laquelle engrène le rateau, porte un bras sur lequel sont placées les deux roues L, H. Ces roues sont portées alternativement autour du centre F, par le mouvement du rateau imprimé par la courbe, et vont tantôt de H vers E, ou de E vers H, suivant les enfon-cemens ou les élévations de la courbe B ; de telle sorte que la roue de minute G va tantôt en avançant, et tantôt en retardant, sur la roue du temps moyen, mouvement qui imite parfaitement les inégalités du temps vrai.

» Le principe du mouvement de la roue annuelle et des quan-tièmes est dans le barillet de la sonnerie dont la roue engrène dans une roue dont l'arbre porte la roue Q : celle-ci engrène dans la roue R, placée horizontalement. L'arbre de la roue R porte une vis sans fin S, qui engrène et fait mouvoir la roue annuelle A. La tige de cette vis est brisée à l'endroit T par un genou. A l'extrémité de cet arbre, est une seconde roue *a* posée sur son champ, laquelle fait mouvoir deux autres roues : l'une est la roue V, qui porte une palette qui fait avancer d'une dent, par vingt-quatre heures, la roue de quantième X : l'autre roue, posée pareillement sur son champ, fait tourner une seconde vis sans fin Y, qui fait mouvoir la roue Z : cette roue est celle qui porte la figure de la Lune, et l'index qui marque son quantième. La roue Z est mobile sur l'arbre du rochet X, de manière qu'elle peut tourner indépendamment de ce rochet: elle fait son tour en vingt-neuf jours douze heures quarante-cinq minutes ; elle a quatre-vingt-dix dents.

» La roue de quantième X, qui porte l'aiguille D, *figure 1,* étant arrivée au dernier jour du mois , rétrograde de l'autre côté, pour recommencer à marquer le quantième du mois suivant. Voici les machines qui servent à produire cet effet.

» Le levier coudé, 3 , 5 , 6 , *fig. 2,* est mobile au centre 5 de la roue X. L'extrémité 6 porte un crochet , sur lequel passe la palette V. L'autre extrémité 3 s'appuie sur une cheville que porte le crochet de la détente 2, 7 , 8. Cette détente ou cliquet se dégage du rochet par le moyen d'un second levier coudé 8 , 9 , 10 , mobile au point 9 : il est porté par le rateau B , 9 , 11. Ce levier est mis en mouvement par des chevilles que porte la roue annuelle. Ces chevilles, qui sont au nombre de douze , détendent au bout de chaque mois en cette sorte.

» Une de ces chevilles venant à lever le bras 10 , quand il échappe , il renverse la détente 8 , 7 , 2. Le rochet X n'étant plus retenu , retourne et emporte avec lui l'aiguille des quantièmes du côté de la palette V , au moyen d'un petit ressort de montre placé à son centre : pendant ce temps , la palette V fait un demi-tour , et se représente pour passer sur l'extrémité 6 du levier coudé 3 , 5 , 6 ; ce qui fait dégager son autre extrémité 3 , qui retenoit le crochet ou cliquet 2 : ce crochet retombe ensuite dans les dents du rochet X , pour le retenir à mesure que la palette se meut et le fait avancer.

» J'ai déjà dit que la roue V fait sa révolution en vingt-quatre heures , et qu'au bout de ce temps elle fait avancer une dent du rochet X , et par conséquent une division du quantième. Venons présentement au mouvement de la pièce ponctuée 15 , 16 , 17 , qui marque les années bissextiles. Cette pièce, qui est placée sous les autres , est mobile au point 15 : elle porte un bras 18 , qui appuie sur un limaçon divisé en quatre parties; il est fixé au centre de l'étoile 20 , formée de huit pointes : cette étoile est retenue par un sautoir. Sur la pièce 15, 16, 17, sont écrits *1.re année, 2.e année, 3.e année, année bissextile.* La roue annuelle qui fait son tour en un an, fera passer tous les ans deux dents de cette étoile; ce qui se fait entre le dernier décembre et le 1.er janvier : l'étoile sautera encore à la fin de février, dans le même temps que la détente 8, 9, 10, échappera d'une cheville pour la première, la seconde, la troisième année, et pour l'année bissextile. Pour faire vingt-neuf jours au mois de février de l'année bissextile, elle sautera, avant le changement de mois, du demi-cercle, ou avant que la détente tombe; d'où il suit que l'étoile sera quatre ans à faire une révolution, puisqu'elle ne passe que deux dents à chaque année. Ce sont les différens enfoncemens du limaçon qui déterminent l'année qui doit paroître sur le cadran. Il faut observer de faire le plus grand degré du limaçon en plan incliné, afin qu'il puisse se dégager du talon 18, lorsque l'année bissextile est expirée ; par-là il ne se trouve point d'accrochement.

» Le chaperon qui est fixé à la roue Q doit être divisé en 24 heures, qui paroîtront successivement par une ouverture pratiquée sur le cadran, à l'endroit W, au-dessous de la 40.e minute, *fig. 1.* Ces divisions serviront à donner moyen de mettre la roue annuelle à l'heure, afin que le changement du jour du mois ne se fasse ni trop tôt ni trop tard : on fait tourner ce chaperon par une clef qui entre sur le carré de l'arbre. Il faut ménager un intervalle entre les roues I, G, afin d'y placer un petit ressort spiral, qui servira à éviter le jeu de l'aiguille du temps vrai, causé par celui des engrenages. Il faut prendre garde aussi que la courbe ne puisse toucher aux roues H, L, lorsqu'elles approchent de la ligne des centres I, B, X ; il faut aussi que ces roues soient assez élevées pour laisser passer les chevilles que porte la roue annuelle. Sous l'étoile et le limaçon 20, on en place un second de même figure, mais dans un sens contraire, qui sert, au moyen

du

du rateau 11, à éloigner plus ou moins la détente 10, pour faire que le quantième saute au 29 février de l'année bissextile.

» Pour avoir sur le cadran les mois de l'année, le lieu du Soleil, son lever et son coucher, on trace quatre cercles sur la roue annuelle; le plus éloigné du centre est divisé en 12 mois; le second, c'est-à-dire, le cercle suivant, est divisé en heures et en minutes, avec les figures des signes qui répondent aux mois; le troisième et le quatrième sont pareillement divisés en heures et en minutes, qui marquent d'un côté le lever du Soleil, et de l'autre son coucher.

» Pour avoir ces divisions, on commencera par faire celle des mois et du lieu du Soleil; ensuite on mettra la roue annuelle dans sa place, on la fera tourner, et on présentera, dans l'ouverture des mois, sous le petit *index*, les quantièmes l'un après l'autre; et, ayant le livre de la Connoissance des temps, l'on prendra les levers et les couchers du Soleil, et on les marquera avec un crayon, par les petites cases, à mesure que les divisions paroîtront dans l'ouverture des mois, jusqu'à ce que la roue ait fait son tour.

Nombres des dents des roues et des pignons de la cadrature de cette Horloge.

	Dents.
Les trois roues G, F, H, chacune	48.
Les deux petites roues I, L, chacune	30.
La roue K	60.
Le pignon de la roue de cadran	8.
Roue de cadran	96.
Roue annuelle A	487.
Roue de la Lune Z	90.
Rochet X de quantième	62.
Étoile 20	8.
Roue Q	24.

TOME I.   Bb

Dents.

Roue R... 32.
Roue V... 32.
Roue *a*... 24.
Roue 6... 21.

Les vis sans fin, S, V, sont simples.

IX.
Montre à équation par un méchanisme fort simple.

Si l'on conçoit qu'au centre du grand cadran, *planche VII, figure 3*, d'une montre ordinaire, on ajoute un cercle ou cadran divisé en 60 parties, et gradué comme le cercle des minutes du grand cadran, et que ce cercle concentrique soit mobile tandis que le grand cadran reste fixe, et qu'enfin on attache sur l'aiguille des minutes une autre aiguille ou *index* diamétralement opposée, et de longueur propre à répondre aux divisions du cercle mobile, on voit que selon que l'on fera tourner en avant ou en arrière le cadran mobile, la petite aiguille dont le mouvement est uniforme, pourra cependant indiquer le temps vrai, et cela par un moyen très-simple, puisqu'il suffira de régler le chemin du cadran mobile selon les quantités indiquées par les tables de l'équation du temps.

Tel est le principe d'une Pendule et d'une montre à équation, inséré dans l'Essai sur l'Horlogerie [a]. Nous allons donner la description de la montre seulement, le méchanisme étant le même dans la Pendule.

La *figure 3, planche VII*, représente le cadran de cette montre; l'aiguille des secondes passe, comme dans les Pendules, au-dessus des autres aiguilles. L'aiguille des minutes est formée de deux parties fixées ensemble et diamétralement opposées, dont la plus grande, qui est d'acier bleu, marque les minutes du temps moyen sur le grand cadran; et l'autre, en cuivre doré, représentant un

---

[a] *Tome I, page 72.* Ce principe avoit déja été employé anciennement par M. le *Bon* (voyez *Traité du P. Alexandre*), mais par des moyens plus composés.

Soleil, marque les minutes du temps vrai sur le cadran A mobile au centre du premier. L'ouverture C, faite dans le grand cadran, sert à laisser paroître les mois de l'année et leurs quantièmes de cinq en cinq jours. L'usage de ces quantièmes est principalement destiné à les remettre au jour actuel lorsqu'on a oublié de remonter la montre, afin que l'équation réponde exactement à celle du jour où l'on est. Pour cet effet, les dents d'une étoile sont saillantes en dehors de la fausse plaque ; ce qui donne la facilité de la faire tourner, et, par son moyen, la roue annuelle.

La montre se remonte par-dessous ; ce qui m'a fait appliquer au fond de la boîte un cercle de quantième, construit comme ceux dont M. Thiout a donné la description [a].

La *figure 4, planche VII*, représente l'intérieur de la fausse plaque qui porte les cadrans : c'est dans cette plaque que sont ajustées les pièces qui forment l'équation. A est la roue annuelle, qui a 146 dents fendues à rochet, mise immédiatement sous la platine de la bâte qui porte les cadrans ; elle tourne sur un canon réservé au fond de la bâte : l'*ellipse* ou courbe B est attachée sur la roue annuelle ; la courbe fait mouvoir le rateau H E qui engrène dans le pignon C ; celui-ci est porté par un canon qui passe dans l'intérieur du canon de la bâte ; sur le canon du pignon est ajusté en dehors de la bâte le cadran du temps vrai, *fig. 3*. Ainsi on voit qu'en faisant mouvoir la roue annuelle, ce cadran doit nécessairement tourner tantôt en avant et tantôt en rétrogradant, suivant qu'il y est obligé par les différens diamètres de la courbe ; ce qui produit naturellement les variations du Soleil. Voici le moyen dont je me sers pour faire mouvoir la roue annuelle.

Le garde-chaîne de la montre est fixé sur une tige dont les pivots se meuvent dans les deux platines de la montre, et qui peut

[a] *Traité d'Horlogerie* de *Thiout*, Tome II, page 387.

y décrire un petit arc de cercle : un de ces pivots prolongé porte un carré sur lequel est ajusté, dans la cadrature, un levier dont le bout porte un *pied-de-biche*.

Lorsqu'on remonte la montre, le garde-chaîne étant pressé par le crochet de la fusée, celui-ci lui donne un petit mouvement circulaire qu'il communique au pied-de-biche pour faire avancer l'étoile d'une dent.

L'étoile est de cinq dents ; elle est assujettie par un valet ou sautoir : l'axe de cette étoile porte deux palettes qui servent à faire mouvoir la roue annuelle, qui fait sa révolution en 365 jours.

Sur la fausse plaque ou bâte, *figure 4,* est attaché un ressort KL, qui sert de sautoir pour maintenir la roue annuelle.

On peut faire mouvoir la roue annuelle d'un mouvement continu, en supprimant le garde-chaîne mobile ; et mettant en place un pignon sur un canon prolongé de la roue de fusée, ce pignon engrenera dans une roue dentée substituée à l'étoile : cette roue portera un pignon de quatre ailes qui fera tourner la roue annuelle.

Le ressort G, *figure 4,* sert à presser continuellement le rateau H contre la courbe. Pour cet effet, le bout F de ce rateau porte une cheville qui appuie sur le bord de la courbe, &c.

CHAPITRE XII.

Des Horloges astronomiques à pendule perfectionnées.
— Construction projetée d'une Horloge astronomique
à balancier.

Les inventions (dans les Méchaniques sur-tout) ne sont pas toujours les limites de la perfection de l'art auquel ces inventions se rapportent ; il y a même souvent plus de différence entre la perfection ajoutée à l'invention, que n'avoit l'invention elle-même sur les moyens précédemment reçus. Ceci est sur-tout applicable aux machines qui servent à la mesure du temps. Les horloges à pendule, par exemple, ont acquis un plus haut degré de perfection depuis l'époque où le pendule fut adapté à l'horloge, que cette application en elle-même n'en avoit procuré au-dessus des anciennes horloges à balancier : de même les horloges portatives, et sur-tout les horloges à longitudes, depuis l'époque de l'application du spiral au balancier, ont acquis un degré de perfection infiniment au-dessus de celui que cette application avoit procuré aux anciennes horloges portatives. D'où l'on peut conclure que les savans Artistes à qui nous devons les diverses perfections et inventions qui ont été ajoutées aux machines qui mesurent le temps depuis les deux époques dont nous venons de parler, ont au moins autant mérité de la société que les premiers auteurs, et partagent avec eux la gloire même de l'invention.

Nous avons été d'autant plus obligés de placer à la tête de ce Chapitre les réflexions qui précèdent, que les Savans qui ont traité de l'Histoire des sciences, en parlant de l'application du

pendule à l'horloge, ont attribué à l'invention même [a] une perfection qu'elle n'a cependant obtenue que par le travail successif
des savans Artistes qui depuis plus d'un siècle se sont occupés de
cet objet important, les *Horloges astronomiques* [b].

Après ces observations préliminaires, nous allons reprendre
l'horloge à pendule construite par HUYGENS, et telle qu'il l'a
publiée, en 1673, dans son *Horologium oscillatorium*, et tracer
les changemens que l'on a faits à cette machine, et les inventions
dont les Artistes ont enrichi cette partie importante de la mesure
du temps, pour former enfin les *Horloges astronomiques* modernes.

I.

La cycloïde adap-
tée à l'Horloge à
pendule par *Huy-
gens*, a été jugée
non-seulement inu-
tile, mais nuisible.

L'APPLICATION de la cycloïde au pendule de l'horloge,
pour rendre isochrones les oscillations d'inégale grandeur, tout
admirable qu'elle est dans la théorie, n'a pas eu tout le succès
que M. HUYGENS s'en étoit promis. La difficulté de tracer
exactement cette courbe auroit pu y contribuer; mais la principale cause de son inutilité vient d'une erreur commise par
son auteur. La théorie de la *cycloïde* n'est applicable qu'au pendule simple (ou libre), c'est-à-dire, au pendule qui oscille
librement, indépendamment de l'action réitérée de l'échappement et du rouage : or, un tel pendule ne peut servir que
pendant quelques heures à mesurer le temps : mais lorsque ce
pendule est appliqué à l'horloge, ses oscillations n'ont plus la
même durée, ni le pendule la même longueur qu'il avoit en

---

[a] *Voyez* ci-devant *page 104*, note *b*.

[b] Nous avons d'ailleurs des preuves
de la vérité que nous établissons; il
existe encore à l'Observatoire de l'hôtel
de Clugni, à Paris, une horloge ancienne à pendule, exactement faite
selon la construction des horloges de
M. *Huygens*. Cette horloge, qui a servi
à M. *de l'Isle* jusqu'en 1748, nous l'a-
vons observée nous-mêmes avec beaucoup de soin; et sa marche, dont nous
avons tenu et conservé le registre, a
été extrêmement irrégulière; car elle
fait plus de variations en un jour que
les horloges astronomiques modernes
n'en font dans un an.

oscillant séparément de l'horloge ; ses oscillations sont troublées par l'échappement, et diversement selon sa nature ; c'est-à-dire, que selon que l'échappement est à *recul* ou à *repos*, les oscillations se font plus vîte ou plus lentement ; et, de plus, ces oscillations diffèrent encore en durée, selon que la force motrice vient à varier : or, la force motrice ou l'action sur le pendule devoit, dans l'horloge d'Huygens, éprouver des changemens d'autant plus considérables, qu'elle étoit fort grande : la machine, grossiè-rement exécutée, éprouvoit des frottemens considérables, les changemens dans les engrenages, &c., tous effets qui, réunis, devoient faire transmettre au pendule des actions fort inégales, qui toutes tendoient à changer sa longueur.

La *cycloïde*, par les considérations que nous venons d'exposer, étoit donc inutile : mais on doit ajouter, de plus, que même elle étoit nuisible ; car l'échappement à roue de rencontre avec lequel elle étoit employée, avoit en lui-même un moyen de rendre les oscillations isochrones ; c'étoit par son *recul* (modifié) : or, cette propriété de compensation des arcs de cercle décrits par le pen-dule, avoit lieu dans le même sens que celle de la cycloïde ; ce qui pouvoit produire une correction plus que double de celle qui étoit requise.

Une autre cause des variations de l'horloge d'Huygens, c'est que sa cycloïde exigeoit que le pendule fût suspendu à un fil flexible, assez délié pour s'appliquer exactement sur chaque point de la courbe : or, ce fil étoit susceptible des effets de l'humi-dité et de la sécheresse, ce qui changeoit sa longueur ; d'ailleurs ce fil devenoit trop foible pour soutenir le poids du pendule, et c'étoit une nouvelle cause de changement dans sa longueur.

Dans l'horloge à pendule d'Huygens, le pendule, dont la *lentille* étoit très-petite, décrivoit de très-grands arcs (environ 20 à 24$^\mathrm{d}$ du cercle) : or, un tel régulateur devoit éprouver de la part de l'air et des frottemens de la suspension, des résistances variables, capables de changer la durée des oscillations, et par conséquent la marche de l'horloge.

Enfin l'horloge à pendule d'HUYGENS étoit encore sujette à d'autres variations; on savoit déjà de son temps[a] que les métaux s'alongent par le chaud, et se raccourcissent par le froid : or, ces changemens dans la longueur du pendule, affectoient nécessairement la *marche* de l'horloge. Telles étoient les causes des variations qui avoient lieu dans l'horloge d'HUYGENS : c'est cependant de cette machine qu'un Auteur célèbre[b] a dit : *L'art de mesurer le temps avança et se perfectionna tout-à-coup par une invention mémorable* [le pendule].

II.
Variations des anciennes Horloges à pendule, observées par M. *Picard*, en 1669.

« CEPENDANT, dit BAILLY[c], fort peu de temps après l'invention d'HUYGENS on s'aperçut d'une source d'inégalités. PICARD, en 1669, remarqua que les horloges à pendule retardoient en été et avançoient en hiver : *on en donna alors une mauvaise raison.* »

Pour juger si cette *raison est mauvaise*, nous allons rapporter comment cela est expliqué par M. PICARD dans les Mémoires de l'Académie[d], et nous y ajouterons des observations qui justifient l'explication de ce célèbre Astronome.

M. PICARD, dans le cours de ses observations astronomiques, fit deux remarques importantes sur les horloges à pendule.

« 1.º Il est facile de tenir assez long-temps deux horloges parfaitement d'accord, pourvu que le *temps* demeure dans une même température; mais quand il change, elles *varient diversement.*

---

[a] *Vendelinus*, qui florissoit vers 1640 (*Hist. Astr. mod.*, T. II, p. 158), avoit reconnu ces changemens dans les dimensions des métaux. *Voy. Muschembrock*, Tome I, page 202.

[b] *Bailly. Hist. de l'Astr. mod.*, Tome II, page 258.

[c] *Ibid.* page 263.

[d] *Histoire de l'Académie royale des Sciences*, 1669, Tome I, page 110.

» 2.º Les

» 2.º Les horloges retardent en été et avancent en hiver, ce que l'on n'eût pas trop soupçonné ; et cela arrive par la même raison qui auroit assez naturellement fait juger le contraire. La chaleur donne un plus grand mouvement aux horloges ; mais aussi elle leur fait faire de plus grandes vibrations, qu'elles sont plus long-temps à faire. Les vibrations (des pendules) des horloges à secondes sont plus grandes d'un grand pouce de chaque côté ; ce qui oblige à les raccourcir pour entretenir l'égalité. »

M. BAILLY, dans l'article que nous avons cité, prétend que la vraie cause des variations des horloges de M. PICARD appartenoit aux effets de la température sur les verges des pendules : sans doute elle pouvoit y entrer, mais pour peu, en comparaison des variations causées par les diverses étendues des arcs décrits par le pendule ; car, avec des horloges aussi informes que celles de ce temps, et aussi grossièrement exécutées, on devoit observer de très-grandes variations, et en divers sens. Le moment n'étoit pas encore arrivé où l'on pourroit assigner les vraies causes des variations des horloges. Le phénomène très-vrai de la dilatation des corps par la chaleur, et de leur contraction par le froid, quoiqu'il eût déjà été annoncé par VENDELINUS, n'étoit pas encore bien répandu : d'ailleurs, l'eût-il été, ces variations assez insensibles étoient trop délicates pour pouvoir être observées avec les horloges de ce temps, et démêlées des causes bien plus considérables de leurs variations ; et ces causes bien réelles étoient les changemens qui avoient lieu dans l'étendue des arcs décrits par le pendule, de l'été à l'hiver, changemens qui excédoient deux degrés du cercle. Or, une telle différence pouvoit causer des variations à l'horloge de plus de 24″ par jour, lorsque les arcs diffèrent de deux degrés, l'horloge restant à la même température, ainsi que nous l'avons éprouvé avec l'horloge de l'Observatoire de Clugni, dont nous avons parlé ci-devant :

d'ailleurs, par la nature de la construction et de l'exécution de ces machines, il pouvoit tout aussi bien arriver que l'horloge avançât en été par la chaleur, et retardât en hiver par le froid, au lieu de retarder en été et d'avancer en hiver ; et c'est ce que M. PICARD a sûrement observé, lorsqu'il dit que quand la température change, les horloges *varient diversement*.

Nous venons de présenter en abrégé les motifs qui ont dû porter les Artistes qui, après HUYGENS, se sont occupés des horloges à pendule, à changer la construction de ces machines, à supprimer la cycloïde, &c. Mais, quoique l'on ait abandonné l'usage de cette belle invention de la cycloïde, la théorie que M. HUYGENS a donnée de cette courbe n'en est pas moins admirable; et on lui doit une partie de la perfection actuelle des horloges à pendule; car c'est de cette théorie qu'on a appris que les petits arcs de cercle ne diffèrent pas sensiblement des petites portions de cycloïde qui correspondent à ces arcs de cercle, et que par conséquent le pendule qui décrit de petits arcs, achève ses vibrations dans le même temps, quoique les arcs décrits par le pendule vinssent à augmenter ou à diminuer leur étendue par les changemens qui ont lieu dans les frottemens du rouage de l'horloge, &c. : ils restent donc encore isochrones. Nous devons même répéter ici ce que nous avons dit plus haut relativement à la cycloïde : c'est que cette théorie de l'isochronisme par les arcs inégaux décrits par un régulateur, peut encore avoir son application dans les horloges, en employant un échappement qui ne change pas la nature des oscillations ; mais il peut bien se faire aussi que la courbe dont on fera usage, ne soit pas une véritable cycloïde.

L'application du pendule à l'horloge, et celle de la cycloïde qui eut lieu vers 1673, n'ont donc pas porté *tout-à-coup* la mesure du temps à sa perfection. Les premières horloges à pendule ont, à la vérité, donné un nouveau degré de justesse aux horloges : mais combien il a fallu de travail et de recherches pour les porter à la perfection qu'elles ont aujourd'hui ! et nous pensons même que ces machines peuvent encore acquérir de nouveaux degrés de précision.

Il a fallu changer la construction des horloges à pendule, et perfectionner la main-d'œuvre, alors fort grossière, comme on le voit par les horloges à pendule du temps d'HUYGENS : et la main-d'œuvre, cette partie si importante de ces machines, n'a commencé à se perfectionner en France que vers 1720, époque où les célèbres Artistes SULLY et JULIEN LE ROY ont causé une révolution à notre Horlogerie.

« Toutes les horloges à pendule, dit SULLY[a], furent faites avec l'ancien échappement à roue de rencontre, qui donne nécessairement de grands arcs de vibrations; ce qui donna sans doute lieu à son ingénieuse application de la cycloïde, qui lui auroit paru moins nécessaire s'il y eût eu alors un autre échappement; mais il étoit alors le seul inventé. On sentit dès-lors que, si on pouvoit parvenir à ne faire décrire au pendule que des arcs de 7 ou 8 degrés d'un grand cercle, ces petits arcs se confondroient sensiblement avec un arc de cycloïde de même étendue, et que par conséquent les vibrations par ces petits arcs venant à changer d'étendue, ils seroient sensiblement de la même durée : il étoit donc naturel de chercher quelque expédient pour parvenir à se passer de la cycloïde[b].

» QUELQUES années après que les horloges à pendule furent

III.
Invention de l'échappement à ancre appliqué aux Horloges à pendule pour faire décrire de petits arcs.

[a] *Règle artificielle du Temps,* édit. de 1737, page 261.

[b] On trouve dans les ouvrages de *Sully,* les motifs ou les raisons qui ont rendu la cycloïde inutile. *Enderlin,* artiste habile, a traité le même sujet dans un Mémoire inséré dans le *Traité de Thiout,* page 121.

Cc 2

en usage, on inventa un échappement propre à ne faire décrire que de très-petits arcs au pendule; c'est celui qu'on appelle *à rochet* ou *à ancre,* parce que la pièce qui forme les palettes d'échappement a à-peu-près la forme d'une ancre de vaisseau. Le pendule, avec cet échappement, porte une lentille plus pesante, et exige une moindre quantité de force motrice pour l'entretenir en mouvement; et parce qu'il ne décrit qu'un petit arc dans ses vibrations, et qu'on y trouva beaucoup plus de justesse que dans les horloges à pendule à roue de rencontre, cette méthode fut préférée, et parut premièrement à Londres, je crois, vers l'année 1680, et y fut pratiquée généralement parmi tous les Horlogers : elle a passé ensuite en Hollande et en Allemagne, et n'a guère été connue en France que depuis 1695. Comme le premier Auteur d'une invention n'est pas d'abord connu, on ne savoit à qui l'attribuer : mais M. Smith, horloger de Londres, dans son petit livre intitulé, *Horological disquisitions,* publié en 1698, l'a attribuée à M. Clément, aussi horloger de Londres. Peu de temps après, le docteur Hook a revendiqué cette invention comme la sienne, et a affirmé que peu après l'incendie de Londres, en 1666, il avoit montré à la Société royale une horloge à pendule avec cet échappement. Et, vu le génie et le grand nombre de belles découvertes de cet excellent homme, je ne vois pas lieu de douter qu'il n'en fût le premier inventeur. » Cependant Sully avoit dit plus haut[a]: L'horloge à pendule à secondes, avec une boule pesante, à petites vibrations, a été inventée par M. Guillaume Clément, horloger de Londres, comme le témoigne M. Smith, dans son livre que j'ai cité dans la préface : on lui a donné en Angleterre le nom de *Pendule royale,* à cause de sa préférence au-dessus de toutes les autres qui sont communément en usage.

[a] *Règle artificielle du Temps,* page 41, note *c.*

C'est à l'époque que nous venons de marquer, qu'on a changé la suspension du pendule d'Huygens, et supprimé la cycloïde. Un pendule pesant, tel que celui de M. Clément, ne pouvoit plus être suspendu par des fils, et la cycloïde n'étoit plus utile avec un pendule qui décrivoit de petits arcs. Il est vraisemblable, quoiqu'on n'en fasse pas mention, que l'Auteur de l'échappement à ancre du pendule pesant, décrivant de petits arcs, a le premier suspendu le pendule à une lame d'acier trempé, rendue assez flexible pour faciliter les oscillations, et assez solide pour soutenir, sans crainte d'erreur, la masse de la lentille.

V.
Invention de la suspension du pendule par une lame de ressort flexible.

M. Derham, dans un livre sur l'Horlogerie, intitulé *The artificial Clockmaker* [a], attribue aussi à M. Clément l'invention du pendule pesant décrivant de petits arcs. Voici ce qu'il en dit [b] : « Cette méthode de M. Huygens continua d'y être la seule en usage pendant plusieurs années, savoir, des horloges à roue de rencontre, le pendule se mouvant entre deux lames cycloïdales, &c. Mais, dans la suite, M. Clément, horloger de Londres, inventa, à ce que dit M. Smith, la manière de les faire aller avec moins de poids, et, si l'on veut, avec une lentille plus pesante, pour faire les vibrations dans une moindre distance ; ce qui est présentement la méthode universelle de toutes les horloges qu'on appelle *royales :* ce sont celles dont le pendule bat les secondes. Mais M. le docteur Hook nie à M. Clément l'invention de cette pièce pour se l'attribuer, en assurant qu'il en a fait exécuter une semblable qu'il présenta à la Société royale, peu de temps après l'embrasement de Londres. »

On savoit bien, dès 1648, que les métaux s'alongeoient par la chaleur, et se raccourcissoient par le froid, et que ces effets

V I.
La première correction des effets de la température sur le pendule, a été tentée, dès 1715, par *George Graham.*

---

[a] Publié à Londres vers 1700; cet ouvrage, traduit en français vers 1731,

[b] Page 172, édit. 1746.

porte le titre de *Traité d'Horlogerie.*

dans la température causoient des variations sensibles dans la marche de l'horloge à pendule ; mais personne n'avoit encore trouvé ni proposé un moyen propre à corriger cet écart. GEORGE GRAHAM fut le premier qui s'en occupa : il fit plus, il réussit complétement par un moyen qui ne peut être venu que dans la tête d'un bon Méchanicien et Physicien. Ce moyen est celui de se servir de deux corps dont la dilatabilité soit différente. Il employa donc le mercure (dont la dilatation surpasse de beaucoup celle du fer), qui, placé dans un tube attaché au bas du pendule, en se dilatant, remonte autant le centre d'oscillation du pendule que la dilatation de la verge de fer l'avoit fait descendre. Ce fut en 1715 que GRAHAM fit cette découverte : il fit part de sa recherche à la Société royale, dans un Mémoire qui fut imprimé dans les Transactions philosophiques[a] en 1726. Dans ce même Mémoire, GRAHAM propose d'employer pour la correction des effets du chaud et du froid dans le pendule, au lieu du mercure, deux métaux dont les dilatations diffèrent le plus entre elles, comme l'acier et le cuivre. Cet habile Artiste n'avoit pas fait alors assez d'expériences pour s'assurer que ces différences de dilatation fussent assez considérables pour produire la compensation. Il paroît que, peu de temps après, JEAN HARRISON s'occupa avec succès du moyen proposé par GRAHAM ; et, dans la suite même, GEORGE GRAHAM employa dans ses horloges astronomiques le pendule qu'on nomme en Angleterre le *pendule à gril.* Au reste, nous ne devons pas omettre que cette recherche de GRAHAM a été le fondement de ce qui s'est fait depuis sur cette matière, une des plus importantes de la mesure du temps, tant dans les horloges astronomiques à pendule, que dans les horloges à longitudes ; car sans la compensation des effets de la température dans les

[a] *Voyez* Tome II, Chapitre II.

horloges à pendule, ces machines auroient des écarts de plus de 20 secondes par jour, de l'été à l'hiver : et sans cette même compensation dans les horloges à balancier spiral, c'est-à-dire, dans les horloges à longitudes, l'écart seroit au moins de six minutes et demie de temps en 24 heures, lorsque l'horloge passeroit du froid de la glace à la chaleur de 27 degrés du thermomètre de RÉAUMUR[a]. D'où l'on voit que, sans l'heureuse découverte de ce correctif, on ne seroit jamais parvenu à construire des horloges utiles aux Navigateurs.

ON DOIT encore au célèbre GRAHAM la composition de l'échappement à repos, généralement employé dans les horloges astronomiques[b].

VII.
L'échappement à repos, inventé par *Graham*, a contribué à perfectionner les Horloges à pendule.

JULIEN LE ROY, cet habile Artiste auquel l'Horlogerie française a dû sa première réputation, s'occupa aussi avec succès des moyens de perfectionner les horloges artronomiques à pendule. Dès 1739, il présenta à l'Académie des sciences de Paris une horloge astronomique ayant un très-bon moyen de correction pour les effets de la température sur le pendule : ce méchanisme étoit placé au-dessus du point de suspension du pendule ; il consistoit en un long tuyau fait en cuivre, qui, par son bout supérieur, recevoit une verge de fer dont le bout inférieur étoit attaché au ressort de suspension du pendule[c] ; moyen fort simple qui opéroit la compensation.

M. LE ROY appliqua à la même horloge un échappement qu'on appelle *à double levier*, lequel est à recul et presque sans frottement[d]. Selon cet Artiste, cet échappement ayant les dimensions convenables, a la propriété de rendre isochrones les oscillations d'inégales étendues dans le pendule.

[a] Voyez *Essai sur l'Horl.*, N.° 2208.
[b] *Voyez* ci-après, T. II, Chap. I.
[c] *Voyez* ci-après, T. II, Chap. II.
[d] *Ibid.* Chap. I.

A. LE PAUTE, auteur d'un Traité d'Horlogerie, construisit, vers 1755, un échappement appelé à *cheville*, au moyen duquel il a prétendu diminuer les frottemens qui ont lieu dans celui DE GRAHAM.

On a encore travaillé avec succès à réduire le frottement dans l'échappement des horloges astronomiques, en substituant aux palettes d'acier que l'on emploie à l'ancre qui forme l'échappement, des palettes de rubis. Plusieurs Artistes, en différens temps, ont fait usage de ce moyen ; et s'il n'est pas devenu plus général, c'est que son application n'est pas facile.

FERDINAND BERTHOUD a aussi travaillé à perfectionner les horloges astronomiques, ainsi qu'on le voit dans son *Essai sur l'Horlogerie*. On trouve dans cet ouvrage une assez longue suite de recherches pour connoître les diverses dilatabilités des métaux (par le moyen de son *Pyromètre*), et pour la construction de divers pendules composés pour la correction des effets de la température ; tel est son pendule à *châssis*. Depuis cet ouvrage, cet Artiste a entrepris, vers 1787, de composer une bonne horloge astronomique, en employant un court pendule qui bat les demi-secondes, et en appliquant son échappement *libre* [a].

Nous allons présenter ici la suite de cette recherche.

Les changemens que l'expérience a fait reconnoître nécessaires dans la composition de l'ancienne horloge à pendule d'HUYGENS, sont,

1.º De supprimer la cycloïde, comme inutile et nuisible ;

2.º De substituer un nouvel échappement à celui à *roue de rencontre*, ce nouvel échappement ayant la propriété de décrire de petits arcs isochrones ;

3.º De substituer une autre suspension à celle qu'HUYGENS

---

[a] *Voyez* l'ouvrage de cet Auteur, ayant pour titre *Mesure du Temps* ou | *Supplément à l'Essai sur l'Horlogerie*, &c. 1787.

avoit

avoit employée pour soutenir son pendule. Cette suspension consistoit en des fils de soie : la nouvelle est formée de lames d'acier trempé ; ce qui la rend propre à soutenir une lentille plus pesante, et à ne pas changer de longueur ;

4.º Enfin, un dernier changement fort important consiste dans le pendule lui-même, et tellement composé, qu'il n'est pas susceptible des impressions ou variations de la température. Nous ne présenterons pas ici les divers moyens qui ont été employés pour produire les corrections nécessaires dans les horloges à pendule. Nous renvoyons au Chapitre I, Tome II, ce qui concerne les divers échappemens qui ont été construits depuis l'ancien échappement à roue de rencontre employé par HUYGENS (le seul alors connu). Nous renvoyons de même au Chapitre II, Tome II, pour ce qui concerne les divers moyens de correction inventés pour corriger les variations de la température. Il suffit, pour le présent, de placer ici la description de l'horloge à pendule, telle qu'elle fut construite, dès 1680, par M. CLÉMENT, horloger de Londres. A la suite de cette description, nous présenterons la construction d'une nouvelle horloge astronomique à court pendule, et d'une horloge astronomique portative à balancier.

LORSQUE HUYGENS fit l'application du pendule aux horloges, ou, ce qui revient au même, lorsqu'il substitua le pendule au régulateur des anciennes horloges [le balancier], il adopta, dans tout le reste, le méchanisme des anciennes horloges, et particulièrement l'échappement. Or, cet échappement à roue de rencontre, doit, par sa nature, décrire de fort grands arcs de 20 à 24^d ; et comme la lentille du pendule, qui pesoit au moins trois livres, exigeoit une force motrice assez considérable, il s'ensuivoit nécessairement une très-grande quantité de frottement dans les pivots du rouage, et dans l'échappement

VIII.
Horloge à pendule, perfectionnée en 1680, par M. *Clément*, horloger de Londres.

même ; ce qui faisoit varier l'étendue des arcs décrits par le pendule. C'est à ces défauts sans doute que l'on a dû la belle et heureuse découverte d'HUYGENS, en conséquence de laquelle il fit mouvoir le pendule entre deux portions de cycloïde, qui devoient rendre isochrones les arcs d'inégale étendue décrits par le pendule. Mais cette théorie n'eut pas tout le succès que cet Auteur célèbre s'en étoit promis : on reconnut que les horloges à pendule avoient des variations considérables, qu'on attribua avec raison à la trop grande étendue des oscillations ; on reconnut aussi que les fils qui suspendoient le pendule, étoient susceptibles de changement de longueur par les divers états de l'atmosphère, et que d'ailleurs ils étoient trop foibles pour soutenir l'effort d'un pendule assez pesant, décrivant de grands arcs. On chercha donc les moyens de corriger ces défauts très-importans des premières horloges à pendule ; et heureusement la théorie même d'HUYGENS sur la cycloïde en fournit un moyen : car il dit lui-même dans son Traité des horloges, que de très-petits arcs de cercle ne diffèrent pas sensiblement de l'arc correspondant de la cycloïde. On rechercha donc un échappement qui permît de faire décrire de très-petits arcs au pendule. Telle a dû être l'origine de l'échappement à *ancre,* inventé en Angleterre vers l'année 1680. En adoptant cet échappement, son Auteur substitua également une nouvelle suspension, qui, au lieu de fil, consiste en deux lames de ressort d'acier trempé, capables de soutenir la lentille pesante dont il forma son régulateur, dans lequel il supprima la cycloïde, qui fut reconnue inutile. C'est la description de cette nouvelle horloge (dont les principes ont été généralement adoptés depuis lors) que nous allons donner, et dont l'invention appartient à M. CLÉMENT, horloger de Londres.

LA *figure 7 , planche IV ,* représente le mouvement de cette horloge. AA, BB, sont les platines qui forment la cage du mouvement. C est la première roue qui fait un tour par heure : son axe porte la poulie D qui reçoit la corde du poids. L'axe *h* porte le pivot prolongé *he ,* sur lequel entre à frottement le canon de la roue *a ,* lequel doit porter en *e* l'aiguille des minutes. La roue *a* engrène dans celle *b :* celle-ci porte le pignon *c* qui conduit la roue *d ,* laquelle fait un tour en douze heures , et dont le canon reçoit au-dessous de *e* l'aiguille des heures.

La roue C engrène dans le pignon E , dont l'axe porte la roue F : celle-ci engrène dans le pignon G. Ce pignon G fait soixante tours pendant que la roue C en fait un , et par conséquent il fait sa révolution en une minute : l'axe de ce pignon porte le pivot prolongé *f ,* sur lequel est ajustée l'aiguille de secondes. Sur l'axe du pignon G est fixée la roue HH , qui est celle d'échappement ; elle fait échappement avec la pièce L , dont l'axe M porte la fourchette MV , qui communique au pendule X l'action de l'échappement et du rouage. La verge du pendule X est attachée en *m* à la traverse qui lie les deux lames de ressort *n, n* de suspension ; et les bouts *o, p* de ces ressorts, sont supportés par le pont MT , attaché à la platine AA du mouvement de l'horloge. La roue HH porte trente dents , figurées comme on le voit *fig. 8* et *fig. 9 ;* et comme chaque dent agit alternativement sur les bras *g* et *h* de l'ancre , il s'ensuit qu'à chaque révolution de la roue, le pendule fait soixante vibrations, et que par conséquent le pendule doit avoir la longueur requise pour battre les secondes.

Pour peu qu'on examine attentivement la nature de ce nouvel échappement, vu en plan , *fig. 8 ,* et en perspective , *fig. 9 ,* on verra que l'étendue des oscillations du pendule dépend du plus ou moins d'inclinaison des plans inclinés *g , h ,* portés par les

D d 2

IX.

Explication des figures qui représentent l'Horloge à pendule rectifiée.

bras de l'ancre L ; et qu'en donnant très - peu d'inclinaison à ces plans , le pendule décrira de très-petits arcs. On concevra de même que si le centre de l'ancre étoit plus éloigné de la roue, les bras *g, h* auroient plus de longueur, et que ce seroit encore un moyen de diminuer l'étendue des oscillations du pendule. Nous verrons dans le Chapitre I, Tome II , un échappement fait d'après celui-ci, et dans lequel on a procuré le moyen d'avoir de très-petits arcs par cette longueur des bras.

X.
Moyens proposés pour perfectionner les Horloges astro-nomiques à pendule.

1.º UN ÉCHAPPEMENT ayant le moins de frottement possible et qui ne change pas la nature des oscillations du pendule libre, ou qui vibre séparé de l'horloge ;

2.º Une suspension à ressort agissant entre deux courbes cycloïdales, ou au moins qui en remplira les fonctions, c'est-à-dire, de rendre isochrones ou d'égale durée les oscillations d'inégale étendue du pendule ;

3.º Un échappement ayant la propriété de rendre isochrones les oscillations d'inégale étendue, en employant des rubis ou pierres très-dures et une roue d'acier trempé, afin d'avoir des frottemens constans ;

4.º Une compensation exacte des changemens de la température;

5.º Un rouage dont les roues ne soient pas d'un trop grand diamètre, et qui soit exécuté avec la même perfection que l'on emploie dans les horloges à longitudes ; que tous les frottemens demeurent constans, et que les arcs de vibration changent peu d'étendue du chaud au froid, &c. ;

6.º En disposant l'horloge, de sorte que dans les grands froids on puisse placer une lampe pour maintenir une température propre à conserver la fluidité des huiles ;

7.º En conservant constamment la même étendue d'arcs par des poids ajoutés au moteur ou par des contre-poids, &c. ;

8.º La suspension étant à ressort, il y aura une telle force et une telle longueur à donner aux lames de suspension, que les arcs inégaux seront isochrones ; et comme ces arcs, qui ne doivent pas être au-dessus de 3 degrés, différeront peu en étendue, ce moyen peut suffire pour rendre les oscillations très-sensiblement isochrones ; car on conçoit qu'à mesure que le pendule décrit de plus grands arcs, le ressort de suspension est plus bandé, et que le point par lequel il se courbe descend plus bas ; ce qui produit deux effets qui concourent à rendre isochrones les oscillations du pendule : 1.º par la plus grande force du ressort de suspension, lequel tend à les accélérer : 2.º par le pendule devenu plus court, et dont par conséquent les oscillations sont plus promptes. Ces deux causes d'accélération par les grands arcs, peuvent donc compenser le retard produit par le retard que les arcs devenus plus grands auroient produit dans le pendule libre.

DÈS LES premiers temps de l'application du pendule aux horloges par HUYGENS (vers 1673), on fit généralement usage dans les horloges astronomiques ou d'observations, d'un long pendule (de trois pieds huit lignes et demie) qui bat les secondes ; et depuis cette époque on a continué d'employer ce long pendule pour régulateur des horloges astronomiques. Il faut convenir que, dans l'état d'imperfection où étoit alors l'Horlogerie, le pendule qui bat les secondes étoit le plus propre à maîtriser les inégalités de ces machines grossièrement exécutées. Le rouage de ces horloges étoit formé par de grandes roues pesantes, ayant de très-gros pivots, en un mot, par des machines où la quantité des frottemens du rouage et de l'échappement étoit très-considérable ; et alors le pendule le plus puissant suffisoit à peine pour maîtriser ces frottemens. Mais aujourd'hui que cet art est porté à son plus haut degré de perfection, on peut examiner s'il ne

XI.
Des Horloges astronomiques à court pendule.

seroit pas possible d'obtenir autant de justesse d'une horloge qui auroit pour régulateur un court pendule, afin de rendre par-là ces machines plus commodes et d'un transport plus facile.

Nous allons présenter ici une construction d'horloge astronomique, qui nous paroît propre à remplir l'objet dont on vient de parler ; et, quoiqu'elle n'ait pas encore été mise à exécution, nous ne doutons pas de son succès.

L'horloge que nous proposons ici, est un régulateur dont le pendule bat les demi-secondes anciennes, c'est-à-dire, qui a neuf pouces deux lignes de longueur depuis le centre de suspension jusqu'au centre d'oscillation. Mais cette construction est également applicable à une horloge dont le pendule bat les demi-secondes décimales ; il n'y a de changement à faire que dans les dimensions du pendule et dans les nombres des dents du rouage, le méchanisme de compensation, de l'échappement, &c. restant le même.

XII.

Explication, des figures qui représentent l'Horloge astronomiq. à court pendule.

La *planche XI* représente les diverses parties de l'horloge astronomique à court pendule : la *figure 1* représente la face du mouvement, ses cadrans et la distribution du rouage ; la *figure 2* fait voir ce rouage de profil, attaché par quatre piliers à la platine qui supporte le pendule et sa compensation ; la *figure 3* représente l'échappement à vibrations libres, à détente, à ancre sans ressort ; la *figure 4* représente l'échappement libre qu'il convient d'employer à l'horloge pour que le centre de l'échappement coïncide avec le centre de suspension du pendule ; et la *figure 5* fait voir la disposition du pendule et de sa compensation, avec les dimensions exactes qui lui sont propres.

Nous ne placerons dans le présent Chapitre que la description du rouage de cette horloge ; renvoyant ce qui concerne les deux sortes d'échappemens libres, vus *figures 3* et *4*, à la suite du Chapitre I, Tome II, qui renferme la description des diverses espèces d'échappemens qui ont été inventés : nous renvoyons de même la description de la compensation, vue *figure 5*, au Chapitre II, Tome II, lequel traite de l'invention des divers méchanismes de compensation employés ou proposés pour les horloges à pendule.

Le mouvement de cette horloge, vu en plan, *planche XI, figure 1*, est composé de deux platines formant la cage du rouage : sur le dehors de la platine MM des piliers, est tracé le plan du mouvement : O est le cadran de secondes fixé sur cette platine; C celui des minutes et des heures.

A est la première roue du mouvement, dont l'axe porte la poulie B du poids ; elle fait une révolution en dix heures.

La roue A engrène dans le pignon *a*, sur l'axe duquel est fixée la roue C, qui fait un tour par heure : le pivot prolongé de l'axe *a* porte la roue de minutes ou de chaussée *e*, *figure 2* : celle-ci engrène dans la roue *f*, dont le pignon *g* engrène dans la roue *h*; son canon qui roule sur celui de chaussée, porte l'ai-guille des heures.

La roue ponctuée C de minutes, *figure 1*, engrène dans le pi-gnon *b*, dont l'axe porte la roue moyenne D : celle-ci engrène dans le pignon *c* portant la roue E de secondes ; la roue de secondes H engrène dans le pignon *d*, qui porte la roue d'échappement F.

G est la poulie de remontoir du poids; elle est placée sous la fausse plaque, et portée par une broche fixée au dehors de la platine des piliers. Nous terminons cette courte description en observant que les mêmes lettres répondent aux mêmes parties de l'horloge, dans les *figures 1* et *2*. Nous présenterons maintenant ici les motifs qui ont déterminé le même Auteur à proposer l'usage d'une horloge astronomique portative à balancier.

LE célèbre HUYGENS, en 1673, publia dans son grand et bel ouvrage de *Horologium oscillatorium* , la théorie qu'il avoit

XIII.
Projet d'Horloge
astronom.portative,

dont le régulateur est un balancier réglé par le spiral, substitué au pendule.

créée sur son application du pendule aux horloges, lequel il substitua au balancier, le seul régulateur jusque-là employé dans les machines qui servoient à la mesure du temps : cette application, justement célébrée, a acquis, depuis, un très-grand degré de précision, qui est dû, ainsi que nous l'avons fait voir ci-devant, au travail des Artistes savans qui depuis HUYGENS se sont occupés de l'art de la mesure du temps. Un siècle s'est à peine écoulé depuis l'application du pendule aux horloges, que des Méchaniciens habiles, dirigeant leurs recherches vers la découverte des longitudes en mer par les horloges, ont appliqué le balancier à ressort spiral à ces machines, comme le seul régulateur dont on pût faire usage : ils l'ont porté à un tel degré de précision, qu'aujourd'hui ce régulateur peut disputer au pendule même la plus extrême justesse ; et les diverses expériences qui ont été faites en mer depuis plus de trente ans, justifient cette assertion. On ne doit donc pas s'étonner si aujourd'hui nous osons proposer de substituer, dans les horloges astronomiques même, le balancier au pendule. Les partisans outrés du pendule pourront sans doute partager notre opinion, lorsque nous aurons exposé les motifs qui déterminent l'usage que nous proposons : mais avant d'exposer ces motifs, nous déclarons que l'horloge que nous proposons, est particulièrement destinée à l'Astronome qui voyage en divers pays et par des latitudes différentes. Cependant, on n'a pas moins en vue de procurer un bon instrument pour être placé dans un Observatoire fixe ; on a même lieu de croire qu'une telle machine pourra, dans bien des circonstances, suppléer l'horloge à pendule. Voici les principes sur lesquels on se fonde :

1.º Le balancier, employé pour régulateur dans une horloge astronomique, est préférable au pendule, parce qu'il n'est pas susceptible, comme le dernier, des variations causées par les

changemens

changemens de la pesanteur par diverses latitudes ; car on sait qu'une horloge à pendule, réglée à Paris, ne l'est plus sous une autre latitude.

2.º Une horloge à pendule ne peut être déplacée, fût-ce dans le même Observatoire, sans en être déréglée; au lieu qu'une horloge à balancier peut être transportée en divers lieux, sans que sa marche en soit affectée.

3.º Dans une horloge à balancier, on peut rendre parfaitement isochrones les oscillations qui se font par des arcs de différente étendue, et par des moyens sûrs et simples ; au lieu que, dans les horloges à pendule, il est très-difficile de leur procurer cette propriété infiniment importante.

4.º On parvient, après bien du travail, à trouver les dimensions d'un pendule convenables à corriger les variations du chaud et du froid : mais ces calculs, quelque exacts qu'on les suppose, exigent encore qu'après que l'horloge est terminée, on fasse les épreuves de sa marche par diverses températures, afin de connoître jusqu'à quel point la compensation a lieu; et pour faire de telles épreuves, ce n'est pas une chose facile, à cause du très-grand volume d'une horloge dont le pendule bat les secondes. Dans l'horloge à balancier, ces épreuves se font au contraire avec beaucoup de facilité.

5.º Dans une horloge à balancier, on a des moyens simples pour augmenter ou pour diminuer la compensation des effets du chaud et du froid, et pour la ramener à son vrai point. Or, dans l'horloge à pendule, les mêmes moyens ne sont pas d'une application qui soit aisée pour opérer sûrement.

6.º Dans une horloge astronomique à balancier, le même Artiste peut exécuter lui seul toutes les parties de la machine; au lieu que pour l'horloge à pendule, on est obligé d'employer des espèces de Serruriers adroits, pour l'exécution d'un pendule composé pour la correction des effets du chaud et du froid, parce que ces parties étant d'un grand volume , exigent pour leur travail un ouvrier accoutumé à cette espèce de travail grossier. Aussi arrive-t-il que cette partie si importante d'une horloge astronomique n'a jamais le degré de perfection requis; si l'Artiste qui exécute l'horloge n'en rectifie pas les défauts , l'horloge éprouvera plus de variations avec ce correctif , que si le pendule étoit sans compensation.

7.° Un nouveau motif de préférence en faveur de l'horloge astronomique à balancier , c'est son peu de volume; ce qui rend son transport d'un lieu à un autre très-facile : car elle peut être enfermée dans une boîte de dix pouces de hauteur [a] , six de largeur , et quatre de profondeur ; au lieu que le pendule seul de l'horloge astronomique à pendule a près de quatre pieds de longueur , est très-pesant , et par-là exposé à plus d'accidens dans son transport d'un lieu à un autre.

8.° Il est très-difficile de placer solidement et de mettre en marche une horloge astronomique à pendule ; et peu d'Observateurs sont en état de le faire sans le secours d'un Horloger. Or, en déplaçant une horloge à secondes à pendule avec tous les soins possibles , sa marche en est changée ; car elle avancera ou retardera , selon la solidité du mur contre lequel elle sera placée; au lieu qu'il suffit de poser sur une table ou sur une cheminée, la boîte qui contient l'horloge à balancier; et en la faisant marcher, elle se trouvera réglée.

9.° Une autre considération en faveur de l'horloge à balancier, c'est que le diamètre du balancier n'est pas limité , comme l'est le pendule , selon la nature des vibrations ; car dans le pendule qui bat les secondes , sa longueur doit être de trois pieds huit lignes soixante centièmes , au lieu que l'on peut faire battre les

---

[a] L'horloge étant à poids ; mais si elle est à ressort et à fusée, on peut la réduire à un bien plus petit volume.

secondes au plus petit balancier comme au plus grand. La nature de ses vibrations dépend du rapport entre la force du spiral, le diamètre du balancier, sa pesanteur, &c.

10.° Enfin, nous placerons ici une autre considération en faveur de l'horloge à balancier ; c'est qu'une telle machine peut également servir d'horloge astronomique à terre, et d'horloge à longitude, étant placée sur un vaisseau, supportée par une suspension.

Nous venons d'exposer les motifs qui peuvent porter à adopter l'horloge à balancier, préférablement à celle à pendule, en considérant cette machine comme étant destinée à l'Observateur qui voyage : mais peut-être que cette horloge même, dans un Observatoire fixe, pourra par la suite obtenir la préférence sur celle à pendule, lorsqu'on aura pu amener une telle machine à son plus haut degré de perfection ; et c'est l'ouvrage du temps et de l'expérience. « Ce qui m'a sur-tout engagé à ce nouveau travail, dit FERDINAND BERTHOUD, c'est en me rappelant une expérience que je fis avec mon horloge à longitude, N.° 8, en 1768, avant sa première épreuve en mer. Je comparois tous les jours sa marche avec celle de mon horloge astronomique à pendule composé, décrite dans l'Essai sur l'Horlogerie (N.° 1768), et celle-ci étoit comparée au midi de l'instrument des passages, lorsque le temps le permettoit. Je trouvai un jour une différence ou variation dans la marche comparée de ces deux horloges, et qui me parut fort étonnante, après l'accord que j'avois remarqué jusque-là entre elles ; j'attribuai, malgré moi, cette erreur à l'horloge N.° 8, ne pouvant imaginer qu'elle vînt de l'horloge à pendule : cependant, pour m'en assurer, j'observai de nouveau cette dernière au midi de l'instrument des passages ; et je vis, avec une grande satisfaction, que l'erreur appartenoit, à n'en pouvoir douter, en entier à l'horloge à pendule, et que l'horloge N.º 8 , à balancier , avoit constamment suivi la marche qui avoit d'abord été reconnue et établie.

» C'est d'après les observations qui précèdent , que j'ai [FER-DINAND BERTHOUD] construit l'horloge portative à balancier , N.º 61 , exécutée au commencement de 1795 , et représentée *planche XV, fig. 1.* Je vais , avant d'en faire la description , indiquer ses principales dispositions.

» Cette horloge est verticale; le moteur est un ressort égalisé par une fusée. Le balancier fait deux vibrations par seconde ; et, au moyen de l'échappement libre adapté à cette horloge , l'aiguille des secondes fait un seul battement par seconde : le balancier porte sa compensation absolue , au moyen de deux lames composées qui portent les masses de compensation. Le balancier est supporté par quatre rouleaux d'un grand diamètre ; chaque pivot du balancier roule sur deux de ces rouleaux.

» Le spiral est isochrone , et trempé après qu'il est plié : mais on a encore le moyen de rendre les oscillations isochrones , par les masses du balancier qui sont situées dans la verticale , selon le principe établi , Traité des montres à longitudes , N.º 840.

» Les secondes sont placées au centre des cages de l'horloge ; les heures et les minutes sont excentriques.

» Le mouvement de l'horloge est composé de trois platines carrées , de même grandeur , formant entre elles deux cages , l'une pour loger le rouage , le balancier et les rouleaux ; et l'autre cage , qui est celle de la *fausse plaque* ou troisième platine, forme avec le dehors de la platine des piliers du rouage , la deuxième cage qui contient l'échappement et les roues de cadran ; chaque platine du rouage porte en dedans une petite platine , formant avec les deux grandes platines , deux petites cages servant à loger les rouleaux : l'intervalle qu'il y a entre les deux petites cages des rouleaux , sert à y loger le balancier. La fausse plaque porte en dehors le cadran de secondes, formé par un cercle, et le cadran des heures et des minutes. »

Remarque sur cette horloge. Dans l'horloge astronomique à balancier que nous proposons, et dont on trouvera la description ci-après, à la fin du présent Chapitre, nous avons adopté la position verticale, non pas que nous la considérions comme la plus parfaite, mais parce que nous la croyons plus commode à observer, le cadran étant aperçu de loin, et que, placée sur une table ou sur une cheminée, elle est apparente, et tient lieu d'une horloge astronomique à pendule : mais la position horizontale, quoiqu'elle n'ait pas les mêmes avantages, est plus favorable pour en obtenir une justesse plus constante ; et, à cet égard, elle mérite la préférence : car, dans cette position, les frottemens de la machine, tant du régulateur que des pivots du rouage, sont plus petits. D'ailleurs, dans le transport de cette horloge par terre, elle éprouvera moins de dérangement par les agitations de la voiture. Or, en adoptant cette position horizontale, et en la destinant à être transportée marchant par terre, il seroit nécessaire que le balancier fît quatre vibrations par seconde, au lieu de deux ; qu'il fût par conséquent plus petit, plus léger : et si l'Artiste a la facilité de se procurer des rubis percés pour les pivots de balancier, il pourroit se dispenser d'employer des rouleaux, quoique ceux-ci soient encore préférables aux rubis percés. Enfin, dans le cas où on est borné pour la dépense, on peut encore faire rouler tout simplement les pivots dans des trous faits en bon cuivre ; les pivots ayant la dureté la plus grande possible, on aura encore une machine très-exacte : nous avons cette assurance acquise par des expériences certaines. En sorte qu'une telle horloge, si simple, peut être d'un grand secours à un Observateur, soit dans son Observatoire, soit dans ses voyages.

XIV.
Explication de la
figure qui représente
l'Horloge astrono-
mique à balancier.

La *planche XV. figure 1,* représente le plan des principales parties de cette horloge, tracées sur le dehors de la platine des piliers.

Toutes les pièces qui sont placées dans la cage du rouage, roues, pignons, rouleaux, balancier, et les petites platines, sont ici désignées par des traits ou lignes ponctuées.

Les pièces placées au-dehors de la platine des piliers, et qui sont logées sous la fausse plaque, savoir, les roues de cadran et l'échappement, sont tracées en plein.

A A est la platine des piliers, qui est carrée, de même que la seconde platine du rouage et la *platine-cadran* ou fausse plaque : ces trois platines sont de même grandeur.

B B représente les petites platines des rouleaux : les piliers de ces platines sont rivés sur elles ; ils sont placés comme on le voit dans la *figure.* Les autres piliers, savoir, ceux du rouage et de la fausse plaque, sont également tracés.

C est la première roue du rouage ; elle porte la fusée D, le rochet, et le ressort auxiliaire servant à faire marcher l'horloge pendant qu'on la remonte : cette roue engrène dans le pignon *a* porté par l'axe de la roue de minutes E ; cette roue E engrène dans le pignon *b*, dont l'axe porte la roue moyenne FF : la roue moyenne engrène dans le pignon *c* porté par l'axe de la roue de secondes GG : cette roue est placée dans la cage ; elle engrène dans le pignon *d.*

O O est le barillet qui contient le ressort moteur de l'horloge, et *s t* le garde-chaîne.

Sur l'axe du pignon *d* est fixée la roue d'échappement H, placée en dehors de la platine des piliers ; et à fleur de cette platine, un des pivots de cette roue roule dans la platine, et l'autre dans celui du pont X. La roue d'échappement H a dix dents ; elle fait six tours par minute ; ce qui répond à deux vibrations par seconde, ou 7,200 par heure.

La roue d'échappement H transmet sa force de mouvement au cercle I d'échappement : ce cercle est porté par l'axe du balancier K, dont les pivots sont supportés par les quatre rouleaux 1, R, 2, R : deux de ces rouleaux sont portés par la petite cage de la platine des piliers, et les deux autres par le dedans de la seconde platine du rouage.

L'action de la roue d'échappement H est suspendue par le talon *e* de la détente *e f,* mobile en *f* pendant que le balancier oscille librement : sa vibration étant achevée, la cheville *g* portée par le cercle I du balancier agit sur le ressort *levée* porté par la détente ; et ce ressort, retenu par une cheville de la détente, élève celle-ci, et fait dégager la roue, qui rend au balancier la force qu'il a perdue.

L'échappement que nous avons employé dans cette horloge, est le même qui est représenté *planche XIII, figure 9,* et qui est décrit Chapitre I, Tome II, auquel nous renvoyons pour l'explication de ses effets.

Un des pivots de l'axe de la détente d'échappement se meut dans un trou de la platine des piliers, et l'autre dans celui du pont S.

Un des pivots de la roue de secondes roule dans le trou de la seconde platine du rouage, et l'autre dans celui du pont Y porté par le dehors de la platine des piliers ; et la roue G de secondes est élevée au-dessus de la roue d'échappement pour engrener dans son pignon.

L, L sont des barettes ou ponts qui reçoivent les pivots des rouleaux : ces ponts rendent les tigerons plus longs, afin que les rouleaux soient placés au milieu de la longueur de leurs tiges, et que chaque pivot souffre le même effort.

Pour que l'axe de balancier ne s'éloigne pas des rouleaux, lorsqu'on transporte l'horloge, il faut qu'au-dessus de chaque pivot on place une barette qui l'empêche de s'écarter, mais qui ne touche pas le pivot lorsqu'il se meut librement.

AB est une portion de cercle graduée en degrés ; elle est portée par le dedans de la seconde platine, et sert à connoître la grandeur des arcs décrits par le balancier.

Les platines du rouage et celles des rouleaux sont fendues depuis le centre I du balancier jusqu'au bord M, pour le passage de l'axe du balancier, lorsqu'on le remonte ou qu'on le démonte.

M N représente le cercle qui forme le cadran de secondes ; ce cadran s'attache sur le dehors de la fausse plaque par quatre tenons qu'il porte, et sont goupillés avec elle. L'aiguille de secondes est portée par le pivot prolongé c de la roue G.

C F est le cadran des heures et des minutes.

Q est la roue de chaussée : elle engrène dans la roue de renvoi. R, rivée sur son pignon : celui-ci engrène dans la roue de cadran, dont le çanon porte l'aiguille des heures.

CHAPITRE XIII.

CHAPITRE XIII.

*Des Horloges publiques ou de clocher, perfectionnées
vers le milieu du XVIIIe siècle.*

LES premières horloges à roues dentées, réglées par un balancier,
furent destinées à l'usage général du public ; et, pour cet effet,
on les plaça dans les clochers des églises et dans les monumens
publics, afin que les passans pussent connoître l'heure marquée
par le cadran, et que ceux qui étoient éloignés entendissent
l'horloge sonner l'heure.

Nous avons déjà observé que ces anciennes horloges furent
exécutées très-grossièrement, et avec des dimensions si énormes,
que le travail n'en pouvoit être fait que par des Serruriers et
autres ouvriers peu habiles. On ne doit donc pas s'étonner du
peu de justesse qu'ont dû obtenir de pareilles machines dans ces
premiers temps : mais alors on se trouvoit encore trop heureux
d'avoir à-peu-près l'heure. Nous devons ajouter ici que tandis que
des Artistes plus adroits s'occupoient à construire des horloges
d'appartement et des horloges portatives , et à perfectionner
l'Horlogerie naissante, pour l'usage des particuliers opulens,
les grandes horloges publiques furent constamment négligées et
abandonnées à la même classe d'ouvriers qui avoit exécuté
les premières : le seul changement qu'on eût fait aux grosses
horloges , étoit d'avoir substitué le pendule au balancier, après
qu'HUYGENS en eut fait l'application aux horloges astronomiques. Ce ne fut en France que peu avant le milieu de ce
siècle, qu'un Artiste célèbre, JULIEN LE ROY, travailla à
perfectionner la construction des horloges publiques, ainsi qu'il

TOME I.   F f

l'avoit fait pour les diverses autres parties des machines qui mesurent le temps.

Les changemens que M. LE ROY a faits aux anciennes horloges de clocher, sont décrits dans différens Mémoires que cet Artiste a placés à la suite de la Règle artificielle du temps de HENRI SULLY, seconde édition (de 1737), corrigée et augmentée par M. JULIEN LE ROY. Nous allons transcrire ou extraire de cet ouvrage, les articles qui concernent les horloges publiques.

I.
Description abré-
gée d'une ancienne
Horloge publique. [a]

« LE CORPS d'une grosse horloge (de clocher) est composé d'une cage, laquelle contient huit roues ; savoir, quatre pour le mouvement, et quatre pour la sonnerie : il y a, de plus, la détente, la bascule, la verge des palettes, et les volans.

» Les roues du mouvement sont la grande roue, celle du remontoir, la roue moyenne, et celle de rencontre.

» Les roues de la sonnerie sont la grande roue, celle du remontoir, la roue moyenne ou de *cercle*, et la roue de compte.

» La bascule est faite à-peu-près comme le fléau d'une balance : elle sert à lever un marteau plus ou moins gros, suivant la cloche sur laquelle il doit frapper.

» La détente est composée de son arbre et de trois branches, dont la première se nomme *pied-de-biche*, à cause qu'elle est brisée par le bout : une cheville attachée à la croisée de la grande roue du mouvement, sert à lever le pied-de-biche à toutes les heures et demies, pour faire sonner l'horloge.

» La deuxième branche se nomme *le coq* ; son usage est d'arrêter la sonnerie, immédiatement après que les heures ont sonné.

» La troisième branche (de la détente), dont le bout est formé en crochet, s'appelle *le compteur* ; elle s'appuie sur la roue de

[a] *Règle artificielle du Temps*, par *Henri Sully*, 2.ᵉ édit., 1737, page 334.

compte, à la circonférence de laquelle il y a des entailles, distantes les unes des autres, suivant les nombres naturels 1, 2, 3, jusqu'à 12. Tant que le compteur s'appuie sur la circonférence de la roue de compte, l'horloge continue de sonner, jusqu'à ce que ce même compteur soit entré dans l'une des douze entailles de ladite roue.

» Je ne décrirai point les pignons ou lanternes, parce que leur usage est assez connu.

» La cage est composée de onze pièces; savoir, de quatre piliers, de deux platines ou parallélogrammes rectangles, et de cinq montans; chaque platine a une mortoise ou entaille à chacun de ses angles, propre pour recevoir d'autres mortoises ou entailles, faites aux extrémités de chaque pilier; de sorte que les piliers s'enclavent dans les deux platines, au moyen de quatre clavettes qui servent à serrer la platine supérieure contre les piliers. Au milieu de chaque platine, est placée une traverse qui sert à affermir le montant du milieu.

» Deux autres montans sont placés au milieu des petits côtés des rectangles ou platines; de sorte que ces montans sont placés sur la même ligne et vis-à-vis les uns des autres; leur usage est de soutenir les roues de la sonnerie et celles du mouvement.

» Le quatrième montant est placé sur l'un des deux grands côtés des rectangles; son usage est de soutenir la roue de compte et le pignon qui la fait tourner.

» La verge des palettes est soutenue par deux coqs, à une distance convenable de la roue de rencontre : l'un de ces coqs soutient aussi la verge du pendule.

» Le cinquième montant est opposé au montant qui porte la roue de compte; son usage est de porter la roue de cadran ou l'étoile qui doit la faire tourner.

» Je finis cette description par les volans : c'est un arbre qui porte un pignon à l'un de ses bouts, et à l'autre il y a un pivot qui déborde le montant du côté de la sonnerie ; sur ce pivot tournent deux palettes (ou ailes) de tôle, lesquelles sont plus ou moins grandes, suivant qu'on veut faire sonner l'horloge plus vîte ou plus lentement.

II.
Nouvelle construction des grosses Horloges, dans laquelle tous les arbres des roues sont placés sur un rectangle posé horizontalement.

» POUR DISTINGUER les deux constructions, je nommerai celle qui est en usage, horloge *verticale*, à cause que les roues y sont placées dans une cage posée verticalement, et la nouvelle, *horizontale*, à cause que ses roues sont placées dans une cage posée horizontalement.

» En posant toutes les roues sur un seul rectangle ou cage horizontale, il est évident que des onze pièces dont la cage est composée dans l'ancienne construction, j'en supprime dix, et que je ne retiens que le rectangle inférieur, que je fais un peu plus grand, en donnant seulement un peu plus de longueur aux deux petits côtés. Ce rectangle, quoique plus grand, sera plus aisé à faire que dans la construction verticale, à cause qu'on le fera toujours de cinq pièces, sans que pour cela il en soit moins solide : il n'en est pas de même dans la construction ordinaire, où l'on est obligé de faire ce rectangle d'une seule pièce, afin de lui donner toute la solidité qu'il doit avoir.

» Outre la suppression des pièces dont je viens de parler, il y a encore une diminution d'ouvrage dans les chapes de remontoir, et dans les coqs qui soutiennent la verge des palettes ; de sorte que dans l'horloge horizontale composée de roues de même grandeur, il y aura environ deux septièmes moins d'ouvrage que dans la verticale......

» Non-seulement la nouvelle horloge est plus simple, mais encore elle est meilleure et de plus longue durée que l'ancienne, à cause que les frottemens y sont considérablement diminués. »

A la suite de l'article que nous venons de transcrire, M. LE ROY établit et prouve très-bien que pour diminuer le frottement des pivots des premières roues de l'horloge, il faut que le poids agisse entre le pignon et le centre de la roue ; et qu'au contraire, si le poids agit du côté opposé à l'engrenage, le frottement des pivots accroît considérablement [a].

L'auteur continue ainsi :

« Comme dans l'horloge horizontale les axes des roues sont dans la situation requise, il s'ensuivra nécessairement que le frottement sur les pivots des grandes roues, sera moins grand qu'en toute autre position.

» Il y a de grosses horloges dont chaque poids est de mille ou douze cents livres, plus ou moins, selon leur grosseur [b] : il est aisé de s'imaginer que de tels poids doivent produire de grands frottemens, et par conséquent une usure continuelle, laquelle détruisant sans cesse les rapports des engrenages des grandes roues, d'avec le pignon des roues moyennes, oblige à des réparations fréquentes, comme de faire remonter les grandes roues, en rebouchant les trous de leurs pivots.

» L'horloge horizontale ne sera nullement sujette aux réparations que je viens de remarquer ; on pourra même l'incliner de quelques degrés, afin que les poids dirigeant toujours les grandes roues vers les pignons des roues moyennes, ils rétablissent sans cesse l'usure causée aux dentures par les frottemens.

» On doit remarquer, de plus, que la nouvelle horloge étant moins sujette à l'usure, il en coûtera moins d'entretien. . . .

» J'ajouterai encore qu'elle sera incomparablement plus aisée à nettoyer, à cause que l'on pourra démonter les roues les unes après les autres ; au lieu que dans les anciennes horloges, on est

---

[a] *Règle artificielle,* &c. p. 344.
[b] Dans l'horloge du Palais, comme nous l'avons déjà dit, le poids de la sonnerie pèse 1500 livres.

obligé de placer trois roues et le montant tout à la fois ; on est encore obligé de soutenir toutes ces pièces avec la main, et dans le même temps, ce qui est assez difficile, sur-tout pour les grandes horloges, dont les premières roues seules, avec leur cylindre, pesent quelquefois jusqu'à deux cents livres ; de sorte qu'il faut plusieurs hommes pour en démonter une. »

Dans un second Mémoire [a], M. LE ROY propose, comme un moyen de perfectionner les grandes horloges, de leur faire marquer et sonner le temps vrai. Pour cet effet, il veut qu'on ajuste à frottement sur l'axe de la grande roue du mouvement qui fait un tour par heure, un cadran mobile, gradué en soixante parties ou minutes : sur le même cadran, on gravera les mois de l'année, et leurs quantièmes de dix en dix jours, et tellement placés sur le cadran, que ces quantièmes correspondent à la graduation des minutes, convenablement à l'équation du temps qui correspond à ces quantièmes : deux alidades portées par la grande roue, servent d'index pour marquer les mois et leurs quantièmes. On fait tourner ce cadran au moyen d'une vis sans fin, qui engrène dans les dents que ce cadran porte : ce même cadran est fixé sur le canon qui porte la roue de conduite de l'aiguille de l'horloge, et cette roue porte elle-même les deux chevilles qui servent à faire détendre la sonnerie.

« Comme on remonte ordinairement les horloges tous les jours, il sera aisé, dit M. LE ROY [b], à ceux qui sont chargés de ce soin, de mettre en même temps le cadran mobile sur le quantième du mois ; par ce moyen, qui est très-simple, les horloges suivront exactement les variations du Soleil, et seront par conséquent plus justes, et incomparablement plus aisées à régler par ceux qui n'ont aucune connoissance des variations du Soleil, ni des tables qui les indiquent.

[a] *Règle artificielle, &c.* page 350.   [b] *Ibidem*, page 356.

» Aux horloges qui sont placées loin de leurs cadrans, on pourroit ne mettre dans leur cage que la sonnerie avec leurs détentes à l'ordinaire : pour cela, on placeroit près du cadran un mouvement de pendule plus fort que ceux à secondes, et de grandeur convenable pour en mener les aiguilles, lequel contiendroit dans sa cage ou répondroit à un rouage à poids, dont il leveroit la détente, aux heures et aux quarts. Ce rouage se nommera *intermédiaire* : son usage sera de lever les détentes des sonneries, par une bascule qui tirera à elle des verges de fer légères, ou des fils de même métal, qui y seront attachés, et dont les frottemens seront amoindris par les artifices de méchanique qui y sont propres, et si connus des Horlogers, qu'il seroit inutile d'en parler.

» Par le moyen que je propose ici, la justesse des grosses horloges seroit très-approchante de celle d'une Pendule à secondes, parce que leur mouvement en seroit d'autant moins grand, qu'il n'auroit que très-peu ou point de conduites à mener, et que d'ailleurs il ne leveroit que la détente du rouage intermédiaire, qui seroit toujours fort aisée à lever : d'ailleurs, l'application d'un cadran mobile à ce mouvement, y seroit plus aisée qu'à ceux des grosses horloges.

III.
Troisième Mémoire de M. *Julien le Roy*, sur les grosses Horloges et sur les moyens de les rendre moins variables. [a]

» A cette horloge, le poids moteur du mouvement pèse seize livres : il descend de trente-deux pieds en vingt-quatre heures.

» Le mouvement de cette horloge n'est qu'à deux roues [c], autre source de régularité, parce qu'il n'y a de frottement que

IV.
Description abrégée de l'Horloge du Séminaire étranger, construite par M. *Julien le Roy*, et exécutée sous sa direction. [b]

[a] *Règle artificielle du Temps*, 2.ᶜ édit. 1737, page 357.
[b] *Ibidem*, pages 364 — 367.
[c] On n'a point adopté cette réduction d'une roue proposée par M. *le Roy*; il est préférable d'en employer trois. *Voyez* le *Traité* de *Thiout*, Tome II, page 395.

sur un seul pignon : de plus , son pendule a douze pieds de longueur , et sa lentille pèse seize livres...

» La cage est sans goupilles, écroux ni clavettes, n'étant que des barres de fer enclavées les unes sur les autres : les supérieures sont au nombre de quatre; elles débordent par leurs bouts les inférieu-res , et ces bouts servent de tenons aux bascules et aux détentes.

» Sur ces barres supérieures , qu'on nomme traverses, sont attachés à vis des tenons de cuivre fondu , qui sont percés, et dans les trous desquels entrent les pivots des roues qu'ils soutiennent; ces tenons sont encore percés, sur le côté, aux endroits propres à mettre de l'huile aux pivots.

» Les secondes roues des sonneries ne font leur tour qu'en deux coups de marteau.

» Les volans sont brisés , de sorte qu'en tournant à la main leurs ailes, elles prennent plus ou moins d'air ; l'horloge sonne par ce moyen plus vîte ou plus lentement.

» Les détentes ont des branches sur lesquelles on fait couler des poids, lesquels on approche plus ou moins près de leur centre de mouvement ; par ce moyen, l'on met le poids de leurs branches en équilibre, et on les rend aussi aisées à lever qu'elles le doivent être.

» L'échappement est à deux axes, qui portent chacun une palette qui engrène dans le rochet.

» Il y a environ vingt toises du corps de l'horloge au cadran qui marque les minutes, lesquelles vont bien , et qui cependant iroient mieux, si on mettoit aux conduites, des rouleaux aux endroits où ils sont nécessaires.

» Les conduites, au lieu de molettes ou petites roues, ont, à chacun de leurs bouts, une espèce de main qui les mène ; par ce moyen on supprime non-seulement le jeu et les frottemens, mais encore beaucoup d'ouvrage.

Remarque.

Remarque. « En rendant la détente de l'horloge du Palais plus aisée à lever, ce qui est très-facile, un mouvement pareil à celui de l'horloge du Séminaire étranger y deviendroit aisément applicable ; et il s'ensuivroit que celui qui a soin d'en remonter le poids, n'en auroit qu'un de 16 livres à remonter au lieu d'un de 500 ; et qu'en conséquence des rapports de leur masse, les usures et les réparations ne seroient que comme 1 est à 31. En ce cas-ci, le mouvement intermédiaire deviendroit inutile, puisque le mouvement supposé seroit assez grand pour lever la détente et mener les aiguilles des cadrans. »

Telle est en gros la construction de l'horloge de clocher que M. LE ROY a employée dans l'exécution de celle du Séminaire étranger. Il eût été à desirer que cet Artiste eût donné le plan et les dimensions de cette horloge, les nombres de dents des roues et pignons, &c. Ces connoissances sont importantes pour ceux qui veulent imiter le travail et profiter des recherches des Auteurs qui les ont précédés. Nous tâcherons de suppléer ci-après à cette omission.

En plaçant toutes les roues des grandes horloges dans un même plan horizontal, au lieu de les mettre les unes au-dessus des autres dans une cage verticale, ainsi qu'on l'avoit pratiqué dans les anciennes horloges, M. LE ROY avoit déjà procuré par ce changement un degré de perfection. Aussi, dans toutes les horloges de clocher faites depuis cette époque, on a adopté cette position horizontale. Voilà un premier pas fait ; mais il restoit encore beaucoup à faire pour conduire ces machines au degré de perfection où elles ont été portées de nos jours. Il falloit trouver un échappement propre à ces sortes d'horloges ; il falloit sur-tout perfectionner la main-d'œuvre, &c ; il falloit enfin que des artistes horlogers exécutassent eux-mêmes ces machines, comme nous verrons bientôt que l'ont fait MM. LE PAUTE frères, Artistes célèbres de Paris, qui ont donné aux grandes horloges toute la précision et la perfection desirables.

Au travail de M. JULIEN LE ROY sur les grandes horloges, ont succédé quelques recherches heureuses faites avant 1741 par M. THIOUT, auteur de l'ouvrage utile et précieux intitulé *Traité de l'Horlogerie méchanique et pratique* [a]. On trouvera, dans cet ouvrage, la description et le plan d'une horloge horizontale de clocher, expliquée avec assez de détails pour pouvoir être imitée par des Artistes intelligens. Voici quelques notions de cette horloge, qui a été exécutée par M. ROUSSEL, maître horloger de Paris.

V.
Horloge de clocher horizontale, exécutée par M. Roussel, horloger de Paris, avant 1741.

IL N'Y A guère, dit M. THIOUT [b], de personnes curieuses d'Horlogerie qui n'aient connoissance de la composition des grosses horloges publiques ; c'est pourquoi il me paroît inutile d'en faire la description. La différence de celle-ci consiste dans la simplicité de la cage, qui est posée horizontalement : elle n'est composée que d'un châssis assemblé avec des clavettes ; cette cage parallélogramme rectangle ou carré long, est partagée par une traverse pour contenir les deux rouages. Cette cage n'a que cinq barres plates, qui ont d'autant plus de solidité, qu'elles sont placées sur leurs champs ou côtés de leur plus grande force.

Cette simplicité et disposition d'assemblage renferme aussi facilement toutes les roues, détentes, bascules et remontoirs, que les anciennes cages : il en résulte même des avantages qui ne se rencontrent pas dans les autres compositions, comme d'avoir des engrenages des grandes roues plus constans, parce que la pression de leurs dents sur les fuseaux de la lanterne se fait en ligne parallèle, de sorte que les trous des pivots des grandes roues pourroient baisser de la moitié de leur diamètre sans que les

[a] A Paris, 1741, chez *A. Jombert*, &c.   [b] Tome II, page 392.

engrenages en fussent sensiblement dérangés : un deuxième avantage est que l'on peut disposer les tours des grandes roues pour
que les cordes des poids tirent entre les premières lanternes et
les arbres des grandes roues ; ce qui diminue les frottemens des
pivots de moitié, en supposant que les cylindres soient d'un
demi-diamètre de la grande roue [a].

Le mouvement de cette horloge ou rouage qui sert à la mesure
du temps, est composé de trois roues, de même que dans les
anciennes horloges ; ce qui est préférable, ainsi que M. THIOUT
l'a fait voir [b], au moyen proposé par M. LE ROY, de n'employer
que deux roues.

La première roue fait son tour en une heure ; elle porte le
cylindre sur lequel s'enveloppe la corde du poids : la seconde
roue est la moyenne ; et la troisième, celle d'échappement :
l'échappement de cette horloge est celui à roue de rencontre.

Le rouage de sonnerie est composé de deux roues et du volant,
de la roue de compte, &c.

Chaque rouage a, de plus, une roue, et une lanterne de
remontoir.

On verra ci-après, à la fin de ce Chapitre, l'explication et le
plan d'une horloge publique : ainsi nous ne nous arrêterons pas
plus long-temps sur cet objet.

Dans le Traité d'Horlogerie, M. THIOUT a donné, Tome I, page
I I I, un échappement à repos, de sa composition, applicable aux
grandes horloges. La roue de cet échappement, qui est représenté
planche XLIV, figure 34 (de ce Traité) porte deux rangées de
dents qui agissent avec une égale puissance sur les palettes de l'ancre.

On trouve encore, dans le même ouvrage, divers moyens de
conduite pour les aiguilles d'une grande horloge.

[a] Ces avantages ont été démontrés
en premier, par M. *Julien le Roy,* ainsi qu'on l'a vu ci-devant.

[b] Page 395.

Nous rapporterons ici quelques observations utiles, présentées par M. Thiout. [a]

« Voici une notion d'un échappement que j'ai composé pour les grandes horloges. Celui qu'on emploie ordinairement, est fait avec une roue de rencontre ; quoiqu'il soit le plus naturel, il n'est cependant pas le meilleur pour ces horloges, parce que le choc étant très-fort, l'échappement en est plutôt dérangé par la nature des frottemens qui tendent à l'éloigner de sa direction : les palettes recevant ordinairement le choc des dents de la roue avant qu'elles arrivent au centre, elles en sont plutôt creusées. On remarque que les trous des pivots de la roue de rencontre s'agrandissent toujours du côté qu'elle est poussée, ce qui cause par la suite un arrêt inévitable.

» La roue de rencontre frappant sur des leviers courts, le pendule acquiert de grandes vibrations qui sont sensiblement diminuées par l'irrégularité qui arrive au rouage, par l'épaississement de l'huile, &c. Un échappement qui peut se faire sur de grands leviers diminue les vibrations ; elles en sont plus égales et plus constantes : il faut moins de force pour les entretenir ; les parties frottantes en sont plus durables ; le pendule peut être plus long, la lentille plus pesante ; et par ce moyen, les inégalités quelconques sont bien corrigées.

» L'échappement à deux leviers a cette qualité ; mais son application n'est pas convenable pour des horloges dont les frottemens sont très-forts ; les palettes ne pouvant recevoir le choc qu'obliquement, elles se creusent aisément. »

On doit ajouter encore à ce que dit M. Thiout, que l'échappement à double levier étant à recul, trouble les oscillations, et qu'il fait décrire de trop grands arcs.

M. Thiout propose ici son échappement, dont il donne la description, &c. *Voyez* page 111.

[a] *Traité d'Horlogerie, &c.* Tome I, page 110.

Pour corriger les effets du chaud et du froid sur la verge du pendule, M. THIOUT propose dans son ouvrage divers moyens, dont le plus simple est une contre-verge fixée au mur près de l'horloge; cette contre-verge remonte le pendule vers son point de suspension, en sorte qu'il conserveroit toujours la même longueur si le mur, lui-même, n'éprouvoit pas de changement par les diverses températures.

Tels sont les moyens de perfection qui avoient été proposés par divers Artistes vers 1741, relativement aux horloges publiques. Peu de temps après cette époque, nous avons vu deux Artistes célèbres reprendre ce travail, qu'ils ont su porter au plus haut degré, tant par les moyens de construction que par ceux d'une belle exécution qui jusqu'alors avoit été assez négligée, parce qu'elle étoit faite par des ouvriers trop étrangers à la véritable Horlogerie.

LES DIVERSES horloges publiques que l'on doit à MM. LE PAUTE oncle et neveux, ont été construites avec beaucoup d'intelligence, et exécutées avec une grande perfection. C'est par ces motifs que nous croyons rendre service aux Artistes et au public, en donnant ici une notice abrégée de la construction et des dimensions, &c. de diverses parties les plus essentielles de ces machines. MM. LE PAUTE s'étant, en quelque sorte, uniquement livrés pendant grand nombre d'années au travail des horloges publiques de palais et de château, ils ont donné à ce genre d'Horlogerie si important à l'usage du public, un degré de perfection bien supérieur à celui que ces machines avoient avant qu'ils s'en occupassent; et c'est d'après les détails que ces habiles Artistes ont bien voulu nous confier pour les présenter au public, que nous pouvons indiquer ici les notions essentielles qui doivent servir à diriger les Artistes qui voudront

VI.
Horloges publiques construites et exécutées par MM. le Paute.

s'occuper de ce genre de travail : ces notions sont d'autant plus essentielles , que jusqu'ici les Auteurs qui ont traité de l'Horlogerie , n'ont indiqué aucune des dimensions propres à ces machines. Or , les dimensions d'une bonne horloge une fois fixées , il est très-important de les donner ; car elles sont tout aussi nécessaires à conserver que la construction même : c'est par le secours de ces deux choses que des Artistes peuvent imiter les ouvrages des bons Auteurs.

Nous devons d'ailleurs ajouter ici , comme une vérité importante, que dans une machine quelconque, les dimensions qui conviennent à chacune de ses parties , ne peuvent être fixées que d'après de longues expériences , et qu'elles sont également le fruit du temps et de l'intelligence du Méchanicien; et, nous le répétons, ces dimensions une fois fixées et acquises , il est aussi utile de les conserver, que l'est le méchanisme même ou la construction de la machine.

VII.
Description d'une Horloge publique horizontale , sonnant les heures et les quarts. [a]

« Le châssis de cuivre ABCDEF, *planche VIII, fig. 1,* est placé horizontalement , et porte le rouage du mouvement et celui de la sonnerie des quarts , BCDE : il doit être composé de cinq pièces enclavées les unes dans les autres.

» Le mouvement est composé de trois roues : la première, GH, de quatre-vingts dents, appelée *la grande roue,* sur laquelle est porté le cylindre que la corde enveloppe et sur lequel agit le poids moteur de l'horloge : cette roue engrène dans le pignon G, de dix dents , qui porte la roue moyenne LM, qui a soixante-quinze dents ; celle-ci engrène dans le pignon L, de dix dents, lequel porte la roue d'échappement N , qui porte trente chevilles de chaque côté.

» Le cylindre ou la première roue fait son tour en une heure ; elle porte sur l'extrémité K de son axe , une roue qui tient à

[a] *Traité d'Horlogerie de le Paute ,* page 147.

frottement dur, mais que l'on peut faire tourner pour remettre l'horloge à l'heure : cette roue K porte quatre chevilles, qui, à chaque quart-d'heure, lèvent le détentillon KO, fixé sur l'axe OP, qui porte aussi le bras PQR. Ce détentillon lève la détente TTV, par le moyen d'un bras de communication.

» Le rouage de la sonnerie des quarts, renfermé dans la portion BCDE de la cage, est composé de deux roues et du volant : la première roue, XX, de cent dents, porte le cylindre sur lequel la corde du poids s'enveloppe ; elle engrène dans le pignon X, de dix dents, de la seconde roue : cette roue, ZZ, est de quatre-vingts, et engrène dans le pignon de dix, qui est sur l'axe du volant W.

» Aussitôt que la détente TTV est levée, le collet ou *tourteau u*, qui étoit retenu, au moyen d'une entaille, par un petit bras *y* qui fait partie de la détente, est dégagé de même que le crochet V, dans lequel le volant étoit aussi retenu, et le rouage se met en mouvement : mais dès que le volant a fait un tour, la pièce coudée S rencontre le détentillon QR qui est levé, et s'arrête pour quelques momens ; c'est ce qu'on appelle *le délai :* quand la cheville de la roue K, qui tenoit relevé le détentillon KOPQR, l'aura laissé échapper, alors la partie QR redescendra ; la pièce coudée S devenue libre, le volant reprendra son mouvement, et la roue XX qui porte des chevilles de chaque côté, 1, 2, 3, 4, 5, en tournant, levera les extrémités des queues des marteaux ou bascules, 6, 8, 9, 10, et 7, 12, 13, 14, 17, qui sont mobiles autour des axes 17, 13, et 8, 11, qui portent des bras 9, 10, et 16, 14, pour lever les marteaux.

» Le *chaperon* Y, qui est porté sur l'axe XY, a trois entailles, pour la demie, les trois quarts et les quarts. Le *compteur s t,* qui est fixé carrément sur l'axe TT*r* de la détente, se termine en crochet, et il appuie sur le chaperon : dès qu'il rencontre une de ces entailles, il y retombe, et les pièces V*y* de la détente arrêtent le rouage : ainsi le rouage ne peut jamais couler que pendant le temps que dure le passage d'une entaille à l'autre.

» La troisième entaille du chaperon qui répond aux quatre quarts, c'est-à-dire, à l'heure, est précédée d'une éminence en forme de mentonnet formé sur le chaperon Y, lequel élève beaucoup la détente *ts*TT, avant de la laisser retomber ; de façon que le levier opposé *r q* est abaissé, et fait baisser le bras *p q* de la détente *q p o n*, mobile sur l'axe *p n* : la détente *o m* est donc élevée à chaque heure, et le collet 2 2, dont le mentonnet étoit retenu en *m*, se dégage.

» Le rouage de la sonnerie des heures est renfermé dans un châssis de fer, horizontal et rectangle, *a b c d*, séparé des deux autres pour plus grande commodité : il est composé d'une roue *f e*, de 80 dents. Cette roue porte huit chevilles, 2 5, 2 6, &c., destinées à lever les marteaux : elle est renforcée par une double roue non dentée, qui lui est parallèle, 2 7, 2 8, et qui soutient les chevilles avec la roue *e f*. La roue *e f* engrène dans le pignon *f*, de 1 o, lequel porte la seconde roue *g*, qui a quatre-vingts dents. La roue *g* engrène dans le pignon *h*, de 1 o, qui porte le volant 2 9, 3 o, destiné à modérer l'écoulement du rouage : ce rouage, toujours sollicité au mouvement par le poids attaché à la corde 3 2, est retenu par des mentonnets, 2 2 et 3 3, fixés sur la tige du pignon de la seconde roue et sur celle du volant.

» Aussitôt que la détente sera levée, la pièce *o m* sortira aussi de l'entaille du tourteau et de la branche d'arrêt ; la seconde roue et le volant seront hors de prise ; la roue *e f* tournera, ainsi que son pignon 3 5, lequel engrenant dans la roue de compte 3 4, sur laquelle est fixé le chaperon, celui-ci tournera jusqu'à ce que le bras *l m*, dont l'extrémité est recourbée en forme de crochet,

rencontre

rencontre une entaille dans laquelle il puisse entrer : alors le bras *om*, tombant en même temps, arrêtera le volant et la seconde roue par les pièces 33 et 22.

» Les cylindres de ces trois rouages se remontent chacun par une roue de remontoir, 36, 37, fixée sur le cylindre, au moyen d'un pignon dont le carré 38 reçoit une manivelle. Les premières roues forment avec les cylindres, des encliquetages qui permettent le remontage du moteur.

» Les pivots de toutes les roues se placent dans des entailles demi-circulaires, recouvertes par des tenons de cuivre qui s'y mettent à vis ; ce qui fournit le moyen de les déplacer, pour les nettoyer et y mettre de l'huile, &c.

» Les volans W, 29 et 30, sont brisés, c'est-à-dire que leurs ailes peuvent tourner sur des axes, afin de les incliner pour donner plus ou moins de prise à l'air.

» Lorsque les volans sont arrêtés par les détentes, ils peuvent continuer à tourner, quoique l'axe reste immobile : c'est l'effet d'un encliquetage porté par cet axe et le volant. Sans cette précaution, la force acquise par la vîtesse du mouvement des ailes pourroit faire casser les pivots. »

Nous donnerons ci-après, Chapitre I, Tome II, la description de l'échappement de cette horloge, vu *figure 2, planche VIII*.

DE TOUTES les pièces d'Horlogerie servant à fixer les époques des besoins journaliers des citoyens, les grandes horloges publiques bien construites doivent être considérées comme les plus utiles, en ce qu'en tout temps et dans tous les instans elles

VIII.
Suite des Horloges publiques perfectionnées par *le Paute*, oncle et neveu. [a]

[a] La notice que nous donnons ici, présente la construction et les dimensions des horloges publiques les plus parfaites qui aient été exécutées de nos jours. Cette notice est faite par le C.en *P. P. le Paute* neveu, Horloger à Paris, rue Thomas-du-Louvre, qui a bien voulu communiquer ces détails, auxquels nous n'avons rien à ajouter ; on les trouvera, sans doute, utiles.

servent de points de comparaison pour pouvoir remettre à l'heure l'Horlogerie ordinaire soit de poche ou d'appartement : et l'horloge sur la construction et les dimensions de laquelle nous allons donner quelques notions, le prouve. Journellement elle sert de méridien perpétuel à presque tous les citoyens de la commune de Paris ; et même beaucoup d'Horlogers qui n'ont pas de bonnes Pendules à secondes ou à équation, s'en servent pour régler leurs montres et remettre à l'heure vraie les différentes Pendules ou horloges confiées à leurs soins.

IX.
Description abrégée de l'Horloge de la ville de Paris, construite et exécutée en 1780 et 1781, par le Paute, oncle et neveu.

TOUS LES rouages de cette horloge sont en cuivre écroui ; ils sont placés horizontalement : la cage ou châssis qui les contient, est de la forme d'un parallélogramme rectangle, de cinq pieds six pouces de longueur sur trois pieds neuf pouces de largeur. Ce châssis ou cage est composé de sept fortes barres de fer bien dressées à la lime ; elles ont trois pouces deux lignes de largeur et un pouce d'épaisseur : les deux plus longues servent à former la longueur du châssis ; elles sont assemblées par quatre autres barres ayant à leurs bouts opposés de fortes *embases* à congé avec *tenons* au milieu : ces tenons servent à s'incruster au tiers de l'épaisseur des deux grandes barres. Le tout est maintenu par de fortes vis à tête, avec embases tournées, et parties carrées, pour les serrer fortement par une clef. Ce châssis a toute la solidité qui lui est nécessaire pour contenir invariablement tous les rouages et les autres pièces qui y sont fixées.

La septième barre forme le complément de la cage, aux deux grandes qui en font la longueur : elle est ajustée et arrêtée sur deux de celles qui servent de traverses d'assemblage ; elle forme la séparation des deux rouages de sonnerie ; elle contient la moitié des *bouchons* de pivots de ces deux rouages.

De cet assemblage il résulte quatre compartimens pour

contenir les différens rouages : deux semblables, de chacun trois pieds huit pouces et demi de longueur sur un pied neuf pouces de largeur, servent à contenir les rouages des sonneries.

Le troisième, placé en retour d'angle droit à l'extrémité de la cage, a trois pieds sept pouces de longueur sur un pied de largeur, et contient le rouage du mouvement.

Le quatrième compartiment est placé parallélement à ce dernier, entre lui et ceux de sonnerie ; il a trois pieds sept pouces de longueur sur trois pouces de largeur : il contient la roue annuelle et son méchanisme.

CE ROUAGE est fait en cuivre, ainsi que ceux des sonneries : il est composé de deux mobiles ou roues. La première roue a seize pouces de diamètre et sept lignes et demie d'épaisseur ; elle est divisée et taillée en cent vingt dents ; elle est ajustée *rondement* sur son arbre, qui est d'une grosseur proportionnée, fait en acier tourné et poli, avec embase réservée pour y fixer solidement la roue par le moyen de trois vis. Les pivots de ce premier mobile ont cinq lignes et demie de diamètre.

CONTRE cette roue est ajustée une autre roue d'environ un pied de diamètre et trois lignes et demie d'épaisseur ; les dents de cette roue sont taillées en rochet : on a pratiqué une creusure faite au tour sur le côté du champ qui appuie sur la grande roue ; cette creusure est de largeur et de profondeur suffisantes pour contenir un ressort circulaire, dont un bout est fixé à ce rochet, et l'autre à la grande roue par une broche à vis qui rentre dans un trou fait à l'une des croisées. Sur la face opposée du champ où est faite la creusure, sont placés le cliquet et le ressort d'encliquetage : le rochet auxiliaire est maintenu contre la grande roue par le rochet d'encliquetage fixé au cylindre sur lequel

X.
Rouage du mou-
vement.

XI.
Rochet et ressort
auxiliaire pour faire
marcher l'Horloge
pendant qu'on la
remonte.

H h 2

s'enveloppe la corde du poids : les dents de ce rochet sont taillées en sens opposé à celles du rochet auxiliaire, de manière à laisser mouvoir librement la totalité de ce *mobile*, qui a lieu par la pesanteur du poids, lequel tend le ressort. Mais, lorsqu'en remontant l'horloge, on suspend l'action du poids moteur, le rochet auxiliaire est retenu par un levier ou cliquet mobile sur deux pivots : ce cliquet entrant dans les dents du rochet, l'empêche de rétrograder. Ainsi l'action du ressort, en se détendant, oblige la grande roue à continuer sa marche dans son sens ordinaire jusqu'à ce qu'on ait fini de remonter le poids.

Le cylindre qui porte le poids moteur est composé de trois pièces, qui sont le rochet d'encliquetage, d'un côté; et, de l'autre, les roues de remontoir ; elles ont chacune une portée saillante rentrant juste dans chaque bout de l'intérieur du cylindre : elles y sont fixées solidement par des vis à tête noyée dans l'épaisseur du cylindre. Le cylindre se trouve retenu par le canon de la plaque contre laquelle s'ajuste le petit cadran à minutes, et lui laisse le jeu convenable pour tourner librement lorsque l'on remonte le poids : ce cylindre a sept pouces de diamètre et six pouces de longueur. La roue de remontoir, et le rochet qui retient le poids, ont chacun neuf pouces de diamètre et environ quatre lignes d'épaisseur, divisée et taillée en cinquante-quatre dents. La lanterne (ou pignon) qui engrène dans la roue de remontoir, a treize rouleaux ou fuseaux : sur l'extrémité de son pivot sortant de la cage s'ajuste carrément une petite manivelle qui ne sert que pour remonter le poids du mouvement: le petit pivot de cette lanterne est maintenu par un fort support recoudé, qui est fixé à la cage.

XII.
Du petit cadran pour remettre l'Horloge à l'heure.

LE CADRAN qui sert à mettre l'horloge à l'heure, est appliqué contre la plaque qui retient le cylindre du poids ; il est ajusté à *six pans* sur le bout de l'arbre de la première roue : il est taillé et divisé par sa circonférence en soixante parties ; il sert à indiquer les minutes par un index fixé à la barre de la cage ; il est retenu fixe à la plaque qui le maintient droit par un cliquet qui entre dans ses dents : on ne peut le faire mouvoir que lorsqu'on le dégage pour mettre l'horloge à l'heure. Ce cadran porte les quatre chevilles qui servent à lever le *détentillon* qui fait détendre les quarts ; il porte également la petite roue de champ qui fait mouvoir la première roue de renvoi, laquelle fait agir les tringles qui communiquent l'heure aux divers cadrans. Tout ce méchanisme est retenu par une virole traversée d'une goupille qui retient le tout solidement, en laissant la liberté convenable à ce cadran pour le tourner à volonté, lorsqu'il faut remettre l'horloge à l'heure.

LE SECOND mobile du mouvement est la roue d'échappement, qui a onze pouces trois lignes de diamètre et quatre lignes d'épaisseur, munie de soixante chevilles de chaque côté ; elles sont placées sur deux rayons de la différence du diamètre de ces chevilles, qui est de deux petites lignes : on a retranché la moitié de leur diamètre en sens inverse de leur action, pour éviter une trop grande perte de restitution au pendule lors de leur glissement sur les plans inclinés de l'échappement.

XIII.
Deuxième mobile du mouvement.

Cette roue est montée solidement sur son axe par trois vis : du côté opposé à la roue est montée la lanterne de huit rouleaux à pivots, engrenant dans le premier mobile ; elle peut se démonter facilement. Les pivots de la roue d'échappement ont trois lignes et demie de diamètre.

L'ÉCHAPPEMENT est à repos : les bras des léviers ont treize pouces de longueur ; ils sont montés sur l'axe contre une forte

XIV.
De l'échappement.

embase, et retenus par un écrou afin de les fixer solidement, en permettant de les démonter facilement au besoin : un des bras ou léviers d'échappement peut se mouvoir pour approcher du centre ces léviers, lorsque l'échappement n'est pas à son vrai point.

On a adapté une vis de rappel au milieu des branches de cet échappement pour les rapprocher ou les écarter convenablement, pour faire échapper les chevilles de la roue, et, par ce moyen, rendre les bras adhérens l'un à l'autre comme s'ils n'étoient faits que d'une seule pièce. Le pivot de l'axe des léviers d'échappement qui éprouve le plus de fatigue, a quatre lignes passées de diamètre ; l'autre un peu moins de quatre lignes.

La fourchette est faite en acier : elle a environ trois pieds quatre pouces de longueur; elle est *brisée* et fixée par un écrou; elle porte une vis de rappel pour *mettre l'horloge dans son échappement.*

XV.
Pendule composé pour la correction des effets du chaud et du froid.

La verge du pendule est composée de neuf tringles rondes; cinq sont faites en acier et quatre en cuivre : huit de ces tringles ont six lignes de diamètre ; la neuvième, qui est celle du milieu, en acier, a sept lignes un quart de diamètre : ces tringles sont assemblées à des distances convenables, par des traverses faites en cuivre ; ce qui forme un châssis de douze pieds six pouces de longueur sur six pouces passés de largeur ; cette verge pèse plus de cent livres.

La lentille a seize pouces de diamètre et trois pouces et demi d'épaisseur à son centre ; elle pèse environ deux cent quarante livres.

Le pendule est suspendu par deux ressorts de vingt lignes de longueur, à compter du point d'oscillation jusqu'à la goupille qui porte le pendule ; à quoi il faut ajouter tout ce qui traverse la pièce du coq qui porte un des pivots d'échappement, et sa distance au coulant d'un bras de lévier qui appuie contre la courbe d'équation, et la vis de l'*avance* et *retard* qui est de quatre pouces ; ces lames ont six lignes de largeur : le tout est supporté par un fort coq ou support à deux pattes, fixé solidement par deux fortes vis à l'extrémité de l'une des barres de la cage.

La longueur de ce pendule est de treize pieds deux pouces du point de suspension au centre de la lentille ; il décrit des arcs de trois degrés et demi au bas de l'écrou qui est sous la lentille ; le pendule fait dix-huit cents vibrations par heure.

On a eu égard, en construisant cette horloge, de placer le mouvement, l'échappement et la suspension dans la cage opposée aux grandes roues de sonnerie, afin que l'ébranlement causé par les levées de marteau, en produise moins dans les oscillations du pendule.

LA ROUE annuelle est formée par un cercle qui a deux pieds de diamètre ou vingt-quatre pouces. Ce cercle est divisé et gradué en trois cent soixante-cinq parties ; sur la face de cette roue, sont gravés les jours et les mois de l'année ; ce cercle est monté contre une croisée de cinq barrettes, laquelle est fixée sur un canon ajusté librement sur une broche d'acier, placée sur le support qui porte le pivot de l'échappement, celui opposé à la fourchette : la roue est retenue sur sa broche par une goupille ; ce support a une fente dans sa partie supérieure ; dans cette fente coule de haut en bas le bras du lévier, qui fait suivre à l'horloge les variations du Soleil ou de l'équation : ce lévier est de la première espèce ; ses points de contact sont dans le rapport d'un à six ; il est muni d'un rouleau par le bout, pour adoucir le frottement qu'éprouve la pression du lévier contre

XVI.
De la roue annuelle, et du méchanisme de l'équation.

l'intérieur du cercle annuel, lequel forme la courbe d'équation ; ce frottement seroit trop considérable sans cette addition du rouleau, à cause de la grande pesanteur du pendule que ce lévier supporte, les ressorts de suspension étant soutenus par lui.

On conçoit, par cette disposition, que la courbe formée sur l'intérieur du cercle annuel, élève ou abaisse le pendule et le rend plus long ou plus court en raison des variations du Soleil, et de telle sorte que l'horloge se trouve constamment à l'heure de midi au Soleil, ce qui forme l'équation du temps.

La roue annuelle est mue par une petite roue de cuivre, de dix-huit dents, montée sur un arbre d'acier contenu en cage par ses pivots dans le compartiment du rouage du mouvement et le sien.

Sur l'axe de cette petite roue, et près d'elle, en est montée une grande, ayant un pied de diamètre et trois lignes d'épaisseur, divisée en trente-six dents taillées en rochet : c'est un bras de *lévier brisé*, faisant l'effet d'un *pied-de-biche*, qui est mis en mouvement par une cheville placée sur le *chaperon* de la sonnerie des heures, qui fait avancer cette roue à rochet chaque fois que l'horloge sonne midi ou minuit. Sur ce rochet appuie un sautoir monté sur une broche, qui la retient dans la même position pendant tout le temps qu'elle n'est pas obligée d'agir par l'action du lévier qui la fait avancer.

XVII.
Du rouage de la
sonnerie des quarts.

LE ROUAGE de la sonnerie des quarts est composé de deux mobiles ou roues, et de la lanterne du volant.

La première roue a deux pieds passés de diamètre et douze lignes un quart d'épaisseur : elle est montée en rond sur le tigeron de son arbre, et appliquée contre une forte embase, et fixée par trois vis : l'arbre qui la porte a dix-huit lignes de diamètre dans son plus fort ; sa longueur est de vingt-un pouces entre les portées

de

de ses pivots ; ces pivots ont douze lignes de diamètre : cette roue est divisée en quatre-vingts dents, engrenant dans une lanterne de huit rouleaux. Contre les champs de cette roue sont montés, à portée, dix rouleaux faits en cuivre bien écroui, de quatorze lignes de diamètre : quatre sont placés d'un côté de la roue, et six de l'autre. Ces rouleaux servent à mouvoir les levées qui lèvent les marteaux pour sonner les quarts.

Sur le côté long de l'arbre de cette roue, est ajusté librement le cylindre sur lequel s'enveloppe la corde du poids ; il a neuf pouces six lignes de diamètre, et quatorze pouces de longueur ; il est composé de cinq pièces faites en cuivre : à chaque bout du cylindre s'ajustent des cercles croisés, et tetine épaisse au centre, formant canon, s'ajustant sur l'arbre, de la manière qu'on l'a vu ci-devant pour le cylindre du mouvement. Sur les faces des bouts du cylindre, sont ajustés de forts cercles. On a levé sur ces faces intérieures du champ, des portées renforcées, rentrant juste sur le champ. Ces cercles y sont fixés par de fortes vis à tête noyée : l'un de ces cercles sert de roue de remontoir, et l'autre de rochet d'encliquetage ; ils ont chacun 15 pouces 9 lignes de diamètre, et douze lignes d'épaisseur ; ils sont divisés en cinquante-deux dents. Ce cylindre est maintenu en place par une virole de fer, tournée et fixée à l'arbre par une vis dont la pointe rentre dans un trou conique fait à l'arbre.

Les cliquets et les ressorts d'encliquetage sont doubles, pour plus de sûreté, à cause de la grande pesanteur du poids : ils sont montés à vis sur les croisées de la première roue, qu'ils obligent à faire tourner par la pression du poids.

Sur la prolongation de l'un des pivots de ce mobile, au dehors de la cage, on a ajusté carrément le *chaperon* des quarts.

L'arbre du deuxième mobile ou de la seconde roue de la sonnerie des quarts, a dix-sept lignes de diamètre, et vingt-un pouces

 I i

de longueur entre les portées de ses pivots. Le pivot de ce mobile qui éprouve le plus de fatigue, a neuf fortes lignes de diamètre ; l'autre pivot huit lignes un quart : sur le gros bout de cet arbre, est ajustée carrément la lanterne de huit rouleaux, dans laquelle engrène la roue du premier mobile. Cette lanterne, comme toutes les autres, est assemblée par trois pièces de cuivre, ayant chacune un trou estampé, carré au centre, ajustées sur son arbre : deux sont les plaques divisées et percées avec une grande précision sur la machine à fendre : elles servent à contenir les pivots des rouleaux ; elles sont séparées dans leur assemblage par la troisième pièce, qui est un canon à trou carré, tourné droit et cylindrique, qui maintient l'écartement entre les plaques pour laisser aux rouleaux le jeu et la liberté qui leur sont nécessaires. La roue est montée carrément sur son arbre, contre la lanterne qui lui sert d'embase ; elle y est fixée par des vis.

Cette seconde roue a treize pouces de diamètre, et huit lignes d'épaisseur ; elle est divisée en cinquante-six dents ; elle engrène dans une lanterne de sept fuseaux, qui est celle dont l'axe porte le volant. Sur le côté opposé de l'axe de cette roue, on a réservé autour une portion de cercle de deux pouces huit lignes de diamètre et sept lignes et demie d'épaisseur, entaillée en gorge, du quart de sa circonférence : elle sert à déterminer avec précision la rentrée de la détente, qui n'arrête le rouage que par un bras fixé à l'axe du volant. Ce mobile fait exactement une révolution à chaque coup de marteau, et engrène dans la lanterne des sept fuseaux de l'axe du volant. Le volant est monté sur un canon ajusté libre sur le pivot saillant en dehors de la cage. Le tigeron sortant, sur lequel est monté le volant, a neuf lignes de diamètre. On a levé sur ce pivot prolongé, une seconde portée à pivot pour recevoir le canon du volant. Le volant est entraîné par un rochet d'acier ajusté carrément à l'extrémité de la tige, et dans lequel rentrent des cliquets posés sur le centre du volant. Cette disposition a été jugée nécessaire, pour qu'aussitôt que la détente arrête le bras de l'axe du volant, le volant puisse cependant continuer encore son mouvement par l'effet de son inertie : car s'il eût été arrêté subitement, cette même inertie eût pu rompre, par son action, ou les pivots ou les pièces d'arrêt.

LE ROUAGE de la sonnerie des heures est composé, comme celui des quarts, de deux roues et d'un volant. Les roues sont pareilles à celles des quarts, et de même nombre de dents. La première roue ne porte que huit rouleaux, placés du même côté pour la levée du marteau.

XVIII.
De la sonnerie des heures.

Sur le pivot prolongé de la première roue, est ajusté carrément un pignon de huit dents, lequel engrène dans la roue qui porte le chaperon des heures. Cette roue est mobile sur une vis à portée, placée au dehors de la cage.

La lanterne du second mobile a dix fuseaux ; le cylindre sur lequel s'enveloppe la corde du poids, a quatorze pouces de longueur et onze pouces de diamètre.

IL Y A, à chacun de ces deux rouages de sonnerie, une lanterne de huit rouleaux pour remonter les poids : ces lanternes engrènent dans les roues de remontoir, qui ont chacune cinquante-deux dents ; les axes de ces lanternes portent des carrés saillans au dehors des barres de la cage, sur lesquels s'ajustent de fortes manivelles qui ont onze pouces de rayon ; les pivots opposés des axes des lanternes sont portés par de forts supports à congé, fixés solidement après la cage.

XIX.
Des remontoirs des sonneries.

LES AXES des détentes de sonnerie sont montés parallélement à ceux de leurs rouages ; leurs pivots sont supportés au-dessus

XX.
Des détentes.

des cages, par de forts supports de cuivre, retenus par les vis qui assemblent les cages : les détentes sont fixées sur leurs axes par des tenons plats, avec des écroux, pour les y arrêter invariablement.

Les détentes servent à former l'arrêt des rouages : cet effet a lieu par leur extrémité (pas trop éloignée du centre, afin d'opposer moins de résistance) qui agit sur un bras porté par l'axe des volans. Pour que cette action oppose moins de résistance, il y a un contre-poids à la détente de la sonnerie des quarts, afin de diminuer l'effet de sa pesanteur, et que le *mouvement* qui sert à l'élever pour faire sonner éprouve moins de résistance.

Il y a, sur ces détentes, des rouleaux sur les parties frottantes où elles agissent pour produire leurs effets, afin d'en adoucir le frottement.

XXI.
Des léviers des marteaux des sonneries.

LES AXES des léviers des marteaux sont également montés parallélement aux axes des roues qui les font mouvoir ; leurs pivots sont ajustés séparément dans de forts supports, fixés de même par les vis qui assemblent les cages du côté opposé à ceux des détentes ; les bras des léviers y sont fixés sur les axes avec des écroux.

XXII.
Arbres des rouages et bouchons.

PRESQUE TOUS les arbres des rouages sont d'acier fondu, tournés et *rodés* à l'émeril, entre des coussinets de plomb ; tous les fuseaux des lanternes sont également d'acier fondu trempé, tournés et polis : les pivots mobiles dans leurs trous, sont tous de même grosseur ; on peut les démonter et remonter facilement.

Tous les bouchons des pivots sont de cuivre écroui dur, tournés rond, rentrant juste dans des trous bien faits, de forme un peu conique : ces bouchons sont fixés solidement dans les barres de leurs cages, chacun par une vis à tête carrée noyée, et taraudés au centre du champ des barres ; les pointes de ces vis rentrent dans un trou fait en cône, au milieu de la circonférence de ces bouchons, de sorte que si un trou venoit à s'agrandir, il seroit facile de substituer un autre bouchon.

LES VOLANS sont faits en cuivre de laiton bien écroui ; les ailes sont brisées de manière à s'incliner à volonté pour opposer par leur rotation plus ou moins de résistance dans l'air, et faire sonner l'horloge plus vîte ou plus lentement : ces ailes sont assujetties dans la même position, par le moyen des ressorts qui y sont fixés et qui rentrent dans des dents carrées faites à une portion de cercle réservée sur la pièce du centre qui les assemble près la broche qui entre dans leurs canons. Ces ressorts ont le double avantage d'empêcher que les ailes ne puissent se défaire si les goupilles qui les retiennent en place se perdoient, et de maintenir constamment l'inclinaison donnée à ces ailes.

XXIII.
Des volans.

Le volant de la sonnerie des heures a vingt pouces de rayon ; ses ailes ont trois pouces onze lignes de largeur à leur extrémité et moins vers le centre ; celui des quarts a quinze pouces de rayon, trois pouces neuf lignes aux extrémités, et trois pouces vers le centre.

CETTE HORLOGE ne peut marcher que trente heures sans être remontée : la descente des poids est d'environ trente pieds ; ils remontent au-dessus de l'horloge et descendent au-dessous ; il y a à chaque corde de poids, des poulies de renvoi pour y arriver. Le poids du mouvement est mouflé, ce qui oblige à employer une poulie pour le porter.

XXIV.
Des poids et de leurs moufles.

Les poulies sont en cuivre ; elles ont un pied de diamètre, et sont d'une force proportionnée aux efforts qu'elles ont à vaincre :

elles sont montées à pivot dans de très-fortes chapes ou chapelets de fer : les bouchons pour les trous des pivots sont faits en cuivre; ils sont fixés par des vis pour pouvoir être démontés facilement.

Le poids du rouage du mouvement pèse à peine huit livres; celui de la sonnerie des quarts pèse cinq cent quatre-vingts livres; et celui de la sonnerie des heures pèse environ sept cent soixante livres.

Les cordes des poids des sonneries sont de boyau ; elles ont cinq fortes lignes de grosseur et environ cent vingt pieds de longueur. Ces cordes à boyau résistent infiniment plus long-temps aux efforts d'une si grande pesanteur, que celles de chanvre qui seroient beaucoup plus grosses.

Les cordes des poids tirent sur leurs cylindres, entre l'axe qui les porte et celui du second mobile : ce qui diminue le frottement qui s'exerce sur les pivots de l'axe du cylindre.

XXV.
Des cloches et des marteaux des sonneries.

La cloche qui sonne les heures pèse environ huit mille livres. La masse ou marteau qui frappe dessus pour sonner, pèse, avec le bras sur lequel il est fixé, environ cent quarante-cinq livres : son arbre et les bras de lévier qui le font mouvoir, lui sont proportionnés. Ce marteau est suspendu par les pivots de son axe, à trois pieds quatre pouces au-dessus de lui : son inclinaison hors la perpendiculaire ou de son repos est de vingt-quatre degrés ; sa levée, lorsqu'il frappe les heures, est d'un pied. Cette pesanteur du marteau est à peine suffisante pour une cloche de ce volume, et qui est d'une épaisseur hors de proportion ; car on est assez dans l'usage de donner cinq livres de pesanteur au marteau pour chaque cent livres de la pesanteur de la cloche, lorsque la cloche est d'un moyen volume.

La plus grosse cloche des quarts pèse dix-neuf cents livres, et l'autre quinze cent quatre-vingts livres. Les marteaux sont suspendus à deux pieds huit pouces au-dessus de leurs masses ; leur inclinaison est de vingt-quatre degrés. Le plus gros pèse soixante-six livres, et l'autre cinquante livres : ils ont chacun une levée de neuf pouces ; ils sont écartés par leurs ressorts, lorsqu'ils sont en repos, de quatre à cinq lignes de la cloche. On est souvent obligé de mettre un contre-ressort pour éviter les contre-coups des marteaux, effet qui a souvent lieu dans ces machines en sonnant; ce qui occasionne des soubresauts aux rouages qui les font mouvoir.

IL Y A, à cette horloge, de fortes bascules de renvoi établies sur le plancher de dessus : elles sont montées à pivot et supportées par des rouleaux au milieu de la longueur de leurs axes, qui sont d'environ douze pieds, pour aller chercher la direction exacte des fils de fer des marteaux.

XXVI.
Bascules de renvoi.

CETTE HORLOGE a trois grands cadrans d'émail marquant les minutes : le principal cadran, qui est aussi le plus grand, est placé sur la face du bâtiment de l'ancien hôtel-de-ville, du côté de la place de Grève ; ce cadran a neuf pieds passés de diamètre ; il est formé par treize morceaux en émail : le centre de ce cadran est d'un seul morceau de quatre pieds quatre pouces de diamètre.

XXVII.
Des cadratures ou conduites des aiguilles des cadrans de l'Horloge.

Le second cadran est placé dans l'intérieur de la cour de cette maison ; son diamètre est de trois pieds et demi, composé de treize pièces.

Le troisième cadran est placé dans la grande salle ; il a deux pieds huit pouces de diamètre, fait d'un seul morceau : celui-ci marque, outre les heures et les minutes, les jours de la semaine.

Il y a derrière chacun de ces cadrans une cadrature composée de quatre roues de cuivre montées sur un canon ajusté sur celui du pont qui porte l'aiguille des heures : les autres roues sont montées sur leurs axes à pivots contenus par des supports fixés solidement par des vis sur le pont qui porte tout ce méchanisme. L'axe de la petite roue de minutes traverse l'intérieur du canon du pont ; elle est retenue par une virole chassée à force au bout, et porte le pivot sur lequel est ajustée l'aiguille des minutes. Sur le pivot opposé, on a ajusté un lévier ou contre-poids pour mettre l'aiguille en équilibre dans toutes ses positions. La grande roue des minutes porte le pignon qui fait mouvoir la roue de cadran ou des heures : ce pignon est fait en cuivre pour éviter la rouille. On le fait ordinairement du sixième du diamètre de la roue qu'il fait mouvoir. On met aussi un contre-poids sur la roue des heures, pour mettre l'aiguille des heures d'équilibre.

On a employé dans cette horloge plus de cent vingt pieds de tringles pour communiquer l'heure sur les trois cadrans : il y a sur la totalité de leurs longueurs, onze engrenages aux différens retours d'angles que l'on n'a pu éviter. Tous ces engrenages sont composés chacun d'une roue de champ et d'une roue plate, montées sur des canons goupillés près des pivots de leurs tringles. Ces engrenages ne peuvent s'écarter ni se rapprocher, vu que les pivots qui portent les roues sont fixés invariablement sur les supports communs, par des *pivots à collets*, qui n'ont qu'un jeu suffisant pour avoir la liberté qui leur est nécessaire.

Tous les pivots faits à toutes les tringles, sont d'acier tourné et poli. Pour exécuter tous ces pivots, on fait souder une partie d'acier sur le bout de la tringle qui doit porter le pivot.

On a ajusté des pierres d'agate polie dans les coqs, pour supporter le bout des pivots des tringles, de celles dont la direction est montante ou descendante, et l'on a trempé de tout leur dur le bout frottant de ces pivots.

Dans l'intervalle d'un engrenage à l'autre, les tringles de conduite sont jointes l'une à l'autre par deux plaques de seize lignes de diamètre, sur l'une desquelles sont montées deux

broches

broches de quinze à dix-huit lignes de longueur, rentrant librement dans des trous faits à la plaque correspondante de l'autre tringle ; ce qui permet à ces tringles de s'éloigner ou de s'approcher l'une de l'autre, en cas de dilatation ou de contraction de leur part, ou de dérangement dans la charpente sur laquelle elles sont posées. Ces tringles sont supportées, à des distances convenables, par de doubles rouleaux, pour faciliter leur mouvement.

On a diminué d'un quart la vîtesse des révolutions des tringles (qui se font ordinairement dans une heure), par une grande roue placée près de l'horloge, pour les tringles et engrenages qui communiquent le mouvement aux aiguilles des deux cadrans qui sont éloignés de l'horloge, et on l'a rétablie près de ces mêmes cadrans : on a usé de ce moyen pour diminuer les résistances que le mouvement de l'horloge auroit éprouvées, en faisant mouvoir avec trop de vîtesse une quantité de matière aussi considérable que celle de ces tringles ont pour arriver jusqu'aux cadrans. On n'a pas employé ce moyen pour le grand cadran, parce qu'il est placé assez près de l'horloge.

On a employé des genoux brisés pour les directions de conduite qui font des angles obtus.

De toutes les horloges construites par les Auteurs de celle que l'on vient de décrire, celle-ci réunit toutes les perfections qu'il est possible de donner à ce genre d'Horlogerie : elle présente à l'œil une belle simplicité dans la disposition de son plan, sûreté dans ses effets, solidité et précision dans son exécution. Aussi l'expérience a parfaitement répondu aux soins employés à la construction et à l'exécution de cette machine, qui souvent marche plus de six mois sans s'écarter de l'heure vraie du Soleil.

CHAPITRE XIV.

Des différentes Méthodes qui ont été proposées pour la détermination des Longitudes en mer. — Utilité des Horloges pour cette détermination.

« DÉTERMINER avec précision le lieu d'un vaisseau sur la vaste étendue de la mer ; connoître avec certitude la position des côtes, des îles, des écueils que l'on peut rencontrer, c'est ce qui constitue, conjointement avec la manœuvre du navire, de laquelle il ne s'agit pas ici, l'essentiel du grand art de la Navigation [a]. »

On connoît la position d'un lieu sur mer, lorsque l'on a pu déterminer sa *latitude* et sa *longitude*. On sait que la latitude d'un lieu n'est autre chose que sa distance de l'équateur, prise directement au nord ou au sud, et que sa longitude est sa différence à l'est ou à l'ouest, de quelque méridien connu que l'on peut choisir arbitrairement pour premier méridien.

I.
Première méthode par le loc et le compas ; son imperfection.

CELA POSÉ, deux méthodes se présentent d'abord pour déterminer sur mer le lieu d'un navire. On suppose que l'on connoît toujours la position du port d'où l'on est parti. On connoîtra donc pareillement la position du lieu où le navire est arrivé, si l'on a pu déterminer avec précision la quantité de chemin ou de lieues qu'on a parcourues, et la vraie direction de la route que l'on a suivie. Telle est la méthode presque unique que les Marins ont employée jusqu'à nos jours : un instrument appelé *loc,* est jeté à la mer ; on suppose qu'il reste

[a] *Voyage* fait en 1771 et 1772, par MM. *Verdun, Borda* et *Pingré ;* T. I, p. 2.

immobile à la surface de l'eau : on observe combien il s'écarte du navire, ou plutôt combien le navire s'écarte de lui, pendant la durée d'une demi-minute de temps ; on en conclut proportionnellement combien le navire parcourt de chemin en une heure. Quant à la direction de la route, elle est marquée ou déterminée par la *boussole*, que les Marins nomment *compas de route*. Cette méthode est très-bonne dans la théorie; dans la pratique, il n'y a pas de jour qu'on ne s'aperçoive de son extrême imperfection. On ne peut jeter le loc à toutes les minutes ; on ne le fait qu'à toutes les heures, quelquefois à toutes les demi-heures : et qui peut assurer que dans l'intervalle la vîtesse du navire a toujours été la même? Ajoutez à cela qu'il s'en faut de beaucoup que le loc reste à la surface de la mer aussi immobile qu'on le suppose. D'un autre côté, le compas est sujet à des variations qu'on ne peut souvent déterminer qu'à-peu-près : et d'ailleurs le vaisseau ne suit pas toujours la route indiquée par le compas; il dérive, et il n'est pas facile d'estimer bien précisément la quantité de cette dérive. Enfin, nous ne pouvons apprendre ni du loc ni du compas, si la marche du vaisseau n'est pas ou accélérée ou retardée, ou détournée par l'action de quelques courans. Il a donc fallu chercher une méthode qui ne fût pas sujette à ces inconvéniens : elle consiste à observer et à déterminer directement la latitude et la longitude du bord.

Avec l'octant ou le sextant anglais de HADELEY, on détermine maintenant les latitudes sur mer, dans la précision d'une minute [a] : mais cela ne suffit pas ; il faudroit de plus pouvoir déterminer les longitudes avec une égale précision, et il s'en faut de beaucoup qu'on puisse le faire. La Physique, l'Astronomie, la Méchanique, l'Horlogerie, se sont disputé la gloire de résoudre

---

[a] Une minute de grand cercle est le tiers d'une lieue marine; la lieue marine de France et d'Angleterre est d'environ 2,850 toises.

cet important problème. La Physique seule y réussiroit peut-être
en partie, si l'on pouvoit réduire à des lois simples et invariables
les différens phénomènes de la variation de l'aiguille aimantée,
tant en inclinaison qu'en déclinaison : mais il y auroit toujours
lieu de craindre que cette méthode ne fût ni assez générale ni
assez constante. L'expérience a fait connoître, il est vrai, qu'en
certains parages la déclinaison de l'aiguille varie promptement
de l'est à l'ouest. Sur la mer des Indes, vers les îles de Bourbon,
de France et de Rodrigue, quatre degrés de variation dans la
déclinaison de l'aiguille, répondent à environ cinq degrés de
variation dans la longitude : mais on rencontre rarement de tels
parages ; on peut parcourir de vastes étendues de mer, sans
trouver une seule occasion de corriger l'estime de sa longitude
sur la variation de l'aimant. D'ailleurs il n'est pas facile, du moins
selon nos méthodes et nos connoissances actuelles, d'observer
sur mer la variation de l'aiguille avec un certain degré de précision. Enfin, la déclinaison de l'aiguille aimantée est sujette,
dans les mêmes lieux, à des variations dont on ne connoît pas
encore la loi. Une déclinaison de douze degrés du nord à l'ouest,
indiquoit il y a vingt ans une longitude de soixante-un degrés
à l'est de Paris, sous une latitude donnée : il est très-possible
que depuis vingt ans la déclinaison de l'aiguille ait varié de
deux degrés ; ce qui produiroit deux degrés et demi, ou près
de cinquante lieues marines d'erreur sur la longitude qu'on voudroit conclure d'une telle déclinaison. Nous ne croyons donc pas
que les espérances que quelques Physiciens ont paru fonder sur
les variations de l'aimant, puissent être regardées comme pro-
chaines, certaines et générales.

Toutes les méthodes suivantes supposent que l'on connoît
l'heure du bord, c'est-à-dire, l'heure vraie que l'on doit
compter sous le méridien du navire à l'instant d'une observation

quelconque[a]. L'heure du bord étant connue, si l'on peut déterminer au même instant quelle heure on compte sous un méridien
connu, tel que celui de Paris, de Greenwich, ou du port duquel
on a appareillé, le problème des longitudes est résolu ; la différence des heures donnera celle des méridiens, à raison de quinze
degrés par heure, ou d'un degré par quatre minutes d'heure. Le
problème des longitudes peut donc se réduire à celui de déterminer, pour un instant donné, l'heure d'un méridien connu
quelconque.

L'ASTRONOMIE, en établissant les lois du mouvement des
astres, nous met à portée de prévoir avec assez de précision
l'instant des rencontres mutuelles des planètes sous un méridien
donné. Donc les éclipses du Soleil et de la Lune, celles des
étoiles par la Lune, et celles du premier satellite de Jupiter,
peuvent être d'un grand secours pour déterminer l'heure sous
ce méridien donné : mais les éclipses du Soleil et de la Lune
sont extrêmement rares ; les occultations d'étoiles par la Lune
ne sont rien moins que fréquentes : ces occultations d'ailleurs,
et sur-tout les éclipses du premier satellite de Jupiter, ne peuvent
être observées qu'avec de fortes lunettes, dont il n'est pas facile
de faire usage à la mer. Il s'écoule enfin souvent plusieurs mois,
sans qu'on puisse faire usage d'un seul de ces phénomènes.

III.

Éclipses des astres, peu utiles pour la so- lution du problème.

AU DÉFAUT des éclipses des astres, on a eu recours à leurs
distances réciproques. Mais la distance des étoiles fixes entre
elles est toujours la même ; celle de la plupart des planètes aux
étoiles ne varie que très-lentement : la Lune seule a un mouvement véritablement sensible. On s'est donc restreint à chercher

IV.

Observations du lieu de la Lune plus utiles.

---

[a] L'Astronomie fournit des méthodes | l'heure du navire, par les hauteurs abso-
certaines et faciles propres à trouver | lues du Soleil, &c. avant ou après midi.

des méthodes de déterminer les longitudes par les diverses positions de la Lune, soit entre les étoiles, soit relativement aux principaux points de la sphère, tels que l'horizon, le méridien et même l'équateur. JEAN-BAPTISTE MORIN, médecin et astronome français, n'est pas le premier qui ait imaginé de faire servir les mouvemens de la Lune à cet usage : mais nous ne croyons pas que personne avant lui ait proposé sur cet article quelque méthode raisonnable en toutes ses parties.

Depuis MORIN, on a soumis au calcul le plus rigoureux les irrégularités de la Lune : les mouvemens de cette planète sont maintenant connus, de manière qu'on peut déterminer, à une minute près, son véritable lieu dans le ciel, à quelque instant donné que ce puisse être : d'ailleurs, les instrumens dont nous nous servons sur mer, sont assez parfaits pour ne pas craindre plus d'une minute d'erreur dans leur usage. On peut donc se flatter d'obtenir, à l'aide de ces instrumens, dans les cas les plus défavorables, la vraie position de la Lune, telle, à deux minutes près, que les tables la donneroient pour l'instant de l'observation sous un méridien connu et déterminé. Il est vrai que ces deux minutes d'erreur, vu la lenteur du mouvement de la Lune, équivalent presque à un degré de longitude.

V.
Machines inventées pour faciliter les observations à la mer.
Chaise de *Besson*.

LA MÉCHANIQUE a pareillement *essayé* de contribuer à la perfection de la Navigation : l'utilité de l'octant ou du sextant anglais est universellement reconnue : il ne paroît pas probable qu'on puisse imaginer un instrument qui donne sur mer les hauteurs et les distances des astres avec plus d'aisance et de précision ; on pourra tout au plus perfectionner cet instrument: c'est ce qu'un de nous [M. BORDA] a essayé de faire, en lui substituant un cercle entier. L'effet des lunettes est porté maintenant à un point de perfection qu'on n'auroit osé espérer il y a un demi-siècle ; mais pour peu que la longueur d'une lunette soit sensible, le mouvement continuel du navire se communique à elle ; on ne peut fixer un astre que l'on voudroit observer : qu'on ait le bonheur de le saisir dans le champ de la lunette, il y est dans une agitation continuelle ; il en sort bientôt, il est difficile de l'y ramener. Sans cet inconvénient, les Marins pourroient tirer de grands secours des éclipses des satellites de Jupiter. Pour remédier à cette difficulté, on a imaginé des *chaises marines :* ce sont des chaises tellement suspendues, qu'on suppose qu'elles conservent perpétuellement la situation horizontale. On a aussi proposé des tables marines ; on prétendoit les suspendre assez parfaitement pour qu'une Pendule ou une horloge astronomique qui y seroit placée, restât toujours dans son échappement, et conservât dans ses mouvemens un parfait isochronisme. Cette dernière idée est fort belle sans doute dans la spéculation ; nous doutons qu'elle réussisse jamais dans la pratique. JACQUES BESSON, Dauphinois, professeur de Mathématiques à Orléans, fit imprimer, en 1567, à Paris, un ouvrage intitulé *le Cosmolabe,* ou *Instrument universel concernant toutes les observations qui se peuvent faire par les Sciences mathématiques, tant au ciel, en la terre, comme en la mer.* Un des usages de cet instrument est de déterminer les longitudes, même sur mer, par l'observation des distances de la Lune aux étoiles : et l'instrument et la méthode de s'en servir sont de la plus grande imperfection ; ils ne pourroient donner que par hasard des résultats exacts. Mais, au moins, BESSON avoit prévu l'inconvénient qui pouvoit résulter des mouvemens de la mer ; il avoit proposé l'idée d'une machine suspendue, dans laquelle on auroit placé une table et une chaise qui, selon lui, auroient toujours conservé leur niveau : l'instrument auroit été placé sur la table, et l'Observateur se seroit assis sur la chaise. Nous ne connoissons pas d'idée de chaise marine plus ancienne que celle de BESSON.

VI.
Chaise proposée en Angleterre par M. Irwin.

DE NOS jours, M. IRWIN a exécuté, en Angleterre, une chaise marine absolument différente de celle de BESSON, et beaucoup mieux imaginée : on peut en voir une description abrégée dans le Journal étranger, mars 1760. Cette chaise marine avoit été éprouvée sur mer en juillet et août 1759 ; il paroissoit même que ce n'avoit pas été sans succès. Nous ignorons pourquoi elle est tombée depuis dans un parfait oubli : on nous a dit que l'épreuve de 1759 n'avoit pas été aussi satisfaisante qu'on l'avoit publié, et qu'elle avoit été démentie par des épreuves postérieures. M. FYOT, ci-devant professeur de Mathématiques à Orléans, a présenté, en 1771, à M. de BOYNES, une chaise marine de son invention : nous avons eu ordre de l'embarquer et de l'éprouver ; voici le résultat de nos observations.

VII.
Chaise marine par M. Fyot.

LES SUCCÈS prétendus[a] de la chaise marine d'IRWIN avoient sans doute fait naître à M. FYOT l'idée de présenter au ministère une chaise de son invention. « C'étoit une double chaise, l'extérieure de bois, l'intérieure de fer : celle-ci étoit suspendue dans la première, de manière à avoir ses mouvemens libres en tous sens.

« La chaise extérieure se suspendoit par le haut à un mât, ou à une vergue qu'on amarroit fortement, d'un bout, au grand mât, de l'autre, au mât d'artimon, et qu'on supportoit avec des épontilles. Pour donner plus de stabilité à la machine, on mettoit dans le bas de la chaise extérieure quatre poids, chacun d'environ cinquante livres. M. FYOT se flattoit que la chaise extérieure, ainsi suspendue, conserveroit toujours, par l'énormité de son

---

[a] *Voyage* par MM. *Verdun, Borda* et *Pingré,* en 1771 et 1772 ; T. II, p. 455.

poids,

poids, sa situation verticale ; ou qu'au moins, si elle participoit en quelque chose aux mouvemens irréguliers du vaisseau, ces mouvemens ne se feroient point ressentir à la chaise intérieure, très-pesante elle-même, et très-librement suspendue en dedans de la première. Alors l'Observateur, assis sur la chaise intérieure, auroit facilement suivi Jupiter dans la lunette ; et des éclipses de son premier satellite, il auroit conclu la longitude du vaisseau.

» 1.° Quand une telle machine réussiroit, son usage seroit extrêmement borné. Il s'écoule plusieurs mois sans qu'on puisse observer une seule éclipse du premier satellite de Jupiter. Dans notre campagne, ces éclipses furent invisibles en décembre, janvier et février, Jupiter étant trop près du Soleil. En mars et avril, nous aurions pu en observer trois ou quatre, si la sérénité du ciel l'eût permis : en été, nous fûmes deux mois et plus sans avoir nuit fermée. Ajoutez à cela que, si la Lune n'est pas sur l'horizon quand on trouve l'occasion d'observer une de ces éclipses, on ne peut déterminer l'heure du vaisseau par la hauteur de quelque belle étoile.

VIII.
L'usage d'une chaise marine seroit très-borné.

» 2.° LA CHAISE marine de M. FYOT ne nous a pas satisfaits, et nous doutons même qu'on puisse jamais réussir dans des machines de cette espèce. Les mouvemens de cette machine étoient, il est vrai, moins étendus et plus lents que ceux du navire ; mais ils étoient plus irréguliers. Nous avons plusieurs fois essayé de suivre les astres avec une lunette, en nous plaçant d'abord dans la chaise de M. FYOT, et ensuite hors de la chaise sur le pont : il nous a semblé que nous les suivions plus facilement dans cette seconde position que dans la première, sur-tout quand il y avoit peu de mer. »

IX.
Inutilité ultérieure de cette machine.

X.
Lunettes achro-
matiques.

« Depuis l'invention des lunettes *achromatiques*, [a] l'observation des phénomènes célestes sur mer est devenue moins
difficile. Une lunette de trois à quatre pieds suffit maintenant
pour des observations qui exigeoient précédemment des lunettes
de douze à quinze pieds : mais une lunette de trois à quatre
pieds ne se manie pas encore facilement à bord ; les mouvemens du vaisseau ne permettent pas de fixer les astres, et de
les conserver long-temps dans le champ de la lunette. M. l'abbé
de Rochon, de l'Académie des Sciences, a imaginé de joindre
à un des côtés de la lunette, deux verres subsidiaires, l'un du
côté de l'astre, convexe, et de deux à trois pieds de foyer ; l'autre,
du côté de l'œil, dépoli, placé au foyer du premier, et recevant
en son milieu, sur un point noir, l'image de l'astre rassemblée par
le verre convexe. Cette construction est très-utile pour amener
l'astre au centre du champ de la lunette, et pour l'y ramener
si le mouvement du vaisseau l'en a fait sortir.

XI.
Des Horloges
marines.

» De tous les Arts méchaniques, celui sur lequel on a
toujours fondé les plus grandes espérances pour la détermination des longitudes en mer, c'est celui de l'Horlogerie. Cet
art cependant ne peut rien tout seul ; il faut nécessairement
l'associer avec l'Astronomie. Une montre, une horloge parfaite, et conservant avec la plus grande précision son isochronisme, fera connoître à chaque instant l'heure du méridien
duquel on est parti, ou sur lequel elle est réglée. L'Astronomie
déterminera l'heure du méridien sous lequel on se trouve. La
différence des deux heures, sera celle des méridiens, ou, ce
qui est la même chose, cette différence, réduite en degrés,
à raison de quinze degrés par heure, sera égale à celle des
longitudes. »

[a] *Voyage de Verdun, Pingré* et *Borda,* Tome I, page 12.

« Nous avons parlé assez au long dans le chapitre préliminaire de cet ouvrage[a], des différentes méthodes proposées pour
déterminer les longitudes sur mer : on a pu en conclure que nous
n'en reconnoissons que deux pour véritablement bonnes, l'une par
l'usage des horloges marines, l'autre par les distances de la
Lune au Soleil ou aux étoiles .... »

XII.

On doit s'arrêter à deux seules méthodes, à celle des distances de la Lune, à celle des Horloges marines.

« Tel est le fruit de nos observations, de nos calculs, de
nos recherches. Nous l'offrons aux Navigateurs : s'il leur est utile,
nos vœux seront comblés, nos peines amplement récompensées.
Nous aurions desiré pouvoir déterminer avec la plus exacte précision toutes les parties de la mer comprises sur la carte que
nous offrons au public : nous n'avons pu y réussir qu'en partie.
Les latitudes de la plupart des côtes habitées contenues dans
notre carte, sont déterminées avec une précision suffisante aux
besoins de la Navigation. Nous croyons pouvoir en dire autant
des longitudes des lieux que nous avons reconnus dans le cours
de notre campagne ; quelques autres longitudes ont été conclues
d'observations astronomiques : mais celles-ci sont en assez petit
nombre ; et d'ailleurs toute observation astronomique n'est pas
propre à donner des longitudes avec une égale précision. Les
observations les plus propres à bien déterminer une longitude,
sont fort rares. On approchera utilement du but, en multipliant
les observations des distances de la Lune au Soleil ou aux étoiles
fixes, avec l'octant ou le sextant : *nous croyons qu'on ne l'atteindra
parfaitement que par le secours de bonnes horloges marines.* »

XIII.

Conclusion sur les méthodes les plus propres à dé-terminer les longi-tudes en mer.[b]

[a] *Voyage,* &c. par MM. *Verdun, Borda* et *Pingré,* Tome I, page 358.
[b] *Ibidem,* Tome II, page 362.

CHAPITRE XV.

*De l'Invention des Horloges et des Montres destinées à
la détermination des Longitudes en mer, et propres à
la conduite du Vaisseau, à la rectification des Cartes
marines, et à perfectionner la Géographie.*

Nous avons rapporté ci-devant les diverses inventions qui
servent à la mesure du temps, à l'usage du public, et à celui
de l'Astronomie. Nous devons maintenant présenter un nouvel
usage des horloges, également utile et plus important encore;
c'est l'invention des horloges qui sont destinées à la Navigation,
à déterminer les longitudes, et à la rectification des cartes
marines.

Mais, avant de présenter les diverses tentatives et les recherches qui ont été faites à dessein de construire une horloge
propre à déterminer les longitudes en mer, il est nécessaire
d'expliquer comment ces machines peuvent remplir cette
destination si utile à la Navigation et à la perfection de la
Géographie.

I.
Notion sur la manière dont on fixe la position des lieux sur le globe terrestre, au moyen de la *latitude* et de la *longitude.*

Pour fixer la position d'un lieu sur le globe terrestre, il
faut connoître deux choses, 1.º la *latitude*, c'est-à-dire, le nombre
de degrés dont ce lieu est éloigné de l'équateur; 2.º la *longitude*,
ou le nombre de degrés compris entre le méridien de l'observateur et un autre méridien connu. La longitude se compte en
degrés ou en temps.

On détermine facilement la latitude d'un lieu quelconque,
parce que le ciel présente des points fixes qui servent à cette

mesure. L'Astronomie fournit différentes méthodes pour déterminer la latitude : les Marins sont dans l'usage de la déduire de la hauteur méridienne du Soleil.

Il n'est pas aussi facile de déterminer la longitude, parce que le mouvement de rotation de la terre sur son axe, qui se fait dans le sens même dans lequel on compte la différence des méridiens ou de la longitude, empêche que l'on ait des points fixes dans le ciel pour donner cette mesure. On y supplée à terre par les observations contemporaines d'un même phénomène céleste : mais les secours que l'Astronomie présente à cet égard, ne peuvent s'appliquer avec facilité à l'usage de tous les Navigateurs.

« IL ÉTOIT réservé à l'art de l'Horlogerie (dit un savant Navigateur [a]) de résoudre le problème des longitudes d'une manière plus directe, plus simple, plus accommodée aux connoissances bornées du plus grand nombre des Navigateurs. En effet, à quoi se réduit le problème? *Déterminer, à un même instant, l'heure du vaisseau, et l'heure du méridien du départ,* ou de tout autre méridien convenu. La différence des heures réduites en parties de l'équateur [b], donne la longitude du navire, rapportée au méridien qu'on a choisi pour terme de comparaison.

» On détermine exactement l'heure du vaisseau, en observant la hauteur absolue d'un astre dont on connoît la déclinaison : car la latitude de l'observateur étant fixée d'ailleurs, on a un triangle sphérique dont les trois côtés sont connus ; et pour trouver l'angle horaire, il suffit de faire la somme de quatre logarithmes. Cette opération de calcul est moins difficile, moins longue, que celle que

II.

De la détermination des longitudes en mer par les Horloges.

---

[a] M. *de Fleurieu*, dans son Ouvrage ayant pour titre, *Voyage fait en 1768 et 1769, pour éprouver les horloges marines.*

Paris, de l'Imprimerie royale, 2 vol. in-4.° Voyez *Introduction*, page iij.

[b] A raison de 15 degrés pour une heure, de 1 degré pour 4' de temps, &c.

les pilotes sont obligés de faire chaque jour pour déduire de l'estime des routes, le progrès que le navire a fait en longitude. L'observation est des plus simples ; elle n'exige pas un autre instrument ni d'autres procédés que ceux que les Marins connoissent, et dont ils font usage pour observer la hauteur méridienne du Soleil [a].

» On conçoit donc que le problème seroit résolu dans toute sa rigueur, si l'on parvenoit à se procurer une *horloge* dont la régularité ne fût aucunement altérée par les agitations de la mer, par les vicissitudes de la température de l'air, ou par toute autre cause dépendante de son propre méchanisme ; une horloge enfin qui indiquât constamment et invariablement l'heure précise du méridien de départ, à laquelle on pût comparer l'heure observée du vaisseau, pour en déduire la différence des méridiens : mais il ne faut pas se flatter de parvenir jamais à cette extrême précision ; on ne l'exige pas ; et en proposant le problème, on s'est restreint dans les limites que la sûreté de la Navigation paroît fixer. On a demandé seulement une horloge qui n'exposât pas à avoir une erreur de plus d'un *demi-degré* sur la longitude, après une traversée de six semaines, c'est-à-dire, une horloge dont la somme des écarts n'excédât pas *deux minutes de temps* après *quarante-deux jours ;* ce qui revient à deux secondes six septièmes par jour : et en effet cette précision suffit pour la sûreté des Navigateurs. Une erreur d'un demi-degré n'équivaut qu'à dix lieues sur l'équateur, à huit deux tiers sur le parallèle de trente degrés,

---

[a] Pour concevoir encore mieux l'avantage de simplicité que cette méthode a sur toutes celles qui dépendent du mouvement de la Lune, il suffit de savoir que, pour faire usage de ces dernières, il est pareillement nécessaire de trouver l'heure du vaisseau par l'observation et par le calcul, et qu'en outre il faut se livrer aux observations et aux calculs particuliers qui sont propres à la méthode qu'on veut employer, et par lesquels on ne parvient qu'après un long travail, à connoître le *temps* d'un méridien donné, correspondant au *temps* du navire.

à sept sur celui de quarante-cinq, à cinq lieues seulement sur le parallèle de soixante degrés.

« La simplicité de cette méthode avoit décidé NEWTON à la placer à la tête de toutes celles qu'on pouvoit proposer aux Marins ; et c'est sous ce point de vue qu'il la présenta dans le comité qui fut tenu à Londres en 1714, auquel assistèrent les hommes les plus célèbres de l'Angleterre. C'est là qu'on fixa les *limites d'erreur ;* c'est d'après la délibération du comité, que le parlement publia cet acte solennel, par lequel il invitoit les Savans et les Artistes de toutes les nations à s'occuper du problème des longitudes. La promesse des plus hautes récompenses venoit à l'appui de cette invitation ; on les proportionnoit au mérite des découvertes, au degré de justesse qu'on pouvoit en attendre. Vingt mille livres sterling furent assurées à l'inventeur d'une méthode quelconque par laquelle on obtiendroit les longitudes en mer, à la précision du *demi-degré* après *quarante-deux jours.* On proposa des prix moins considérables pour celui qui n'atteindroit qu'aux *deux tiers de degré,* ou seulement au *degré.* Quelques souverains, à l'exemple de l'Angleterre, proposèrent aussi des récompenses. Tous ces encouragemens eurent l'effet qu'on s'en étoit promis : ils excitèrent les recherches de ceux qui pouvoient prétendre à la découverte ; ils préparèrent les derniers efforts dont il nous étoit réservé de jouir : mais, en jouissant de ces travaux, nous ne pouvons nous dispenser de reconnoître que ce n'est point aux promesses de la fortune que nous les devons ; que c'est à l'amour de la gloire, qui peut seul éveiller le génie et créer les grandes choses. »

LA MÉTHODE des horloges dans la Navigation fut proposée par des Savans dès le commencement du XVI.ᵉ siècle. Depuis cette époque, plusieurs Méchaniciens et Artistes se sont successivement occupés de cette recherche ; et ce n'a été que vers le milieu du XVIII.ᵉ siècle que l'art de la mesure du temps ayant acquis un grand degré de perfection, soit par les principes, soit par les expériences, et un grand degré d'exactitude de la main-d'œuvre, on est parvenu à porter cette découverte importante au point de remplir sa destination. Nous allons présenter les tentatives qui se sont succédées jusqu'à l'époque où ces machines ayant subi des épreuves authentiques et rigoureuses, ont remporté les prix assignés à cette découverte.

III.
Gemma Frisius propose la méthode des Horloges pour résoudre le problème des longitudes (en 1530.)

LA MÉTHODE proposée en 1530 par GEMMA FRISIUS [a], pour résoudre le problème des longitudes par la mesure du temps ou les horloges, quoique fondée sur un principe certain, ne pouvoit à cette époque avoir aucun succès : l'Horlogerie étoit alors trop éloignée de la perfection qu'un tel usage exige ; elle manquoit des moyens nécessaires, et du côté des principes de la construction, et de ceux de la main-d'œuvre. On a cité quelques Auteurs qui, vers ce temps, tentèrent sans succès cette méthode : nous n'en pouvons parler, puisqu'on ignore les moyens qu'ils employèrent. Ce n'est que plus d'un siècle après GEMMA qu'on a pu espérer de résoudre ce problème par le moyen des horloges ; et c'est au célèbre HUYGENS qu'il étoit réservé de jeter les premiers fondemens de cette découverte, et de faire croire à sa possibilité.

IV.
Horloges marines à pendule, proposées par *Huygens*, en 1673.

HUYGENS, peu après qu'il eut substitué le pendule au *balancier* régulateur des anciennes horloges, connoissant quelle seroit l'importance pour les Navigateurs d'avoir une exacte mesure de temps en mer, construisit des horloges à pendule [b] qu'il

[a] Voyez *De principiis Astronomiæ et Cosmographiæ* ; Anvers, 1530 : traduit en français par *Claude Boissière*, 1557.

[b] Voyez *planche V, figures 4 et 5*, la disposition de la suspension et de l'échappement de cette horloge.

destinoit

destinoit à la détermination des longitudes : deux de ces machines furent embarquées, en 1664, sur un vaisseau ; et le major HOLMES, ami de l'Auteur, fut chargé de les observer : elles servirent à diriger les vaisseaux depuis leur départ jusqu'à l'île Saint-Thomas, et à fixer la longitude à l'arrivée à l'île de Fuego. A son retour, le major HOLMES rendit un compte favorable de ces horloges, en ces termes [a] :

« Lesdites horloges ont été inventées en premier par l'excellent HUYGENS, et disposées pour aller à la mer par milord KINCARDIN, tous deux membres de la Société royale ; et maintenant conduites par de nouvelles additions à ce point de perfection.

« L'utilité et la perfection de ces horloges ont surpassé mon attente ; je ne pouvois imaginer que des horloges de cette nouvelle *structure* pourroient si bien réussir : mais voyant que celles-là avoient déjà réussi, et que les autres sont maintenant plus justes et plus exactes, j'en ai une raison de plus de croire que cette invention de longitude arrivera à sa perfection. En même temps, je dois demander que l'État devroit recevoir ma proposition, qui seroit de dresser une patente ou acte pour ces nouvelles horloges, et qu'il y ait une récompense accordée à cette invention, &c. »

« On a fait, depuis cette première épreuve, dit HUYGENS [b], plusieurs expériences, soit en Hollande, soit en France, sur l'usage de ces horloges ; et quoique le succès n'ait pas été constamment le même, au moins a-t-on des raisons de croire que cette différence n'est venue que de la faute de ceux à qui on les avoit confiées. Une des circonstances où l'usage s'en est manifesté d'une manière entièrement satisfaisante, c'est dans l'expédition

[a] *Voyez* les *Transactions philosophiques,* Tome I, page 13.

[b] *De Horologio oscillatorio,* page 17.

de l'île de Crète, où le duc DE BELLEFORT fut envoyé, à la tête des Français, pour secourir Candie assiégée par les Turcs, &c. »

V.
Huygens applique un ressort plié en spirale au balancier, en 1675 ; il propose une montre de sa composition pour trouver les longitudes.

En 1674, l'abbé de HAUTEFEUILLE présenta à l'Académie des Sciences de Paris, l'application qu'il venoit de faire d'un ressort droit au balancier d'une montre pour lui procurer la faculté de vibrer sans le secours de l'échappement. HUYGENS, en 1675, fit la même application, mais d'une manière beaucoup plus heureuse, en donnant à ce ressort la figure spirale : l'Auteur de cette application en sentit aussitôt toute l'importance et l'utilité pour la découverte des longitudes, comme on le voit dans sa lettre, qui fut insérée dans le Journal des Savans, en 1675, et dont l'extrait se trouve dans les Mémoires de l'Académie des Sciences [a] et dans les Transactions philosophiques [b].

« Les horloges de cette façon, dit-il, étant construites en petit, seront rendues très-justes : en plus grande forme, elles pourront servir utilement par-tout ailleurs, et particulièrement *à trouver les longitudes tant sur mer que sur terre*, puisque leur mouvement est réglé par un principe d'égalité, de même que celui du pendule corrigé par la cycloïde, et que nulle sorte de voiture ne le peut faire arrêter [c]. »

Telles sont en effet les propriétés du balancier réglé par le spiral : mais l'art de la mesure du temps n'étoit pas assez perfectionné à cette époque pour que des montres pussent donner la longitude ; et il a fallu un siècle pour que les Artistes qui se sont successivement occupés de cette recherche, aient porté les

---

[a] Année 1666, Tome X, page 549.

[b] Tome X, page 272.

[c] On a donné, Chap. VIII, p. 143, la description du balancier à spiral et de l'échappement à roue de rencontre adapté à la montre qu'il proposoit. *Voyez* planche XIV, figure 1.

horloges à balancier et à spiral au degré de perfection requis pour fixer d'une manière certaine la longitude des lieux et réaliser l'espérance qu'HUYGENS avoit conçue. Quoi qu'il en soit, on doit considérer cet homme célèbre comme le premier qui ait jeté les fondemens de la découverte des horloges et des montres à longitudes.

DANS une lettre de M. DE LEIBNITZ, insérée dans les Transactions philosophiques [a], ce célèbre Philosophe, en reconnoissant le grand avantage du ressort spiral adapté au balancier par HUYGENS, propose, pour conserver les vibrations du balancier de même étendue, de rendre la force motrice parfaitement *constante*, en ajoutant un petit ressort moteur qui feroit tourner la roue de balancier, et qui seroit continuellement remonté lui-même par le grand ressort de la montre ; et LEIBNITZ croyoit ce moyen propre à perfectionner les montres à longitudes. Mais cette idée n'est pas assez bien présentée par son Auteur pour pouvoir être mise en usage : d'ailleurs, HUYGENS, dès 1673, l'avoit déjà proposée et même employée dans ses horloges marines [b]. Ce même moyen a depuis été mis en pratique par plusieurs Artistes ; mais on pense aujourd'hui que c'est un travail qui est au moins superflu.

> VI.
> *Leibnitz* propose un remontoir pour rendre la force motrice d'une montre constante : la première idée de ce moyen appartient à *Huygens.*

L'ACADÉMIE des Sciences de Paris proposa pour le prix de 1720, cette question : *Quelle seroit la manière la plus parfaite de conserver sur mer l'égalité du mouvement d'une Pendule, soit par la construction de la machine, soit par la suspension!* Le prix fut accordé à un Mémoire de M. MASSY, horloger hollandais, dans lequel il propose quelques moyens qui n'ont pas été mis à

> VII.
> *Massy* remporte le prix proposé par l'Académie des Sciences de Paris, en 1720.

---

[a] Tome X, page 285 (mois d'avril 1675).

[b] *Voyez* le *Traité d'Horlogerie d'Huygens* ou *de Horologio, &c.*

exécution, ni dû être adoptés : l'Auteur publia son Mémoire en 1722.

VIII.
Henri Sully construit une Horloge et une Montre à longitudes.

HENRI SULLY, célèbre et savant artiste anglais, établi à Paris vers 1716, s'étoit occupé dès 1703 de l'étude et de la recherche des longitudes en mer par les horloges. Il fut excité et encouragé à cette recherche par le chevalier WREN, et par l'illustre philosophe ISAAC NEWTON. SULLY n'avoit alors que vingt-trois ans : il ne parvint à la construction entière et à l'exécution d'une horloge marine que vers 1721. Il présenta cette horloge à l'Académie des Sciences de Paris en 1724.[a]

HENRI SULLY ayant exécuté une seconde horloge et une montre marine, se rendit à Bordeaux, en 1726, pour en faire les épreuves en mer. Ces horloges sont à balancier se mouvant verticalement. Les frottemens des pivots des balanciers, dans ces machines, sont infiniment réduits et rendus constans au moyen de l'application des rouleaux sur lesquels ils se développent; invention très-utile qui est due à SULLY.

Les balanciers de ces horloges ne sont pas réglés par des ressorts spiraux, mais par l'action d'un poids suspendu à un fil qui passe entre les lames cycloïdales[b]. La montre marine est horizontale, et le régulateur est un balancier réglé par un spiral, dont les pivots tournent entre des rouleaux.

HENRI SULLY publia, en cette même année 1726, un ouvrage ayant pour titre, *Description abrégée d'une horloge de nouvelle invention pour la juste mesure du temps en mer;* ouvrage dans lequel il établit les principes de construction de son horloge

---

[a] *Sully* avoit lu un Mémoire à l'Académie, sur cette horloge, dès 1723; et en présentant son horloge en 1724, il l'accompagna d'un second Mémoire qui en explique la disposition. On trouvera ci-après une description du méchanisme de son horloge et d'une montre marine.

[b] *Voyez* ci-après les descriptions placées à la fin de ce Chapitre.

et de ceux de sa montre : il y rend compte aussi du résultat des épreuves qui avoient été faites en mer. Ces horloges n'eurent pas tout le succès que l'Auteur s'en étoit promis ; mais on peut croire que si cet habile Méchanicien n'eût pas été trop tôt enlevé aux Arts, il eût porté cette recherche à un plus haut degré de perfection : il mourut en 1728, âgé de quarante-huit ans, victime de son amour et de son zèle pour la perfection de la mesure du temps. HENRI SULLY doit être placé avec distinction parmi les Auteurs auxquels on doit l'invention des horloges et des montres à longitudes.

L'ACADÉMIE des Sciences proposa, en 1745, un nouveau prix ; il fut remis pour l'année 1747. Le sujet étoit cette question : *La meilleure manière de trouver l'heure en mer, soit dans le jour, soit dans le crépuscule, et sur-tout la nuit quand on ne voit pas l'horizon.* Ce prix fut remporté par M. DANIEL BERNOULLY. Son Mémoire a pour titre : *Recherches méchaniques et astronomiques.* On trouve, dans ce Mémoire, des recherches profondes sur la mesure du temps, et particulièrement sur les horloges marines [a]. Si ce célèbre Géomètre eût pu faire lui-même l'application de ses principes aux horloges, on eût pu espérer qu'il auroit aidé à la découverte : mais il lui manquoit la connoissance des combinaisons ou moyens de la Méchanique, si indispensables dans la composition des machines qui mesurent le temps : car les principes géométriques seuls, sans l'invention et sans le génie qui la produit, sont en pure perte, et il faut y joindre encore les moyens et la perfection de la main-d'œuvre.

IX.
Recherc. faites par Daniel Bernoully, sur la construction des Horloges à longitudes.

JEAN HARRISON, artiste anglais, s'est fort distingué par son

X.
Jean Harrison, auteur de la Montre

[a] Voyez *Mémoires de l'Académie des Sciences* de Paris, année 1747.

marine anglaise, en publie la construction, en 1767.

long travail sur la construction des horloges marines, travail qui, le premier, a été couronné du plus heureux succès.

HARRISON, peu de temps après la publication du livre de HENRI SULLY, en 1726, se livra à la même recherche. Sa première horloge marine fut éprouvée en mer dans un voyage fait à Lisbonne en 1736. En 1739, HARRISON eut une seconde horloge exécutée. En 1741, une troisième fut encore terminée. Enfin la quatrième horloge, sous la forme d'une grosse montre de carrosse, fut soumise à une épreuve en 1761, dans un voyage fait à la Jamaïque. En 1764, le fils de M. HARRISON s'embarqua avec la montre de son père, pour un nouveau voyage aux Indes occidentales : il partit de Portsmouth le 28 mars 1764, et arriva à la Barbade le 13 mai : il fut de retour en Angleterre le 13 septembre de la même année.

Le Bureau des longitudes, après avoir examiné tous les certificats de M. HARRISON, décida, le 9 février 1765, d'un consentement unanime, que cette montre avoit déterminé les longitudes dans ce dernier voyage, en deçà des limites prescrites par l'*acte de la reine* ANNE ; mais qu'on ne seroit autorisé à lui adjuger le prix de dix mille livres sterling, qu'après qu'il auroit développé les principes de la construction de sa montre, et la manière d'en faire de semblables. C'est en conséquence de cet arrêté que M. HARRISON publia, en 1767, la construction de sa montre [a].

Le Bureau des longitudes ordonna ensuite que M. LARKUM KENDALL, horloger de Londres, exécuteroit une montre semblable à celle de M. HARRISON et sur les mêmes principes. Cette montre, ainsi imitée et exécutée, fut embarquée en 1772

[a] Sous le titre, *Principes de la construction de la Montre de M. Jean Harrison* ; Londres, 1767. Nous donnerons ci-après une notion abrégée de cette montre. *Voyez* les descriptions placées à la fin de ce Chapitre.

sur le vaisseau *la Résolution*, commandé par le célèbre navigateur le capitaine COOK, dans son second voyage autour du monde. Au retour de ce voyage, qui constata pleinement le succès et la perfection de la montre d'HARRISON, exécutée par KENDALL, on accorda à M. HARRISON la totalité de la récompense promise, après beaucoup de débats et d'oppositions.

Depuis les tentatives qui avoient été faites en France pour l'invention des horloges à longitudes, lesquelles ont été publiées en 1673 par HUYGENS, et en 1726 par HENRI SULLY, cette recherche y paroissoit abandonnée, lorsqu'en 1754, deux Artistes de Paris, PIERRE LE ROY, fils du célèbre Horloger JULIEN LE ROY, et FERDINAND BERTHOUD, s'emparèrent de cette recherche, presque en même temps, et chacun de son côté, par des moyens assez différens. Nous allons présenter le travail de ces deux émules, selon l'ordre des dates où il a été fait et publié.

LE 20 novembre 1754, FERDINAND BERTHOUD déposa à l'Académie des Sciences un papier cacheté, contenant la *Description d'une machine propre à mesurer le temps en mer.* L'exécution de cette première horloge marine fut terminée en 1761. L'Auteur publia, en janvier 1763, les principes, la construction de cette horloge, N.° 1, et ceux d'exécution, dans son Essai sur l'Horlogerie. Cette première horloge fut présentée et déposée à l'Académie le 16 avril 1763 ; elle fut observée par M. CAMUS. Une seconde horloge et une montre marine furent exécutées en 1763. La montre marine fut éprouvée en mer en 1764. En 1765, il construisit et fit exécuter une montre à longitudes, de poche, qu'il fit exécuter de nouveau en 1784, par un de ses ouvriers, lequel est devenu depuis assez habile pour exécuter avec succès ces petites machines. En 1766, FERDINAND BERTHOUD construisit, par ordre du Gouvernement de France, deux horloges

XI.
Ferdinand Berthoud publie, en 1763 et 1773, la construction de ses Horloges marines.

connues sous les N.ºs 6 et 8. Ces horloges furent éprouvées en mer par MM. DE FLEURIEU et PINGRÉ, pendant une campagne de plus d'un an. On peut voir les résultats de cette épreuve dans le Voyage publié en 1773 par M. DE FLEURIEU. L'Auteur de ces machines publia, en 1773, son Traité des horloges marines, ouvrage qui contient les principes qui servent de base à la justesse des horloges et des montres à longitudes, leur construction, l'exécution, les épreuves, et particulièrement la théorie importante de l'isochronisme des oscillations du balancier par le spiral, tant dans les horloges que dans les montres, théorie qui appartient uniquement à cet Auteur.

XII.

Pierre le Roy publie, en 1770, la construction de sa montre marine.

LE 18 décembre 1754, PIERRE LE ROY déposa à l'Académie des Sciences un paquet cacheté, contenant la *Description d'une nouvelle horloge propre pour l'usage de la Marine.* Le 7 décembre 1763, il présenta à l'Académie sa première montre marine; et le 18 août 1764, il présenta sa seconde montre. Ces deux montres marines furent éprouvées en mer en 1767, sur une frégate armée aux frais de M. le marquis DE COURTANVAUX: elles furent observées par MM. PINGRÉ et MESSIER. En 1768, les deux montres de M. LE ROY furent soumises à une nouvelle épreuve, qui fut faite par M. CASSINI fils. C'est à la suite de ces deux épreuves que l'Académie des sciences accorda un prix double à M. LE ROY. Il publia en 1770 la construction de sa montre, dans un ouvrage qui a pour titre, *Mémoire sur la meilleure manière de mesurer le temps en mer, &c.*

Les montres de M. LE ROY furent de nouveau éprouvées en mer par MM. VERDUN, DE LA CRENE, BORDA et PINGRÉ, en 1771 et 1772. Une de ces montres eut un assez grand succès pour mériter à son Auteur un second prix double. On peut voir le résultat de cette dernière épreuve dans l'ouvrage ayant pour titre,

titre, *Voyage fait en 1771 et 1772 par MM. VERDUN, BORDA et PINGRÉ*, publié en 1778.

L'horloge N.° 8 de FERDINAND BERTHOUD fut aussi embarquée dans cette même campagne, pour assurer de nouveau sa justesse, et non à titre d'épreuve, ni pour concourir au prix ; son Auteur étant uniquement occupé du travail de ces machines pour le Gouvernement, il ne put concourir.

Tels sont les Auteurs auxquels on doit la découverte et l'invention des horloges et des montres à longitudes. L'usage de ces machines, le degré de précision qu'elles ont atteint pour la perfection et la sûreté de la Navigation, ont été constatés par des épreuves rigoureuses, authentiques et plusieurs fois répétées : leur utilité a été particulièrement manifestée par le grand nombre de lieux dont la longitude a été fixée avec beaucoup de précision, par le secours de ces horloges, en diverses campagnes de mer. Ces horloges ont donc déjà infiniment contribué à la perfection de la Géographie.

Les principes qui servent de base à la justesse de ces machines, les moyens de construction, d'exécution et d'épreuves, ont été rendus publics ; savoir en France, dès 1673, 1675, 1726, 1763, 1770 et 1773 : ceux de la montre anglaise n'ont été connus qu'en 1767.

Quoique la montre anglaise d'HARRISON soit en effet la première dont une épreuve en mer ait constaté (vers 1763) le succès, les Artistes français n'ont pas moins de droit à la découverte, puisque dès 1754 (époque où le travail et le nom même de l'Artiste anglais étoient inconnus en France), deux Artistes français s'occupoient de la même recherche ; qu'une horloge fut terminée en 1761, et que dès 1763 un d'eux a le premier publié son travail. Les principes qu'ils ont établis leur appartiennent entièrement ; et la construction des horloges et des montres françaises diffère totalement de celle de la montre Anglaise ; en sorte qu'ils n'ont rien pu emprunter de l'Auteur anglais. Enfin, les Auteurs des horloges françaises ont la gloire d'avoir composé des horloges assez parfaites, pour qu'elles aient les premières été employées à déterminer les longitudes en mer, ayant servi à la rectification des cartes marines dès 1768 : et c'est encore en France que, pour la première fois, on a établi et publié les méthodes et les règles nécessaires à mettre en usage pour déterminer les longitudes en mer, et ce par le moyen des horloges [a].

Depuis 1773, époque où la découverte des horloges et des montres à longitudes a été fixée tant par des épreuves que par les ouvrages publiés sur cette matière, plusieurs Artistes, tant en Angleterre (vers 1782) qu'en France (vers 1786), se sont occupés du travail des montres portatives, et avec succès : mais ces montres n'ayant subi aucune épreuve authentique en mer, et ces Artistes n'ayant pas publié les procédés qu'ils ont suivis, on ne peut pas juger s'ils ont ajouté à l'art de nouveaux principes ou des moyens de construction ignorés avant eux, ou s'ils ont uniquement le mérite d'une bonne exécution, et d'avoir mis en pratique les principes qui ont été établis avant eux par les Auteurs de cette découverte [b];

[a] *Voyez* le *Voyage fait en 1768 et 1769, &c.* par M. *de Fleurieu*, publié en 1773 (dans l'*Appendice*).

[b] Dans les Ouvrages que nous devons en France aux Auteurs des horloges et des montres à longitudes, on trouve établies les bases de la justesse des machines qu'ils ont composées : ces bases sont fondées sur les principes suivans, dont ils ont fait l'application à leurs horloges :

1.º Sur la grande puissance ou force de mouvement du *balancier*, régulateur de ces machines, et sur la plus parfaite réduction des frottemens de ses pivots;

2.º Sur l'*isochronisme* des vibrations du balancier, obtenu par le spiral ; propriété dont on leur doit la découverte : et quoique cette découverte de l'isochronisme des oscillations du balancier par le spiral, n'ait pas fait autant de bruit que la savante application de la cycloïde au pendule par *Huygens*, elle est certainement plus utile et plus

en sorte que nous ne pouvons en parler. Nous citerons, parmi eux, le seul qui ait publié une notice de son travail; c'est THOMAS MUDGE, habile horloger de Londres, dont le fils vient de publier (en 1799) la description de la montre de son père (description renfermée en onze pages in-4.°). On reconnoît dans la construction de cette montre, beaucoup plus de subtilité en moyens méchaniques, que de connoissance des vrais principes de la science de la mesure du temps. Il est donc certain que l'Auteur de cette montre n'a point ajouté à la découverte.

XIII.
Thomas Mudge,
1799.

» LE MOTEUR[a] de l'horloge marine d'HUYGENS étoit un ressort d'acier, semblable à celui des montres. Pour éviter les secousses du vaisseau, les horloges étoient suspendues à un fil d'acier, fait en forme de *tire-bourre,* renfermé dans un cylindre de cuivre; et pour obliger le pendule d'être toujours dans une même ligne droite avec le fil auquel il étoit suspendu, au lieu de le contenir par une simple fourchette, on en employa une double ayant la

XIV.
Explication abrégée de l'Horloge marine à pendule d'*Huygens.*

importante, étant la partie fondamentale de la justesse des montres à longitudes; et parce qu'elle est aujourd'hui généralement adoptée et imitée par les Artistes anglais et français qui exécutent ces sortes de montres; tandis que la cycloïde n'a pas tardé à être abandonnée comme inutile et même nuisible;

3.° Sur la nature d'un *échappement* qu'ils ont inventé, et dans lequel les frottemens, réduits à la plus petite quantité, sont rendus constans; d'ailleurs, il n'exige pas d'huile : cet échappement a de plus la propriété de ne pas troubler les oscillations isochrones du régulateur;

4.° Sur l'exacte et constante

compensation des effets du chaud et du froid sur le régulateur;

5.° Enfin, sur la force constante que la puissance motrice de l'horloge transmet au régulateur pour en entretenir le mouvement : ce qui comprend également la perfection relative aux engrenages des roues du rouage et les frottemens des pivots de la machine, &c.

Tels sont, en abrégé, les principes qui ont été fondés par les Auteurs des horloges à longitudes inventées en France; principes qui sont contenus dans les ouvrages publiés en 1763, 1770 et 1773.

[a] *Horologium oscillatorium,* page 17.

forme d'une F renversée, prévenant, par ce moyen, un mouvement de rotation que le pendule ne doit point avoir, et qu'il auroit
pu prendre. (Voyez *planche V, figure 4.*)

» Le pendule avoit neuf pouces de longueur, et le poids qui y
étoit attaché étoit de quatre onces et demie ; le tout étoit renfermé
dans une caisse de quatre pieds de haut, au bas de laquelle étoit,
pour plus de stabilité, un poids de plus de cent livres : enfin, le
moteur étoit un ressort. (L'échappement étoit à roue de rencontre,
le seul alors inventé.)

XV.
Remontoir agissant
de demi-seconde
en demi-seconde.

» JE CHERCHAI cependant à perfectionner encore ces machines
par un moyen que voici. J'attachai à la roue de rencontre, au
moyen d'une chaîne parfaitement travaillée, un petit poids qui
devoit lui seul donner le mouvement à cette roue : le reste de l'horloge étoit employé à remonter de demi-seconde en demi-seconde
ce poids à la même hauteur, à-peu-près de la même manière que
nous avons fait voir que, tandis que l'on tiroit un des cor-
dons, le poids moteur agissoit néanmoins toujours de la même
manière sur le rouage. Nous en avons imaginé un autre pour le
pendule, et un autre moyen de suspendre l'horloge. Ce pendule
a la figure d'un triangle, dont le sommet, qui est tourné
vers l'horizon, est chargé d'une lentille de plomb. Les deux
autres angles sont attachés à deux fils, suspendus chacun entre
deux lames de cycloïde : la base est prise dans son milieu par
les dents d'une fourchette, qui reçoit son mouvement de la roue
de rencontre parallèle à l'horizon. Le moteur est un ressort. Sur
les côtés du triangle sont deux petites lentilles qui servent à
régler l'horloge, &c.

XVI.
Suspension de
l'Horloge marine
de M. *Huygens.*

» LA CAGE AB tient au châssis de fer DE, *planche V, fig. 5,*
par un axe dont on voit en C un appui. Le châssis DE est soutenu

par le châssis vertical F H , G K , qui est fixé au plancher du
vaisseau ; et le bas L contient un poids de cinquante livres. Par
ce moyen , quelque inclinaison que prenne le vaisseau , la cage
reste toujours verticale. Le tourillon C et son opposé , et les
tourillons placés à angles droits , F , G , sont tellement placés ,
qu'ils répondent exactement au point de suspension du pendule ;
en sorte que son mouvement ne peut plus affecter la machine.
De plus , l'épaisseur des axes , qui est d'un pouce , et la pesanteur
de la suspension , détruisent la faculté qu'elle pourroit avoir de
remuer , et lui procurent une tendance à se rétablir aisément , si
quelquefois des secousses extraordinaires lui donnoient effectivement du mouvement.

» Cette machine n'a point encore été éprouvée : mais nous la
croyons plus propre à résister à toutes sortes de mouvemens que
celle que nous avons décrite ci - devant : nous ne doutons point
qu'elle ne puisse avoir tout le succès qu'on peut desirer »

« J'AI EU pour objet dans mes recherches, dit SULLY, une
machine dont le mouvement fût aussi égal et aussi constant, s'il
est possible, que celui d'une Pendule à secondes, et qui n'eût pas
les imperfections auxquelles les horloges à pendule sont sujettes
en mer et en différens climats.

» Je réduis ces imperfections à trois principales, qui sont,

» 1.º Les variations, quelque petites qu'elles soient, prove-
nant de la dilatation et du rétrécissement des métaux et de tous
les corps, dont la chaleur et le froid sont des causes évidentes,
sans en exclure d'autres ;

» 2.º Les variations, encore bien plus considérables, causées
par l'inégalité de la pesanteur des corps en divers endroits du
globe terrestre, laquelle n'est pas encore réduite à des règles
certaines ;

» 3.º La difficulté, ou peut-être l'impossibilité, de suspendre un pendule de longueur à mesurer le temps avec la justesse requise, dans un vaisseau sur mer, de manière que les divers mouvemens du vaisseau ne dérangent pas le mouvement particulier du pendule.

» Il s'agit de suppléer à ces imperfections, qui rendent le pendule de peu d'utilité dans la Navigation, et de lui substituer quelque machine qui ne soit pas sujette à de pareils inconvéniens.

» J'ai tâché d'éviter ces inconvéniens dans la construction de ma nouvelle horloge, par deux propriétés principales.

» La première de ces propriétés se trouve par l'application d'une certaine courbe *qui n'est pas encore connue des Géomètres, et qui excitera peut-être leur curiosité,* de conserver un parfait isochronisme aux arcs de vibrations de diverses grandeurs, et de quelque cause que cette diversité de grandeurs des arcs puisse provenir.

» La seconde consiste dans une méthode de réduire les frottemens de la puissance réglante à la moindre quantité qu'on veut, ou presque à zéro.

» Dans cette nouvelle horloge, il y a deux choses principales à remarquer :

» 1.º La construction de la partie qui en fait la puissance réglante, avec ses propriétés ;

» 2.º La manière d'appliquer cette puissance aux autres parties de l'horloge qui ne servent qu'à entretenir son mouvement.

» Cette nouvelle puissance réglante est composée de trois parties principales :

» 1.º D'un balancier G H I *(planche XII, fig. 1).*

» 2.º D'un lévier que j'appellerai constant ou horizontal xyz.

» 3.º D'un lévier que j'appellerai croissant ou courbe $qv1, qv2$.

» Le balancier et le lévier horizontal agissant réciproquement l'un sur l'autre par l'entremise du lévier croissant, il résulte de cette combinaison trois propriétés singulières :

» La première, que les plus grands et les plus petits arcs de vibration sont parfaitement isochrones [a];

» La seconde, que la dilatation ou le rétrécissement des métaux, causés par la chaleur ou par le froid, ou n'influent point sur les temps de vibration, ou tout au plus dans une très-petite proportion de ce qui arrive au pendule [b];

» La troisième, que les variations dans la cause même de la pesanteur, ou de ce qui est analogue, qui affectent si sensiblement le pendule, ne peuvent produire d'inégalités sensibles par rapport au temps des vibrations de cette machine, ou tout au plus que des inégalités qui n'auront qu'un rapport extrêmement petit, comparées à celles qui arrivent au pendule par la même cause [c].

» Je ne saurois cependant dissimuler (continue SULLY) une chose qu'on pourroit objecter au désavantage de cette machine, en la comparant au pendule : c'est le frottement qu'elle suppose de plus que dans le pendule appliqué à l'horloge. J'avoue même

[a] *(Note de l'éditeur.)* Les arcs d'inégale étendue peuvent, en effet, être rendus isochrones en figurant la courbe ou cycloïde convenablement, et combinée avec les effets de l'échappement ; mais il faut supposer que le fil ou la chaîne qui suspend le lévier horizontal et se dévelope sur la courbe, conserve constamment la même flexibilité et la même longueur.

[b] *(Note de l'éditeur.)* La chaleur augmente les dimensions du balancier, ce qui rend ses vibrations plus lentes ; et la même chaleur augmente la longueur du lévier, ce qui tend à accélérer les vibrations : il peut se faire une sorte de compensation. Mais ces quantités sont-elles dans les proportions convenables ! c'est ce que des expériences seules pouvoient apprendre, et l'Auteur ne dit nulle part qu'elles aient été faites.

[c] *(Note de l'éditeur.)* A la suite de ces propriétés supposées, l'Auteur tâche d'étayer son opinion sur cette troisième propriété de son régulateur, par des raisonnemens très-captieux, et sur lesquels nous pensons qu'il s'étoit trompé : voici ce qu'on peut opposer.

qu'un pareil inconvénient détruiroit seul tous les avantages que l'on se promettroit par la construction de cette puissance réglante.

» J'ai trouvé un moyen de diminuer ce frottement à la moindre quantité assignable : ce moyen est aussi important que toutes les autres propriétés de la machine jointes ensemble.

» Ce moyen est celui des *rouleaux* sur la circonférence desquels les pivots du balancier se développent au lieu de tourner dans des trous : en sorte que le pivot, au lieu de frotter ou glisser sur la surface concave cylindrique d'un trou fait dans la platine, ne fait à présent que rouler sur les circonférences de quatre cercles qui cèdent à ce mouvement ; tout le frottement est alors transporté aux pivots de ces rouleaux circulaires. On doit encore appliquer des rouleaux aux pivots du lévier horizontal. »

Telles sont les bases sur lesquelles HENRI SULLY avoit fondé la justesse de son horloge marine, celle de son régulateur. Pour entretenir le mouvement du balancier, il employa un échappement à repos, dans lequel il reconnut une belle propriété, celle de rendre isochrones les oscillations, et indépendamment de sa cycloïde, quoique la force motrice fût doublée : mais comme les palettes de cet échappement étoient faites en acier, il proposa

Le principe, qui, dans le régulateur de *Sully* produisoit les vibrations, étoit la pesanteur : or il est évident que si l'horloge étoit transportée par diverses latitudes, elle devoit avancer ou retarder en raison de la différence de la pesanteur. La compensation sur laquelle il comptoit étoit imaginaire : mais il y a plus, c'est que dans le même lieu, pour peu que son horloge ne fût pas parfaitement horizontale et devînt plus ou moins inclinée, le poids de son lévier ne descendoit plus avec la même force ; et comme cette force déterminoit seule la vîtesse des oscillations du balancier, l'horloge devoit varier. Enfin, l'horloge étant placée dans le vaisseau et supposée même parfaitement horizontale, la pesanteur du lévier étoit changée selon que les agitations soulevoient ou abaissoient le vaisseau, et tendoient à accroître ou à diminuer la vîtesse de la descente du poids du lévier, et par conséquent à changer la nature des oscillations du balancier.

de

de faire usage de pierres précieuses pour ces palettes. Enfin, pour avoir une force constante employée à entretenir le mouvement du régulateur, S U L L Y propose de faire usage d'un remontoir dont il attribue l'invention à M. DE LEIBNITZ , quoique cette invention appartienne en effet à H U Y G E N S. Nous allons maintenant transcrire la description qu'il donne de la seule figure qui représente le mouvement de son horloge.

« A B C D E A, *planche XII, fig. 1 ,* est la platine du derrière de la machine[a]; *d e f f* est une ouverture circulaire faite dans la même platine pour mieux faire voir le jeu des pièces en dedans ; G H I G compris entre les deux cercles ponctués, marque le cercle du balancier, dont le plan est vertical, et qui est posé environ trois quarts de pouce en dedans de la platine ci-dessus. L'axe de ce balancier est horizontal, long de trois pouces environ, et s'étend depuis la platine du devant de la cage, où l'on peut se le figurer comme tournant sur un pivot, jusqu'en dehors de la platine du derrière, au bout duquel il y a un coq, non pour recevoir un pivot , mais seulement pour contenir l'axe en sa place.

» *m 1* est un cercle de laiton, qu'ayant égard à son usage, j'appelle *rouleau;* il est posé à un quart de pouce en de çà du balancier G H I G : *m 2* est un autre rouleau posé un peu en de çà du premier *m 1,* tous les deux en dedans de la platine A B C D E A, et à-peu-près également distans de la platine et du balancier. Les axes des rouleaux ont chacun un pouce et demi de longueur ; leurs pivots en dedans portent sur deux coqs posés en de çà du balancier , et leurs pivots en dehors sur deux autres coqs posés en dehors de la platine. Ces coqs ne sont pas marqués dans la figure, pour éviter la confusion dans le dessin.

------

[a] *Description abrégée , &c.* page 4.

X V I I I.
Explication des figures qui représentent l'Horloge de *Sully*.

» c entre q et p, qui est le centre du balancier, est aussi une espèce de pivot, ou plutôt un col tourné dans l'axe du balancier, du diamètre d'une ligne, lequel pivot appuie sur les circonférences des deux rouleaux $m\,1$, $m\,2$, à leur circonférence en p; lequel pivot tournant avec le balancier de côté et d'autre, donne aussi aux rouleaux un très-petit mouvement de vibration.

» Sur le même arbre ou axe du balancier, continué, comme ci-dessus, jusqu'à trois quarts de pouce en dehors de la platine A B C, &c. est attachée la double courbe $q\,v\,1$, $q\,v\,2$, à laquelle est jointe l'aiguille $q\,o$, avec sa lentille n, qui tourne à vis sur la tige de l'aiguille pour faire équilibre avec la courbe : de manière que le balancier, la courbe, l'aiguille et la lentille, doivent faire ensemble un parfait équilibre.

» $x\,y\,Z$ est un lévier qui a une boule Z au bout, et dans son milieu l'arc $t\,t$ décrit du centre x, qui est aussi centre du mouvement du lévier : S S S est un fil très-flexible qui descend d'entre les deux courbes $q\,v\,1$, $q\,v\,2$, et qui est toujours tangente à l'une ou l'autre des courbes, et à quelque partie de l'arc $t\,t$. T est une lentille qui entre à vis sur un bout du lévier continué au delà du centre x en arrière. Son usage est de régler les durées des vibrations, en l'approchant ou l'éloignant de x, et en même temps de faire porter le pivot ou centre x en bas sur les deux rouleaux r, r, lequel porteroit en haut sans le poids T. Il faut imaginer de plus un coq, pour recevoir les deux pivots des rouleaux r, r, et pour contenir x, qui a une tige derrière qui traverse la cage ; et son pivot à l'autre bout, qui ne porte pas de poids, coule dans la platine de devant.

» K B L est un arc de la platine A B C, divisé en quatre-vingt-dix degrés de B en K, et de B en L.

» Lorsque la machine est arrêtée, l'aiguille $q\,o$ marque o, &c. »

L'horloge marine de SULLY, dont on vient de donner la

description d'après lui, étoit fixée sur une suspension qui s'attachoit au vaisseau. Cette suspension étoit construite de manière que l'horloge, en cédant aux balancemens et aux agitations du vaisseau, conservât constamment sa position verticale. Cette suspension est représentée, *planche V, fig. 7.*

L'échappement employé par SULLY dans son horloge marine à lévier, est représenté *planche XII, fig. 2.* On en trouvera la description dans le Chapitre I, Tome II, qui traite des divers échappemens.

« J'AI PARLÉ dans mon second Mémoire (dit SULLY), d'une montre portative à balancier et à ressort spiral, que l'on pourroit rendre plus parfaite que toutes celles qui ont été jusqu'ici en usage. Je n'en ai parlé que pour faire voir qu'une telle montre pourroit servir de supplément à défaut de mon horloge à lévier, supposé qu'elle se trouvât dérangée par des mouvemens trop violens du navire dans un gros temps ou dans un orage, ou que la montre marine n'en seroit point affectée, et serviroit par conséquent à connoître les variations de l'horloge à lévier dans ces occasions, et à la remettre juste sans erreur sensible à la fin de l'orage.

» J'ai promis une description de cette montre, suffisante du moins pour expliquer ce qu'elle a de nouveau et de singulier dans sa construction, ses propriétés et ses usages.

» Pour sa construction, elle diffère des autres montres,

» 1.º Par la grandeur que je lui ai donnée [a], qui est telle que tous les bons ouvriers pourront travailler toutes ses parties les plus délicates, dans la plus grande perfection possible, et, à plus forte raison, toutes les autres parties à proportion. Je ne me suis point

XIX.
Montre marine
de *Sully.*

____

[a] Elle a trois pouces et demi de diamètre et autant de profondeur, d'une forme cylindrique.

gêné sur cet article, comme on l'est dans les montres de poche ; puisque, pour les usages qu'on en doit faire, elle n'est pas plus embarrassante dans la grosseur qu'elle a, que si elle eût été plus petite.

» 2.º Elle diffère des autres montres par son échappement[a], dont les propriétés sont prouvées par des expériences méchaniques : savoir, que la force doublée ou diminuée de moitié, ce qui fait une différence de quatre à un, ne produit pas des variations sensibles dans les durées des vibrations du balancier et de son ressort spiral, comme il se trouve appliqué à cette montre ; d'où il est aisé de conclure que toutes les variations qui peuvent possiblement arriver dans la somme des frottemens du rouage, ne pourront causer que des variations incomparablement plus petites dans le mouvement de cette montre que dans celui de toute autre.

» 3.º Elle diffère encore des autres montres par un autre endroit très-important à la justesse de son mouvement et à la durée de cette justesse ; c'est par la méthode que j'ai déjà employée dans mon horloge à lévier, pour diminuer les frottemens des pivots de balancier, par l'application des rouleaux, que je répète dans cette montre ; et la pointe du pivot inférieur du balancier porte sur un rubis ou autre pierre dure.

» 4.º Cette montre a, de plus, deux ressorts spiraux dont l'utilité est considérable. Un de ces ressorts est appliqué à la roue des palettes qui engrène dans le pignon du balancier, et l'autre au balancier même. »

Nous ne suivrons pas l'Auteur dans les expériences nombreuses qu'il a faites sur les vibrations des balanciers avec le ressort spiral tournant, ou sur leurs pivots dans des trous, ou sur des rouleaux :

---

[a] C'est l'échappement à deux tranches cylindriques à repos ; on en voit la disposition *planche XII, figure 2, des échappemens.* (*Note de l'éditeur.*)

elles sont très-intéressantes, mais non susceptibles d'extraits. *Voyez page 172 jusqu'à 185* de l'ouvrage de SULLY [a]. Nous remarquerons que SULLY est tombé dans une erreur, qui étoit celle de son temps, c'est que la différence de la pesanteur agissoit sur les balanciers. Voici ce qu'il dit, *pag. 184 :*

« Il ne faut pourtant pas s'imaginer que cette montre ou aucune autre à balancier et ressort spiral, soit capable de mesurer le temps dans tous les climats avec la même justesse que l'horloge à lévier, quelque peu d'inégalité qu'il y ait dans la force élastique du spiral, et quelque parfait que soit l'isochronisme des ressorts dans des arcs de différentes grandeurs ; car la force élastique du ressort spiral, et toute autre chose restant de même, *la diminution de la pesanteur, qui est analogue à un balancier plus léger, la fera avancer, et la pesanteur augmentant, la fera retarder.* Si la force élastique varie, elle est diminuée par la chaleur, et augmentée par le froid ; et comme la chaleur augmente en général à mesure que l'on approche de l'équateur, il arrivera que l'élasticité diminuera plus ou moins en même temps avec la pesanteur. Il y aura donc quelque sorte de compensation. »

Nous remarquerons que SULLY suppose ici que la variation de la pesanteur, qui agit en effet sur les corps qui tombent, avoit aussi lieu dans le balancier circulaire ; et on sait aujourd'hui que cet effet, attribué au balancier, n'existe pas : il suppose aussi que le changement d'élasticité, par les diverses températures, est

---

[a] La montre marine de *Sully* est horizontale, et supportée par une suspension qui lui conserve toujours cette situation, ainsi qu'on le voit par la figure gravée *planche V, figure 8.* On voit dans cette planche (*Voyez* planche V, figures 7 et 8) les figures des cadrans : les heures et les minutes sont au centre, et les secondes, excentriques au-dedans du grand cadran.

L'horloge à lévier est au contraire verticale ; on en voit la suspension même planche, *figure 7 :* cette suspension est sur le même principe que celle d'*Huygens,* &c. ; c'est-à-dire, celle de la boussole ou de la lampe de *Cardan.*

d'une petite quantité ; cependant, aujourd'hui il est prouvé qu'une horloge à balancier à ressort spiral, peut varier, par cette seule cause, de $13''\frac{4}{10}$ [a] par heure, ou de $5'\,21''\,6'''$ par vingt-quatre heures, comme nous le verrons ci-après.

Les principes de la montre de M. Harrison sont présentés à la tête de l'ouvrage par M. Maskeline, sous le titre de *Remarque sur la découverte de M. Harrison :* en voici l'extrait.

XX.
Principes de la
Montre marine de
M. Jean Harrison. [b]

« Le balancier décrit naturellement les plus grands arcs, lorsqu'il est dans la position horizontale...

» Les grands arcs se décrivent naturellement en moins de temps que les petits...

» L'action du *clou à cycloïde*, lorsqu'il touche le ressort du balancier, tend à accélérer ses vibrations ; et ce ressort abandonnant plus long-temps ce clou dans les grandes vibrations qu'il ne fait dans les moindres, le balancier en est moins accéléré dans le premier cas qu'il ne l'est dans le second. Par conséquent l'action du clou tend à réduire le temps des différentes vibrations à-peu-près à l'égalité.

» *Si le ressort du balancier est trop fort, il faut l'affoiblir en limant un peu son extrémité ; mais s'il est trop foible, il faut le changer et en prendre un autre plus fort.*

» La verge du thermomètre est composée de deux platines minces, de cuivre et d'acier, rivées ensemble en différens endroits; de manière que le cuivre se dilatant plus que l'acier par la chaleur, et se resserrant plus par le froid, cette verge devient convexe par la chaleur du côté du cuivre, et convexe par le froid du côté de l'acier ; d'où il suit que l'une de ses extrémités étant fixe,

---

[a] *Traité des Horloges marines*, N.º 252, &c.

[b] Extrait de la traduction de l'ouvrage qui a pour titre *Principes de la montre de M. Harrison ;* Avignon, 1767.

l'autre bout prend un mouvement correspondant aux divers changemens du froid et du chaud. Or, le ressort spiral du balancier passe entre les deux pointes qui sont à ce bout du thermomètre, et il en est pressé alternativement à mesure qu'il se bande ou débande, ce qui le raccourcit ou l'alonge selon les divers changemens du chaud et du froid : sans cela, on seroit obligé de le faire à la main, comme dans les montres ordinaires, lorsqu'on veut les régler.

» *On augmente l'effet du thermomètre en limant la partie plus mince, et on la diminue en alongeant l'extrémité plus épaisse.*

» Le diamètre du balancier est de 2 pouces $\frac{2}{10}$; celui de la platine 3 pouces $\frac{8}{10}$.

» La montre fait cinq battemens par seconde.

» Les trous dans lesquels tournent les pivots, sont tous percés dans des rubis, et les pivots ont des diamans à leurs pointes.

» Les palettes de l'échappement sont en diamant.

» Il faut appliquer de l'huile aux palettes et aux trous des pivots. »

N E V I L   M A S K E L I N E , Astronome royal.

« ON A PRIS, dit M. HARRISON [a], les plus grandes précautions pour éviter les frottemens, autant qu'il est possible, soit en faisant tourner les roues sur des pivots très-petits, et dans des trous percés dans des rubis, soit par le grand nombre de dents dans les roues et dans les pignons.

» La partie qui mesure le temps, n'emploie que la huitième partie d'une minute sans être remontée : cette partie est fort simple, et la roue qui est auprès de celle du balancier sert à la remonter. Par ce moyen, la force qui agit sur cette roue est toujours la même, et tout le reste de la montre ne contribue pas

____

[a] *Principes de la montre de M. Harrison,* traduction, page 8.

plus à mesurer le temps, que la personne qui monte le grand ressort une fois par jour [a].

» Il y a dans la fusée un ressort que je nomme le *second ressort principal :* il est toujours tendu par le principal ressort; et pendant qu'on monte celui-ci, et qu'il ne peut pas agir, le second se détend, et supplée à l'action du premier.

» Dans les montres ordinaires, les roues ont communément sur le balancier un tiers de la force du ressort du balancier, c'est-à-dire que si l'on nomme *trois* la force de ce ressort sur le balancier, celle des roues sera *un :* mais dans ma montre, les roues n'ont que la huitième partie de la force du ressort du balancier sur le balancier; et l'on conviendra aisément que moins les roues auront d'action sur le balancier, plus la machine sera parfaite.

» Le balancier de ma montre pèse plus de trois fois autant que le grand balancier des montres ordinaires, et son diamètre est triple de celui-ci. Les balanciers des montres communes parcourent environ six pouces dans une seconde, et le mien en parcourt environ vingt-quatre dans le même temps; en sorte que quand même ma montre n'auroit que cet avantage sur les autres montres, on devroit s'attendre à un bon succès dans l'exécution. Mais ma montre n'est nullement affectée des différens degrés du chaud et du froid, ni de l'agitation du vaisseau; et la force des roues est tellement appliquée au balancier, jointe à la figure de son ressort et à une cycloïde artificielle (s'il m'est permis d'user de ce terme), laquelle agit sur ce ressort, que par toutes ces inventions, soit que le balancier fasse des vibrations plus grandes ou plus petites, elles se feront toutes en temps égaux; et par conséquent si la montre va, elle ira juste. Il est

---

[a] (*Note de l'éditeur.*) *Harrison* parle ici d'un *remontoir,* méchanisme proposé par *Huygens.*

donc

donc évident qu'une pareille montre doit entièrement sa marche aux principes et non au hasard. »

C'est à la suite des principes qu'HARRISON a décrits ci-dessus, qu'il donne la description de sa montre : mais comme cette description détaillée contient dix planches, que nous n'avons ni pu ni dû faire graver, nous sommes forcés de renvoyer à l'ouvrage de l'Auteur ou du Traducteur. Nous présentons dans la *planche XII* trois *figures*. La *fig. 3* représente la disposition du rouage de la montre ; la *fig. 4*, la disposition du thermomètre ou correctif de la température ; et la *fig. 5*, celle de son échappement.

« MA MONTRE marine, dit M. LE ROY, va trente-huit heures : son mouvement, vu de profil, *planche XII, figure 6*, a trois pouces de diamètre. Il est composé d'une cage *cccc* contenant quatre roues plates dentées ; la première, placée au bas du barillet *bb*, qui contient le ressort moteur (lequel agit sans le correctif de la fusée), a cinquante dents, et fait tourner, au moyen d'un pignon de dix *ailes*, celle du centre *m*, que nous appelons *roue des minutes*, parce que, faisant un tour par heure, l'aiguille des minutes est ajustée sur son axe. La roue des minutes *m*, par un pignon de huit, fait tourner la troisième ; et celle-ci, par un semblable pignon, la quatrième, nommée *roue de secondes*, parce qu'elle fait soixante tours par heure, et porte l'aiguille de secondes sur son axe : enfin, la roue de secondes, par un pignon de sept, fait tourner celle de rencontre, qui est une espèce de rochet ou d'étoile *r* (vue en plan, *fig. 7*, et en perspective, *fig. 9*) de six rayons, placée hors de la cage, au moyen de deux ponts *p*, *q*, *fig. 6* : c'est par cette roue que s'opère l'échappement.

XXI.
Explication des figures qui représentent la Montre marine de *Pierre le Roy*. [a]
Du Rouage.

[a] *Mémoire sur la meilleure manière de mesurer le temps en mer, &c.,* par M. *le Roy* l'aîné, horloger du Roi ; imprimé à la suite du Voyage de M. *Cassini ;* 1770, page 21.

» A l'égard de la roue des heures, c'est-à-dire, de celle qui porte l'aiguille des heures, elle a quarante-huit dents, et est conduite par un pignon à *lanterne* de quatre, qui est ajusté sur l'axe de la roue du centre *m* qui porte l'aiguille des minutes *e* par son extrémité formée en carré.

» Par cette disposition, le cercle des heures, ceux des minutes et des secondes, ont chacun leur centre. Je l'ai préférée, quoique l'aiguille des heures tourne nécessairement à gauche, parce qu'elle supprime une roue de renvoi et quelques légers frottemens, et qu'on ne peut rendre assez simple une montre destinée pour la mer ; les accidens qui peuvent survenir à un instrument étant toujours dans le rapport des pièces qui le composent. »

Au reste, dans ce rouage, dont on voit la simplicité, toutes les roues sont horizontales ; et celle de rencontre, ou d'échappement, porte sur l'extrémité de son pivot, d'où naît une grande liberté dans ce mobile.

XXII.
Régulateur de la
Montre marine de
M. *le Roy.*

LE RÉGULATEUR ou balancier *vvv, planche XII, figures 7 et 8,* est d'acier. Il pèse environ cinq onces ; il a quatre pouces de diamètre, et est monté sur un arbre A A, d'environ cinq pouces : un bâtis de cuivre *xxx,* &c. *fig. 8,* auquel est adapté le mouvement, tient ce balancier horizontalement suspendu par l'extrémité supérieure de son arbre, au moyen d'un fil de clavecin F, très-fin, qui y est attaché, dont la longueur, d'environ trois pouces, ne forme qu'une même ligne droite verticale avec l'axe de l'arbre A A.

Pour que ce balancier tourne très-librement sur son axe, chacun de ses pivots est retenu, avec le jeu convenable, entre quatre rouleaux tournant librement dans deux petites cages *cc,cc, figure 8 :* l'une, pour le pivot inférieur, adaptée à la partie inférieure du bâtis ; l'autre à la partie supérieure, pour le pivot ou tourillon *t, fig. 6,* à quelque distance duquel est attaché le fil de suspension. Tout cela est arrangé avec les précautions nécessaires pour que le fil et l'axe du balancier forment toujours une même ligne droite verticale : la partie supérieure du fil de clavecin est attachée à un ressort *x x*, lequel peut céder aux secousses violentes qui pourroient casser le fil.

Ce balancier, ainsi suspendu, feroit des vibrations dont chacune dureroit environ 20″, au moyen de l'élasticité du fil de suspension. Deux ressorts spiraux *ss, ss, fig. 8*, semblables à ceux qui servent de moteurs aux montres, ajustés au bas de l'arbre de balancier au moyen de leurs viroles, comme le spiral dans les montres ordinaires, et dans un centre d'équilibre absolument *oisif*, ainsi que M. DANIEL BERNOULLY le prescrit, font que ces vibrations sont d'une demi-seconde chacune. Les ressorts spiraux s'ouvrent et se ferment ensemble.

« LA ROUE de rencontre *r, figures 7 et 9*, dont les dents sont très-écartées et très-légères, et dont par conséquent la force est très-petite, sa puissance consistant dans la longueur du lévier sur lequel elle agit ; la roue de rencontre, dis-je, au moyen de la palette *p*, *fig. 7*, adaptée à la circonférence du balancier, lui restitue, toutes les deux vibrations, le mouvement qu'il perd, et son action est suspendue par un obstacle étranger à ce régulateur, c'est-à-dire, par une sorte de détente D *e* H *c* F, *fig. 10*. Voici comment cela s'exécute : La roue de rencontre *r* arrêtée par la détente en D, *fig. 7*, et tournant sur son axe de *i* en A, après avoir surmonté les ressorts spiraux et consumé sa force, ces ressorts la ramènent et la font tourner de A en *i*. Dans ce retour, au moyen d'une cheville située sur son plan supérieur en *i*, le balancier pousse le bras du lévier F H, fait par conséquent sortir le bras D de la détente, de la circonférence de la roue, et y fait entrer le bras *c* H, sur lequel le rayon suivant K *r* de

XXIII.
Échappement de la Montre marine.

la roue vient s'appuyer : c'est ce que j'appellerai la *préparation*. Dans la vibration qui suit, la roue de rencontre restitue le mouvement au balancier, au moyen de la palette *p* , de la manière suivante. Une cheville située comme la précédente, mais placée sous le plan inférieur du balancier, poussant le bras du lévier *c* H, fait sortir le bras *e* H de l'ancre de la circonférence de la roue *r*, et y fait rentrer D H; et quand la palette *p* est parvenue en F, pour lors la roue étant libre, le rayon F *r*, *fig. 7*, restitue au balancier son mouvement perdu, et pousse la palette *p* jusqu'à ce qu'elle soit arrêtée par le bras D de la détente, &c.

» Pour empêcher la détente de sortir de sa place par les très-grandes secousses, j'ai placé à la circonférence du balancier, près de chaque cheville qui écarte la détente, une portion de cercle *i* A, à laquelle le bras correspondant de cette détente ne peut cependant toucher que dans le cas des plus violentes secousses.

XXIV.
Compensation des effets du chaud et du froid.

» CE MOYEN consiste dans l'application au balancier, de deux petits thermomètres *t t t t*, &c. *fig. 8,* faits chacun d'un tube de verre recourbé, ouvert en *o*. Ces thermomètres, composés de mercure et d'esprit-de-vin, formeroient chacun un parallélogramme exact, si le côté supérieur qui porte la boule où est contenu l'esprit-de-vin ainsi que dans ce côté, n'étoit pas un peu incliné. L'un et l'autre de ces thermomètres sont ajustés fermement et en opposition de l'arbre du régulateur , de manière que l'axe de leur tube et celui du balancier se trouvent dans un même plan qui coupe les boules par la moitié.

» On concevra aisément comment cette construction produit la compensation cherchée. Les thermomètres faisant partie du régulateur , lorsque l'esprit-de-vin, par sa dilatation, pousse une partie du mercure de la branche extérieure *tt* vers celle *to*, qui est près de l'axe du mouvement, une portion de mercure, partie de la masse du régulateur, passe alors de sa circonférence vers son centre. Au tempéré, par exemple, le mercure occupe les parties *t k k t* du tube ; au lieu que dans l'extrême froid, quand le thermomètre de RÉAUMUR est à quinze degrés au-dessous de la glace, la branche *t o* est vide, et celle correspondante *t t* est remplie de mercure. »

Nous n'avons pas représenté la suspension de cette montre, qui d'ailleurs ne diffère pas de celles connues.

LE MOUVEMENT de cette horloge, vu de profil, *planche XIII, figure 1 ,* est composé de quatre grandes platines formant trois grandes cages, et de deux petites platines formant les cages des rouleaux.

XXV.
Explication de l'Horloge N.º 8, construite par *Ferdinand Berthoud,* [a]

La première grande platine A porte les quatre piliers du rouage ; elle porte en dessus le cadran de minutes qui est ex-centrique , et celui de secondes concentrique à cette platine. La seconde platine B fait, avec celle A, la cage du rouage , et elle est en même temps commune avec la troisième C, pour former la seconde cage, qui est celle du régulateur. Le dessous de la platine B forme , avec la petite platine DD, la cage des trois rouleaux supérieurs 7 , 8 , 9 , entre lesquels roule le pivot supérieur *s* du balancier QQ ; et le dessus de la platine C forme, avec la petite platine EE, la cage des trois rouleaux inférieurs 10 , 11 , 12, entre lesquels roule le pivot inférieur *t* de l'axe de balancier. Le dessous de la troisième platine C porte le méchanisme de compensation. La quatrième platine, qui n'est pas vue ici , porte les trois piliers d'acier 4, 5 , 6, qui s'assemblent avec la platine C, pour former la cage qui contient le *chariot* du poids moteur de l'horloge.

[a] *Traité des Horloges marines,* N.º 836.

La corde *a*, qui correspond par en bas au chariot du poids, après avoir passé sur deux poulies de renvoi du chariot, remonte pour venir s'attacher à la platine C : le bout qui remonte se trouve caché par un des piliers. Cette corde *a* remonte pour passer sur la poulie du renvoi F, et va entourer le cylindre G, porté par l'axe de la grande roue H, laquelle fait son tour en douze heures : elle porte le cadran des heures placé contre le dedans de la platine A, et les heures paroissent à travers une ouverture faite à cette platine. La roue H porte un ressort auxiliaire *c*, placé entre cette roue et le rochet auxiliaire *d*, sur lequel agit le cliquet I. Ce méchanisme sert à faire marcher l'horloge pendant qu'on la remonte.

La roue des heures H engrène dans le pignon *e*, dont le pivot prolongé *f* porte l'aiguille marquant les minutes sur un cadran excentrique.

L'axe du pignon *e* porte la roue de *minutes* K ; celle-ci engrène dans le pignon *g* de la roue moyenne L ; et celle-ci engrène dans le pignon *i*, dont le pivot prolongé *l* porte l'aiguille de secondes *l*.

L'axe du pignon de secondes porte la roue MM, qui est celle d'échappement : cette roue est plane et d'acier trempé ; elle porte trente dents, à plan incliné, qui agissent sur les palettes de rubis portées par le cylindre *m*. L'axe du cylindre *m* porte la roue de rateau N, dont les dents engrènent dans le pignon *oo*, porté par l'axe de balancier. Par cette disposition, le cylindre *m* parcourt très-peu de chemin, pendant que le balancier décrit de grands arcs. La disposition de cet échappement est vue en plan, *fig. 2*, avec les mêmes lettres. La *figure 3* représente la disposition du cylindre avec ses rubis *a*, *b*, et la pièce *c* qui les fixe par une rainure.

Le pignon *oo* de balancier est fixé par une cheville ou goupille, avec le bout de l'axe du balancier saillant en dehors des

rouleaux : ce pignon porte la manivelle à mâchoire *p q*, *fig. 1,* qui
fixe le ressort de suspension du balancier : le bout supérieur *r* du
même ressort est serré dans la mâchoire *r*, portée par le pont de
suspension O P, attaché sur le dessus de la platine B. Le pignon *o*
de balancier, la manivelle, le ressort de suspension et ses deux
mâchoires, sont vus plus en grand, *fig. 4.*

Le balancier Q Q porte à sa circonférence trois masses 16,
17, 18, au moyen desquelles on peut facilement régler l'horloge sans démonter le balancier : elles sont mises à vis sur des
pitons dont les trous font ressort ; ce qui permet d'approcher
ou d'écarter ces masses du centre du balancier.

Le bout inférieur de l'axe de balancier saillant en dehors des
rouleaux, porte la virole du spiral : le spiral R, fixé à cette virole,
se trouve logé dans l'épaisseur de la platine C. Le *pince-spiral*,
28 R, est ajusté par sa boîte 28, sur le bras *x* de l'axe *y* : cet axe
concentrique au spiral, a deux pivots qui roulent dans le pont
T T, attaché au-dessous de la platine C.

La boîte du pince-spiral R est fixée par une vis sur le bras *x*.
En desserrant la vis, on peut faire approcher ou écarter du centre
cette boîte, selon qu'il en est besoin, pour que le spiral passe
librement dans la fente du pince-spiral.

Le bras *z* de l'axe du pince-spiral porte la boîte V, arrêtée sur
ce bras par une vis : elle porte une seconde vis dont le bout appuie
sur le grand bras du lévier X de compensation. Le petit bras Y
du grand lévier XY appuie sur le bout des deux tringles de
cuivre du milieu du châssis ZZ de compensation.

Le pont T porte un petit ressort 19, dont le bout agit près de
l'axe du pince-spiral : par cette action du ressort, le bout de la vis
de la boîte V appuie continuellement sur le grand bras du lévier, et
le petit bras Y sur le bout du châssis ; en sorte que la dilatation
ou contraction des diverses parties de ce châssis, se communique

au pince-spiral qui en suit les impressions, ce qui rend le spiral plus fort ou plus foible, convenablement à la compensation.

Pour augmenter ou pour diminuer le chemin du pince-spiral, la boîte V est rendue mobile le long du bras qui la porte ; en sorte que si l'on approche ou éloigne cette boîte du centre de son axe, cela augmente ou diminue l'espace parcouru par le pince-spiral, et par conséquent on rend la compensation plus forte ou plus foible.

Pour connoître combien le pince-spiral parcourt de chemin par diverses températures, son axe porte l'index 20, 21, dont le bout 21, qui forme l'index, marque les degrés sur le petit limbe gradué W.

L'axe du grand lévier XY porte deux pivots, qui roulent, l'un dans la platine C, et l'autre dans le pont 22, attaché à cette platine : ce même pont porte aussi le châssis de compensation ZZ, dont la traverse 23 est fixée à ce pont par deux vis à tête conique.

XXVI.
Explication des figures de la petite Horloge horizontale à longitude, N.° 63, par *Ferdinand Berthoud.* [a]

La *figure 5, planche XIII* [b], représente la disposition ou la face du cadran et des aiguilles. La *figure 6* représente le plan de l'horloge sur lequel est tracé le rouage, l'échappement et les roues de cadran. AA indique ici la grandeur exacte des quatre platines qui composent le mouvement de cette horloge.

B, *fig. 6,* est le barillet ; C, le rochet d'encliquetage du barillet. D est la roue de fusée ; E, le rochet auxiliaire ; F, le cliquet qui agit sur ce rochet. Le ressort auxiliaire qui sert à faire marcher

[a] Suite du *Traité des Montres à longitudes*, N.° 341.

[b] Ces figures sont exactement représentées dans leur grandeur naturelle ; c'est-à-dire, de celle de l'exécution de cette horloge : mais on sait que ce n'est pas une grandeur absolue ; cette machine peut encore être réduite à un plus petit volume, ainsi que son Auteur l'a fait dans l'horloge horizontale sans rouleau, N.° 65. *Voyez* Suite du *Traité des Montres à longitudes*, N.° 383 — 406, &c.

l'horloge

l'horloge pendant qu'on la remonte, est placé entre la roue de fusée et le rochet auxiliaire E : il est *noyé* en partie dans l'épaisseur de ce rochet, et l'autre dans l'épaisseur de la roue de fusée. G est le crochet de fusée, et H le plot du garde-chaîne.

La roue de fusée D engrène dans le pignon *b*, sur l'axe duquel est fixée la roue de minutes ou grande-moyenne I : cette roue engrène dans le pignon *c* de la roue moyenne K, laquelle engrène dans le pignon *d*, qui porte la roue de secondes L ; celle-ci engrène dans le pignon *e*, dont l'axe porte la roue d'échappement.

La roue d'échappement M est placée, ainsi que l'échappement, à fleur du dedans de la seconde platine du rouage : le pivot supérieur de cette roue tourne dans le trou du pont N ; *m* est le *cercle* *d'échappement*, sur l'entaille duquel agissent les dents de la roue d'échappement pour rendre l'impulsion au balancier ; *onprt* est la détente d'échappement, mobile au centre *o*, et dont l'axe se meut entre la deuxième platine et le pont O ; *r* est le talon d'arrêt de la détente ; *t*, le bras sur lequel est attaché le ressort de levée *tp*. C'est sur le bout *p* de ce ressort que la cheville ou dent portée par l'axe du balancier, agit pour opérer le dégagement de la roue M, afin qu'elle restitue au balancier la force d'impulsion qui l'entretient en mouvement. La *figure 9* représente cet échappement dans de plus grandes dimensions, avec les mêmes lettres pour désigner les pièces qui le composent. P est le pont dans lequel roule le pivot supérieur du balancier ; N, le pont de la roue M d'échappement ; O, celui de la détente d'échappement, et *u*, le ressort qui agit sur cette détente.

b, *fig. 6*, représente le pignon de chaussée, lequel doit être mis à frottement sur l'axe prolongé de la roue de minutes I. Ce pignon est placé en dehors de la platine des piliers du rouage, et sous la fausse plaque ou des cadrans, *fig. 5*. Ce pignon *b* engrène dans la roue de renvoi Q, qui porte le pignon *g*, lequel engrène dans la roue S de cadran : le canon de cette roue porte l'aiguille des heures ; et le bout de la chaussée *g* porte l'aiguille des minutes.

BB, *fig.* *7*, représente le dehors de la quatrième platine du mouvement, qui est celle des rouleaux. 1R, 2R et 3R, sont les rouleaux entre lesquels tourne le pivot inférieur du balancier. Pour que ces rouleaux soient placés au milieu de la longueur de leurs axes, ces axes sont prolongés au dehors de la platine BB ; et les pivots inférieurs de ces rouleaux tournent dans les trous des ponts D, E, F, sur le bout desquels sont ajustés les rubis qui reçoivent les bouts de ces pivots.

Le bout du pont G porte le diamant sur lequel roule la pointe *dure* de l'axe de balancier ; *a b* est le ressort-virole qui sert à fixer le *piton* du spiral. Ce piton, qui n'est pas ici représenté, porte quatre vis qui servent à le *caler*, afin que le spiral ne soit pas dans un état forcé.

Les *figures 10, 11 et 12*, représentent en plan, en perspective et de profil, le balancier de cette horloge, lequel porte sa compensation formée par des lames composées d'acier et de cuivre, portant des masses.

La *figure 8* représente la suspension de l'horloge N.° *63*, vue de face, et de la grandeur exacte de son exécution. AA est le tambour qui contient le mouvement de l'horloge ; le fond de ce tambour est fixé par deux vis sur le pilier B, et le bout inférieur de ce pilier est lui-même fixé par deux vis sur la pièce de suspension RS. DD est le châssis de suspension, lequel porte les vis *a*, *b*, dont les bouts, terminés en pivots, roulent dans les trous de la pièce RS. Les bouts LK du support ou arc de suspension, portent les vis *c, d,* dont les bouts, terminés en pivots, roulent dans les trous faits au châssis DD : ces trous étant à angle droit de ceux *a, b,* produisent les deux mouvemens qui, décomposés, facilitent toutes les inclinaisons du vaisseau pendant que l'horloge conserve sa position horizontale.

Les supports L K sont attachés en M et en O sur le pied MNO : celui-ci porte en dessous les trois pieds *m*, &c. Le contrepoids P, fait en plomb, est attaché en dessous de la traverse R S. Ce contre-poids sert à ramener le tambour dans sa position horizontale, lorsqu'une agitation du vaisseau tend à l'en écarter. Pour n'être pas obligé d'ouvrir chaque jour la lunette qui porte le cristal, pour remonter l'horloge, et ne pas exposer les aiguilles à être dérangées, on a placé le remontoir sous le tambour : c'est à cet usage qu'est destiné l'intervalle qui sépare le tambour du châssis D D. La clef de remontoir T porte un encliquetage, afin de ne pas forcer si l'on remontoit à *rebours*. Cette clef est ajustée à demeure sur le carré de fusée, et est fixée avec lui par une goupille ; en sorte qu'on n'a pas besoin de l'ôter et remettre chaque jour : elle bouche elle-même le trou fait au fond du tambour, pour empêcher l'entrée de la poussière.

V V marque l'ouverture faite au tambour pour observer l'é-tendue des arcs décrits par le balancier, et en faire usage en mer, au moyen de la Table composée des arcs et de la tempé-rature : cette ouverture est recouverte par un cadre qui porte une glace.

CHAPITRE XVI.

Des épreuves qui ont été faites en mer pour constater la justesse des Horloges & des Montres à longitudes. — De l'usage qu'on a fait de ces Machines pour fixer la longitude du vaisseau, rectifier les Cartes marines et perfectionner la Géographie. — Extrait des Voyages des plus célèbres Navigateurs.

Lorsque le Méchanicien a employé ses diverses ressources à la composition des machines destinées aux besoins des Navigateurs, après que les expériences particulières de l'Artiste semblent assurer le succès de ses recherches, de son travail, il peut espérer avoir rempli sa tâche. Mais il reste le point le plus important ; c'est la vérification à faire de l'horloge à la mer : c'est par-là seulement que l'on peut juger si les moyens qu'il a employés répondent à l'usage auquel la machine est destinée.

Nous avons présenté, dans le Chapitre précédent, les travaux des savans Méchaniciens et des Artistes qui se sont occupés de la recherche, de la composition des horloges à longitudes. Pour mettre le Public en état de juger jusqu'à quel point les efforts constamment soutenus des Artistes ont rempli le but proposé, nous devons présenter ici, à la suite des épreuves qui ont été faites en mer, le tableau des divers usages que les Navigateurs ont faits des horloges pour fixer la position des lieux qu'ils ont parcourus, et perfectionner par ce moyen la Géographie. C'est par cet usage que l'on verra, d'une manière évidente, à quel degré de perfection la Science de la mesure du temps a été portée de nos jours. Les Artistes qui voudront suivre la carrière tracée, reconnoîtront aussi, par l'exposition de ce tableau, ce qu'il reste encore à desirer pour donner aux horloges de mer la plus rigoureuse précision pour servir dans les campagnes de longue durée.

En 1749, les diverses inventions de M. HARRISON furent rappelées à la Société royale de Londres dans un discours de M. FOLKES; ce qui procura à l'Auteur de ces machines le tribut honorable de la médaille d'or distribuée par cette Société.

I.
Épreuves des Horloges de *Jean Harrison.*

« LA QUATRIÈME *pièce de temps* ou montre marine étant finie [a], le 3 octobre 1761, M. JEAN HARRISON écrivit aux commissaires des longitudes qu'il desiroit que son fils pût être envoyé avec sa montre sur un vaisseau à la Jamaïque, et qu'ils voulussent donner les ordres nécessaires pour faire avec soin les expériences propres à en assurer la certitude, &c.

II.
Prem. épreuve, en mer, de la Montre marine ou *Garde-temps* de M. *Jean Harrison,* en 1761.

» Le 14 octobre 1761, M. HARRISON reçut du secrétaire de l'Amirauté les instructions des commissaires des longitudes, contenant la manière dont la montre devoit être transportée à la Jamaïque, et celle des épreuves, &c. »

M. WILLIAM HARRISON (le fils de l'Auteur) se rendit à Portsmouth dans le mois de novembre; on suivit pendant plusieurs jours la marche de la montre marine de M. HARRISON, en comparant chaque jour le midi qu'elle indiquoit au midi du *temps moyen,* conçu des hauteurs correspondantes du Soleil [b]. On connut que la montre retardoit, par vingt-quatre heures, de $2'' \frac{66}{100}$ de seconde.

---

[a] *An account, &c.,* in-12, page 17.

[b] *Connoissance des mouvemens célestes,* 1765, *page 237* et suivantes.

Voyez aussi l'*Astronomie des Marins,* par le Père *Pézenas,* ancien professeur royal d'Hydrographie, à Marseille, *page 258* et suivantes.

On recula l'aiguille des minutes en présence des commissaires; de sorte que le 6 du mois de novembre elle retardoit de 3 secondes sur le temps moyen de Portsmouth.

Le 18 novembre, M. WILLIAM HARRISON, dépositaire de la montre de son père, partit de Portsmouth sur le vaisseau *le Depfort,* commandé par le capitaine DIGGES.

Il arriva à Port-Royal de la Jamaïque le 19 janvier 1762, après soixante-deux jours de traversée. La différence de méridien entre Portsmouth et Port-Royal a été déterminée par des observations astronomiques, de 5 heures 2 minutes 51 secondes [a]. Les hauteurs correspondantes prises à Port-Royal le 26 janvier, firent connoître que la montre indiquoit 5 heures 2 min. 45 sec. $\frac{9}{10}$ à Portsmouth, lorsqu'il étoit midi moyen à la Jamaïque; mais selon les observations, ce temps auroit dû être 5 heures 2 minutes 51 secondes : donc la différence entre la longitude donnée par la montre et celle qui avoit été déterminée par les observations astronomiques étoit de 5 secondes $\frac{1}{10}$ de temps.

En réduisant ce temps en parties de l'équateur [b], on verra qu'après soixante-deux jours de traversée en hiver, la montre de M. HARRISON a donné la longitude à la précision de 1 minute $\frac{1}{4}$ de degré, c'est-à-dire, vingt-quatre fois plus exactement que ne l'exige l'acte de la reine ANNE, qui fixe la limite d'erreur, pour la plus grande récompense, à 30 minutes ou un demi-degré, après une traversée aux Indes occidentales.

Il faut observer qu'indépendamment des soixante-deux jours de traversée, il s'en étoit écoulé douze depuis le 6 novembre 1762 jusqu'au 18, qui fut le jour du départ de Portsmouth,

---

[a] Par l'éclipse de Lune du 18 juin 1722 *(vieux style),* et par le passage de Mercure sur le Soleil, 25 octobre 1743 *(vieux style).* *Connoissance des mouvemens célestes,* année 1765, *page 237.*

[b] A raison de 15° 2' 27" $\frac{8}{10}$ pour une heure.

et sept encore depuis le 19 janvier, jour de l'arrivée à Port-Royal, jusqu'au 26, qui fut l'époque des observations ; ce qui fait en tout quatre-vingt-un jours, pendant lesquels la montre n'a varié en retard que de 5 secondes $\frac{1}{10}$.

M. Harrison ne resta que onze jours à la Jamaïque ; il s'embarqua sur la chaloupe *le Merlin*, et partit le 30 janvier pour revenir à Portsmouth. Il y arriva le 26 mars ; mais le temps ne permit pas de faire des observations avant le 2 avril.

Il résulte de celles qui furent faites ce jour-là, que la montre retardoit sur le midi moyen de Portsmouth, de 1 minute 54 secondes $\frac{1}{2}$, après cent quarante-sept jours, à compter du 6 novembre 1761, époque des premières observations faites à Portsmouth.

Si l'on retranche l'écart de la première traversée, 5 secondes $\frac{1}{10}$, de l'écart total 1 minute 54 secondes $\frac{1}{2}$, il restera pour celui de la deuxième traversée, 1 minute 49 secondes $\frac{4}{10}$ de temps, ou 27 minutes 19 secondes $\frac{1}{2}$ de degré : cette détermination est donc de 2 minutes $\frac{2}{3}$ de degré en-deçà des limites.

L'écart total de la montre, pendant cent quarante-sept jours d'épreuve, n'étant que de 1 minute 54 secondes $\frac{1}{2}$, elle auroit encore donné la longitude à la précision de 28 minutes 34 secondes $\frac{1}{2}$ de degré, c'est-à-dire qu'elle eût été en-deçà de la limite après deux voyages faits sur mer dans la saison la plus rude de l'année.

Après une épreuve aussi décisive et si bien constatée, M. Harrison avoit lieu de s'attendre à recevoir le prix de quarante ans de travail, la récompense solennellement promise par l'acte du Parlement de la XII.ᵉ année du règne de la reine Anne. Mais les antagonistes de la découverte des longitudes par les horloges, ces ennemis déclarés de ce moyen, suscitèrent tant de difficultés, firent tant d'objections, que, malgré leur absurdité, leur injustice, on éluda la loi, et qu'HARRISON fut forcé de consentir à une nouvelle épreuve.

III.
Seconde épreuve
en mer de la Mon-
tre marine de M.
J. Harrison, 1764.

LE RÉSULTAT de la seconde épreuve que nous allons rapporter est plus favorable encore à M. HARRISON que celui de la première[a]. Avant de partir de Londres, la marche de la montre fut suivie pendant huit jours, et comparée chaque jour à une horloge astronomique qui ne varioit pas d'une seconde dans un mois. La marche de l'horloge elle-même fut constatée par les passages du Soleil au méridien. On employa la forme la plus juridique dans cet examen : le résultat fut que la montre avançoit, en huit jours, de 9 secondes $\frac{6}{10}$ sur le moyen mouvement du Soleil.

Avant de faire passer sa montre à Portsmouth, où elle devoit être embarquée, M. HARRISON voulut constater son état à l'observatoire de M. SHORT, célèbre opticien et astronome de Londres.

Le 13 février 1764, elle fut comparée à une excellente Pendule à secondes de GRAHAM, qui, ce jour-là même, avoit été mise sur le *temps moyen* d'après l'observation du Soleil au méridien, faite à la lunette d'un instrument des passages.

La montre fut trouvée en retard sur le *temps moyen* de 2 secondes $\frac{1}{2}$.

M. WILLIAM HARRISON déclara avant son départ que la montre étoit exactement réglée à 72 degrés du thermomètre de FARENHEIT (à 18 de RÉAUMUR); qu'à 42 degrés (5 de RÉAUMUR) elle avançoit de 3 secondes par jour; qu'elle retardoit

[a] *Voyez* la brochure intitulée *Some account of the going of M.* Harrison's *longitude time-kepper to and from Bar-* bades. Voyez aussi *la Connoissance des mouvemens célestes,* année 1767, *page* 206 et suivantes.

de 1 seconde à 82 degrés (23 de RÉAUMUR). Elle fut embarquée à Spitead le 28 mars sur le vaisseau *le Tartare*, qui éprouva un fort gros temps dans la baie de Biscaïe. Le vaisseau arriva à l'île de la Barbade le 13 mai.

M. HARRISON s'embarqua le 4 juin suivant avec la montre sur le navire *la Nouvelle-Élisabeth*, qui faisoit voile pour Londres; il y arriva le 18 juillet.

La montre fut rapportée à l'observatoire de M. SHORT; et il fut prouvé, par les observations faites au Soleil, qu'en ayant égard aux corrections relatives à la température, dont il avoit été tenu un registre exact, la montre étoit en retard sur le *temps moyen* de 15 secondes seulement, après cent cinquante-six jours d'épreuves. La longitude étoit donc déterminée à 3 minutes 45 secondes ¾ près de degré, c'est-à-dire, huit fois plus exactement que ne l'exige la limite du demi-degré après une traversée de six semaines.

Le 18 septembre 1764, les commissaires des longitudes chargèrent M. le docteur BEVIS de calculer la différence de longitude entre l'île Barbade et Portsmouth. Son rapport a été favorable à M. HARRISON, et les commissaires ont décidé que M. HARRISON avoit rempli la condition de l'acte du Parlement, quant à l'exactitude de sa machine; mais il leur a paru que pour obtenir le prix, il étoit nécessaire que l'Auteur fît connoître le méchanisme de sa montre de sorte à pouvoir être imitée. Ce n'a été que le 22 mars 1765 que le sort du célèbre HARRISON, relativement au prix, a été décidé par le Parlement.[a]

« La chambre basse a assigné à M. HARRISON, inventeur de l'horloge de longitudes, la moitié de la récompense de 20 mille livres sterling; l'autre moitié lui sera payée dès que les horloges

[a] *Connoissance des mouvemens célestes*, Année 1767; *page 211.* Suite des Nouvelles d'Amsterdam du 29 mars 1765.

faites sur son modèle, auront fixé par leurs essais la longitude à 30 milles géographiques près, au lieu que la sienne ne la détermine qu'à 40 milles. »

En conséquence de cette résolution, M. JEAN HARRISON livra sa montre aux commissaires des longitudes, et leur en donna l'explication par écrit. Elle a été publiée en 1767 par ordre des commissaires des longitudes ; cet ouvrage a pour titre, *Principes du Garde-temps de M. HARRISON.* (Il a été traduit en français par le P. PÉZENAS ; Avignon, 1767.)

La description de la montre d'HARRISON a été publiée en 1767 sous le titre de *Principes.* Cet ouvrage pourra être de quelque utilité à ceux qui auront la montre même sous les yeux ; mais il faut convenir que la description, les plans et les figures qu'on a mis au jour sont insuffisans ; et qu'il n'est aucun Artiste, quelque versé qu'il soit dans les principes de Physique et de Méchanique, qui puisse, avec ces secours seuls, exécuter des montres pareilles à celle d'HARRISON : on croiroit qu'on n'a pas voulu que cette montre fût imitée. Le Mémoire contient un simple énoncé des pièces qui composent sa machine, quelques dimensions ; et le tout présenté sous un aspect géométrique peu favorable pour l'intelligence des détails : aucun plan en perspective, aucun profil, aucun procédé de main-d'œuvre ; rien enfin de ce qui peut guider les ouvriers et faciliter le travail.

IV.
Épreuves faites à l'Observatoire de Greenwich, sur la Montre de M. Harrison.

« LE BUREAU des longitudes, dans son assemblée du 26 avril 1766 [a], se détermina à remettre à M. MASKELYNE la montre de M. HARRISON, pour en faire des expériences dans l'Observatoire royal. Cette montre lui fut remise à l'Amirauté le 5 mai 1766.

[a] *An account of the going of M. John Harrison's Watch.* London, 1767. *Voyez* la traduction par le Père *Pézenas,* à la suite des Principes de la montre, *page 25.*

» Cette montre fut comparée avec la Pendule de l'Observatoire royal, depuis le 6 mai 1766 jusqu'au 4 mars 1767.

» La montre fut d'abord éprouvée dans sa position naturelle, l'horizontale ; ensuite elle fut inclinée à l'horizon sous un angle de 20 degrés, la face en haut, en plaçant successivement au plus haut les heures XII, VI, III, IX; ensuite on la mit dans une position verticale; enfin on la plaça horizontalement, la face en bas.

» Depuis le 6 juillet 1766 jusqu'au 4 mars 1767, elle a toujours resté dans sa position horizontale, la face en haut.

» De toutes les observations et calculs présentés par M. MASKE-LYNE[a], il conclut que la montre de M. HARRISON peut assurer la longitude à un degré près dans un voyage de six semaines aux Indes occidentales ; mais qu'elle ne peut l'assurer à un demi-degré près que dans un voyage de quinze jours, et que dans ce cas on doit la placer dans un lieu où le thermomètre soit toujours élevé de quelques degrés au-dessus du terme de la glace ; que dans le cas où le froid arrive au terme de la glace, la montre ne peut déterminer la longitude à un demi-degré près que pendant peu de jours, et peut-être moins si le froid est excessif; que néanmoins cette invention est bonne et valable, et *qu'en la joignant aux observations des distances de la Lune au Soleil et aux Étoiles fixes, elle sera très-avantageuse à la Navigation.* »

M. HARRISON n'a pas tardé à réfuter et les observations et la conclusion de l'Astronome de Greenwich[b], dans un écrit publié la même année 1767.

[a] Résultat des Observations de M. *Maskelyne*, traduit en français par le Père *Pézenas*, page 36.

[b] *Remarks on a Pamphlet lately published by the Rev. M.* Maskelyne, *under the autority of the Board of longitude ; by* John Harrison. London, 1767.

Cette réponse de M. *Harrison* a aussi été traduite par le Père *Pézenas*, à la suite de la description de la montre de *Harrison*.

« Lorsque je démontai ma montre, en présence de M. Maskelyne et de quelques autres savans, je leur dis que pour en faire
des expériences relativement au froid et au chaud, il falloit la
placer de manière que la chaleur eût une influence égale sur
toutes ses parties ; et comme on n'a pas pris cette précaution,
les expériences qui ont été faites ne peuvent être admises : car
je remarque seulement que ma montre étoit enfermée dans une
boîte vitrée en-dessus et à l'un de ses côtés : cette boîte fut placée
sur l'appui d'une fenêtre et exposée au sud-est, pendant que le
thermomètre, qui devoit déterminer le degré de chaleur où la
montre étoit exposée, se trouvoit placé dans la chambre à
l'ombre. Il est évident que pendant que l'air qui environnoit
le thermomètre étoit fort tempéré, le Soleil donnant sur la boîte
devoit lui imprimer un degré de chaleur bien supérieur à celui
qu'on ressent en plein air dans les climats les plus chauds.

» M. Maskelyne dit que dans le mois de janvier la montre
est fort irrégulière, et qu'il lui paroît que ces variations ont été
occasionnées par la gelée.

» Harrison répond que les corrections de la température
ne s'étendent qu'aux degrés de chaud et de froid qu'on ressent
dans un navire.

» M. Maskelyne examine la marche de la montre en différentes positions.

» Harrison répond : Je n'ai donné ma montre que pour
servir à la mer dans une même position, et non exposée à toutes
les inclinaisons qu'il a plu à l'Astronome de lui donner, et qui
ne peuvent avoir lieu en mer. »

« 1.º Les montres marines furent mises au Havre, le 30
mai, toutes deux à une seconde et demie près en retard, sur

ª *Voyage de M. Cassini*, page 109.

l'heure du temps moyen au midi vrai de ce jour : leur état, par rapport au moyen mouvement, fut ensuite confirmé dans les huit premiers jours de juin.

La montre A [a] retardoit par jour de.............. 1″ 25‴
Et la montre S avançoit par jour de.............. 4.

» 2.º Par la comparaison journalière des deux montres vers le moment de midi, on voit, à l'inspection de la Table précédente [b], qu'au Havre-de-Grâce, et dans les premiers jours de la traversée à l'île de Saint-Pierre, l'avance de la montre S sur la montre A, augmentoit régulièrement tous les jours de 6″. Ce mouvement constant et égal commença à être altéré, mais peu sensiblement, dès le troisième jour du départ ; depuis le 14 juin jusqu'au 10 juillet, il varia assez également de 8 à 15″ : or, dans cet intervalle de temps, il n'y eut que les 2 et 5 juillet où nous éprouvâmes ce que l'on peut appeler *grosse mer.* Du 10 juillet au 26 du même mois, il se manifesta une différence plus sensible dans le mouvement réciproque des montres. En effet, l'on voit que la variation journalière de l'avance de la montre S, sur la montre A, du 9 au 10 juillet, ne fut que de 12″ ; mais, du 10 au 11 juillet, elle monta à 18″, changea inégalement dans les jours suivans, jusqu'au 19 juillet, de 17 à 24″ ; enfin, du 19 au 27 juillet, cette variation journalière diminua assez rapidement de 24 à 8″ ½. Or, on remarque que dans l'intervalle de toutes ces inégalités dans la marche réciproque des montres, il y eut toujours assez belle mer, et peu d'agitation de la part du vaisseau. Le thermomètre,

[a] M. *Cassini* a appelé *montre A,* celle qui, dans le Voyage de M. *Courtenvaux,* étoit appelée *première* ou *ancienne ;* et *montre S,* celle qui étoit appelée *seconde* dans ce même Voyage.

[b] C'est la Table de l'ouvrage ou Voyage de M. *Cassini,* qui a pour titre, *Comparaison journalière des montres marines.* Cette Table marque jour par jour, durant l'épreuve, le nombre de minutes et de secondes dont la montre S avançoit, chaque jour à midi, sur la montre A.

posé dans la boîte d'une des montres, ne fut jamais plus bas que onze degrés trois quarts au-dessus de zéro : mais les brumes les plus affreuses régnèrent presque continuellement.

» 3.º Arrivé à l'île Saint-Pierre (le 26 juillet), mes observations confirmèrent le dérangement entre les montres dont ma comparaison journalière m'avoit averti dans la traversée ; je trouvai l'avance de la montre S, sur le moyen mouvement, de 9″ 45‴ par jour ; mouvement assez différent de celui qu'elle avoit au Havre-de-Grâce : mais celui de la montre A se trouvoit, à trois quarts de seconde près, le même à Saint-Pierre qu'au Havre-de-Grâce. Je crois donc pouvoir attribuer à la seule montre S, le désaccord remarqué entre les deux montres dans la traversée, et pouvoir en rejeter la cause sur l'humidité des brumes, et non sur les mouvemens d'agitation de la mer, qui ne paroissent point avoir eu lieu dans le même temps que les dérangemens observés.

» 4.º Depuis le 29 juillet jusqu'au 16 août, commencement de la traversée de l'île Saint-Pierre à Salé, la variation journalière de l'avance de la montre S sur la montre A, diminua assez uniformément de 13″ jusqu'à 1″ : elle se soutint long-temps aux environs de ce terme, ne changeant que depuis 0″ jusqu'à 2″. Vers le 10 septembre, commencement de la traversée de Salé à Cadix, la montre S, qui, depuis notre départ du Havre, s'étoit toujours éloignée de la montre A, commença à s'en rapprocher : son avance sur cette dernière montre, au lieu d'augmenter, diminua tous les jours assez constamment d'une seconde par jour jusqu'au 24 septembre, temps de notre séjour à Cadix. Il paroît donc que dans cet intervalle du passage de l'île de Saint-Pierre à Cadix, il n'y eut point de ces variations subites et irrégulières entre les deux montres, telles qu'il y en avoit eu dans la première traversée ; mais leurs marches s'étoient rapprochées l'une de l'autre d'un mouvement assez uniforme. Nous avions toujours joui d'une très-belle mer dans cette seconde traversée : le thermomètre se tenoit communément de 19 à 20 degrés, et une sécheresse continue succédoit alors à cette affreuse humidité qui avoit régné sur la fin de la première traversée.

» 5.º Arrivé à Cadix (le 13 septembre), je trouvai que le mouvement de la montre S, par rapport au moyen mouvement, étoit revenu à-peu-près le même qu'il étoit au Havre-de-Grâce ; ce qui me donna à penser que l'effet causé par l'humidité des brumes dans la première traversée, sur cette montre, avoit été réparé et compensé par un effet contraire de la sécheresse des climats que nous avions parcourus en passant de Saint-Pierre à Cadix. Quant à la montre A, son mouvement inaltérable dans la première traversée du Havre-de-Grâce à Saint-Pierre, éprouva quelques petites variations dans le passage de l'île Saint-Pierre à Cadix, où elle n'avoit plus le même mouvement que dans les deux autres lieux. Au Havre, elle retardoit par jour, sur le moyen mouvement, de $1'' 25'''$; à Saint-Pierre, de $41'''$: par conséquent, à Cadix, suivant une loi régulière et uniforme, elle eût dû se trouver encore retarder de quelques tierces par jour : mais je lui trouvai, au contraire, une avance de $2'' 55'''$ par jour sur le moyen mouvement. L'erreur est peu considérable, à la vérité, et les écarts de cette montre ne produisirent pas un degré d'erreur dans la longitude de Cadix, au bout de cent neuf jours d'épreuve. L'erreur, en longitude, de la montre S, à Cadix, fut de $1° \frac{3}{4}$, et eût été plus considérable, si, comme nous venons de le voir, il n'y eût pas eu de compensations causées par la différence des climats.

» 6.º Dans le séjour à Cadix, la comparaison journalière des montres m'avertit d'un dérangement entre elles. La variation journalière de la montre S sur la montre A, étoit, depuis le 16 août, assez constamment de $1''$; mais, du 25 au 26 septembre, elle monta subitement à 5″, et les jours suivans à 8″. Cette inégalité fut confirmée par les résultats des observations astronomiques faites à Cadix dans ce même temps, lesquelles ont prouvé que, du 25 au 30 septembre, ces montres marines ont éprouvé une altération dans leur mouvement : dans la montre S, elle a été peu considérable ; mais dans la montre A, elle l'a été beaucoup. Or, nous avons déjà remarqué, au sujet de ces observations, que dans cet intervalle de temps, du 25 au 30 septembre, il y avoit eu d'assez fortes chaleurs qui avoient fait monter un thermomètre exposé au nord, à 24 degrés. On remarquera aussi, d'après la Table de comparaison, qu'à commencer du 26 septembre, le thermomètre enfermé dans la boîte aux montres, se soutint constamment, pendant dix jours de suite, à 20 et 21 degrés ; ce qui ne lui étoit pas encore arrivé. Il paroît donc indubitable que le dérangement arrivé à l'une et à l'autre montre dans les derniers jours à Cadix, doit être attribué à la chaleur.

» 7.º Enfin, en partant de Cadix, vers le 13 octobre, l'avance de la montre S sur la montre A, diminuoit par jour de 6″ : ce mouvement fut assez constant pendant presque toute la traversée de Cadix à Brest. Il paroît donc, par la comparaison des montres, qu'elles se comportèrent assez régulièrement l'une par rapport à l'autre dans cette dernière traversée. Les circonstances qui accompagnèrent cet accord des montres, furent une température uniforme, le thermomètre étant communément de 14 à 17 degrés ; mais dans les derniers jours, 27, 28 et 29 octobre, nous reçûmes un coup de vent qui fit éprouver au vaisseau les agitations les plus violentes : la marche réciproque des montres n'en fut néanmoins aucunement altérée.

» 8.º Arrivé en dernier lieu à Brest (le 30 octobre), je trouvai aux deux montres à-peu-près le même mouvement que celui qu'elles avoient eu dans la totalité du séjour à Cadix ; et la
montre

montre A ne me donna, dans la différence de longitude de Cadix et de Brest, qu'un huitième de degré d'erreur au bout de quarante jours ; et la montre S , un demi-degré. »

Tels sont les résultats et les remarques des montres inventées par M. le Roy : on peut les résumer ainsi en peu de mots.

« L'humidité des brumes dans la traversée du Havre-de-Grâce à l'île Saint-Pierre, a altéré et accéléré le mouvement de la montre S ; mais dans le passage de l'île Saint-Pierre à Cadix, la chaleur et la sécheresse des climats ont rétabli ce mouvement à-peu-près dans son premier état. A Cadix, cette montre S a eu, vers la fin de son séjour, une variation, mais peu considérable, que l'on peut attribuer à une grande chaleur qui a régné dans le même temps. Enfin, de Cadix à Brest, cette montre s'est assez bien comportée, et n'a donné, au bout de quarante jours, qu'un demi-degré d'erreur dans la longitude de Brest.

» Le mouvement de la montre A a été inaltérable par l'humidité des brumes, et s'est trouvé le même, à très-peu près, au bout de soixante-trois jours d'épreuve ; la chaleur des climats parcourus de Saint-Pierre à Cadix, lui a fait quelque impression, mais peu considérable : cette montre A, au bout de cent neuf jours d'épreuve, a donné la longitude de Cadix à 59′ de degré près. Quelques grandes chaleurs qui ont régné sur la fin du séjour à Cadix, lui ont fait, à la vérité, éprouver une irrégularité assez considérable : c'est le seul reproche que l'on puisse faire à cette montre dans tout le cours du voyage ; car de Cadix à Brest, elle s'est parfaitement comportée, et n'a eu, au bout de quarante jours, qu'un huitième de degré d'erreur dans la longitude de Brest.

» En finissant, je ne puis mieux fixer ce que l'on doit penser du succès de cette épreuve des montres marines, qu'en rappelant le jugement de l'Académie, prononcé le 5 avril 1769, à la séance de la rentrée publique de Pâques.

TOME I.   S s

VII.

Prix et jugement de l'Académie des Sciences de Paris, sur les Montres marines de M. le Roy, 1769.

» L'ACADÉMIE a adjugé le prix au Mémoire qui a pour devise, *Labor improbus omnia vincit*, et à la montre qui est jointe à ce Mémoire. L'auteur de l'un et de l'autre est M. LE ROY, horloger de sa Majesté. La marche de la montre de M. LE ROY, observée à la mer dans plusieurs voyages, dont un a été des côtes de France à Terre-Neuve, et de Terre-Neuve à Cadix, a paru en général assez régulière pour mériter à l'Auteur cette récompense, dont le but principal est de l'encourager à de nouvelles recherches; car l'Académie ne doit pas dissimuler que dans une des observations qui ont été faites sur cette montre, elle a paru, même étant à terre, avancer assez brusquement de 11 à 12″ par jour; d'où il suit qu'elle n'a pas encore le degré de perfection qu'on peut y desirer.»

VIII.

Épreuves des Horloges marines N.º 6 et N.º 8, de M. Ferdinand Berthoud, en 1768 et 1769.

LE DÉTAIL des diverses opérations relatives à l'épreuve des horloges, formera la partie de cet ouvrage [a] comprise sous le titre de *JOURNAL DES HORLOGES MARINES*.

C'est à la fin de ce Journal des horloges que M. DE FLEURIEU a placé la RÉCAPITULATION, et la CONCLUSION qui contient une idée générale de l'épreuve des horloges. Nous allons la transcrire.

« L'empressement du Gouvernement (dit M. DE FLEURIEU [b]) à jouir des travaux de M. BERTHOUD, ne tarda pas à mettre les Navigateurs à portée d'en connoître le mérite. Dès l'année 1766, cet Artiste reçut ordre du Roi d'exécuter deux horloges marines dont sa Majesté voulut faire les frais, et dont elle se réserva de faire les épreuves. Ces deux horloges sont connues sous les dénominations d'*Horloge* N.º 6, et d'*Horloge* N.º 8. M. BERTHOUD

---

[a] Le *Voyage* publié par M. de Fleurieu.

[b] *Voyage fait par ordre du Roi, en 1768 et 1769, à différentes parties du monde, pour éprouver en mer les* horloges marines inventées par M. Ferdinand Berthoud, *par M. d'Eveux de Fleurieu, &c.* Paris, de l'Imprimerie royale, 1773. *Introduction,* page xiij.

fit usage, dans leur construction, des premiers principes qu'il avoit établis dans ses ouvrages; mais de nouvelles recherches lui fournirent encore de nouveaux moyens pour perfectionner l'application de ces principes.

» Un goût naturel pour la Méchanique avoit, depuis quelque temps, dirigé mes études vers la partie de cette science qui a trait à l'art de l'Horlogerie; je m'étois même permis de risquer en projet les idées que j'avois eues sur la construction d'une horloge marine. Ces foibles essais engagèrent le ministère à permettre que je m'occupasse particulièrement d'une découverte qui fixoit l'attention de tous les Marins....

» Mais plus je sentois le mérite et l'importance de la découverte, plus je desirois qu'une épreuve rigoureuse, tant par sa durée que par sa forme, fixât les opinions sur le degré d'utilité qu'on pouvoit attendre des horloges marines pour perfectionner la Navigation. Le ministère m'avoit laissé espérer que je serois chargé de la conduite de cette épreuve, et je m'occupai bientôt d'en dresser un plan détaillé, qui fut agréé sans restriction et sans augmentation. Mais il importoit de donner aux opérations astronomiques qui devoient constater la régularité des horloges marines, une authenticité, une solidité qu'elles ne pouvoient obtenir par des observations isolées. Le concours de deux observateurs étoit indispensable: il falloit se faire des droits à la confiance des Marins et des Savans; ce n'étoit pas le cas de réclamer leur indulgence. Je demandai donc qu'un des Astronomes de l'Académie royale des Sciences voulût bien m'aider de ses lumières et partager le fardeau de l'entreprise. M. PINGRÉ, chanoine régulier de la Congrégation de France, astronome-géographe de la marine, fut nommé par sa Majesté pour faire conjointement avec moi toutes les opérations relatives à l'épreuve des horloges....

» L'instruction du Roi, concernant les opérations relatives à l'épreuve des horloges marines, fut dressée conformément au plan que j'en avois présenté : l'usage qu'on a fait dans une épreuve postérieure à la nôtre, de la plupart des vues que ce plan renfermoit, a dû être pour moi l'approbation la plus flatteuse, et une confirmation bien satisfaisante de la bonté et de la solidité de ces vues. Le port de Rochefort avoit été choisi pour le lieu de notre embarquement; et *l'Isis*, frégate de vingt canons, dont le commandement m'avoit été confié, fut destinée à porter les horloges. Nous devions commencer nos observations dans les premiers jours de novembre de l'année 1768; partir des côtes de France en hiver; relâcher à Cadix, aux îles Canaries, à la côte d'Afrique, aux îles du Cap-Vert, à la Martinique, à Saint-Domingue, &c.; nous élever ensuite dans le nord jusqu'à la sonde du grand Banc de Terre-Neuve, pour relâcher une seconde fois aux îles Canaries et à Cadix; afin que les horloges marines, transportées dans des climats alternativement froids, chauds et tempérés, éprouvassent toutes les vicissitudes de la température de l'air, en même temps qu'elles seroient exposées à toute l'agitation de la mer pendant la plus rude saison de l'année, soit en partant des côtes de France en hiver, soit dans le nord de l'Amérique, ainsi qu'à l'attérage d'Europe, quand nous reviendrions à Rochefort. Il nous étoit enjoint d'ailleurs de multiplier les observations astronomiques, autant que les circonstances et les lieux pourroient nous le permettre, afin que la fréquence des vérifications prévînt sûrement les compensations d'erreurs qui ne sauroient manquer d'avoir lieu dans un trop long intervalle, et qui feroient attribuer aux mouvemens de l'horloge une précision qu'elle ne devroit pas à sa régularité. La forme de nos opérations étoit prescrite : les observations devoient être faites séparément par les deux observateurs; toutes devoient être faites en présence des officiers embarqués sur la frégate, et constatées sur le lieu même qui serviroit d'Observatoire, par des procès-verbaux signés de tous les officiers qui y auroient assisté. . . .

» Nous avons fait tous nos efforts pour remplir les intentions de sa Majesté et ce que nous devions au Public ; nous avons tâché de rendre l'épreuve des horloges marines de M. BERTHOUD aussi authentique, aussi rigoureuse qu'elle pouvoit et qu'elle devoit l'être. Les deux horloges n'ont jamais été déplacées pendant la durée du voyage ; elles étoient enfermées chacune sous trois clefs différentes : M. PINGRÉ avoit une de ces clefs ; j'avois la seconde ; et la troisième fut remise aux officiers, qui se la consignoient l'un à l'autre en se rendant le *quart* ou la garde de la frégate. Ce concours des trois témoins étoit donc nécessaire pour que l'armoire des horloges pût être ouverte, et que l'on pût ou les remonter, ou seulement observer le *temps* ou l'heure qu'elles marquoient. Cette heure étoit écrite par l'officier de quart, qui assistoit à l'opération comme observateur et comme témoin, et signoit à l'instant, ainsi que M. PINGRÉ et moi, au procès-verbal qui en étoit dressé. . . .

» Quant à la rigueur de l'épreuve, sa durée a excédé celle d'une année : elle a commencé le 10 novembre 1768, et fini le 21 du même mois de l'année suivante. Plusieurs coups de vent essuyés dans le cours de la campagne ; des roulis presque continus, dont l'étendue passoit quelquefois quarante-cinq degrés ; toutes les vicissitudes de la température de l'air, depuis le terme de la congélation jusqu'au vingt-cinquième degré de chaleur du thermomètre de RÉAUMUR; l'humidité pénétrante des brumes du grand Banc de Terre-Neuve, à travers lesquelles on a navigué pendant plusieurs jours consécutifs ; enfin toutes les causes physiques qui peuvent contribuer à altérer la justesse des horloges marines, se sont combinées et réunies, dans le cours d'une année, pour éprouver la régularité de ces machines. Quatorze vérifications faites dans différens ports, ont prévenu les compensations d'erreurs, et nous ont fourni les moyens d'apprécier très-exactement la régularité absolue de chaque horloge pendant chaque période particulière.

IX.
Récapitulation et conclusion sur l'épreuve des Horloges N.º 6 et N.º 8, de *Ferdinand Berthoud.*

» Nous avons (continue M. de Fleurieu [a]) examiné la régularité des horloges marines sous divers points de vue : indépendamment de l'examen que nous avons fait du changement qui étoit survenu, à différentes époques, dans le rapport que le mouvement particulier de chaque horloge avoit avec le moyen mouvement du Soleil, nous avons cherché, 1.º quelle étoit l'erreur absolue de chaque horloge, aux attérages, après les différentes traversées ; 2.º à quel degré de précision chaque horloge auroit fixé la longitude des ports, en calculant d'une époque à la suivante d'après des mouvemens moyens ; et conséquemment, de quelle utilité ces machines avoient été pour rectifier les cartes marines.

» Il ne suffit pas d'examiner le changement survenu dans le mouvement de chaque horloge, pour apprécier leur régularité : les conséquences qu'on en voudroit tirer ne seroient que des conjectures ; car, de ce qu'une horloge se trouveroit avoir le même retard journalier ou la même accélération au premier et au dernier jour d'une période, il n'en faudroit pas conclure que l'horloge eût donné exactement la longitude à la fin de la période ; il est possible que le mouvement soit le même aux deux termes extrêmes, et que, dans l'intervalle, l'horloge ait été sujette à des retards ou à des accélérations, dont la somme produiroit une erreur absolue sur la différence des méridiens que l'on concluroit, à la fin de la période, entre le port actuel où l'on observe et celui auquel on rapporte l'observation. Il est donc nécessaire de prendre des termes de comparaison au premier et au dernier

[a] *Voyage, &c.,* Tome I, page 190.

jour de la période, tels que les longitudes de deux ports dont la
position a été déterminée par des observations astronomiques ; et
de comparer à la véritable différence des méridiens celle que
l'horloge indique, quand on calcule d'après son mouvement
tel qu'on l'avoit reconnu dans le port du départ auquel on
rapporte la détermination.

» Si les observations prouvent que le mouvement de l'horloge
n'est plus le même qu'à la dernière vérification, on peut connoître
si sa variation a été progressive, en calculant, pour l'intervalle,
d'après un mouvement moyen entre celui du départ et celui de
l'arrivée : car, lorsque la variation du mouvement a suivi exactement une progression, l'horloge doit donner la vraie différence
de méridiens entre les deux ports ; et quand sa détermination
diffère de la véritable, on doit regarder cette différence comme
la somme des écarts du mouvement de l'horloge relativement à
la progression croissante ou décroissante que ce mouvement
auroit dû suivre.

» Mais cette manière d'apprécier la régularité des horloges
marines, dépend, comme on le voit, des longitudes des ports du
départ et de l'arrivée ; et s'il y a quelque erreur sur une de ces
déterminations, on est dans le cas, ou d'attribuer à l'horloge plus
de justesse qu'elle n'en a eu, ou de lui imputer une erreur qu'elle
n'a pas. Nous avons évité cette incertitude, en revenant dans les
mêmes ports d'où nous étions partis. Nous y avons examiné la
régularité des horloges sous deux points de vue : 1.º en supposant
que la variation du mouvement n'avoit pas été progressive, et
en calculant, pour les périodes particulières comprises dans la
grande, d'après les mouvemens tels qu'on les avoit reconnus aux
vérifications qui ont été faites au commencement de chacune de
ces périodes; 2.º en calculant, pour les mêmes intervalles, d'après
des mouvemens moyens entre ceux des départs et ceux des arrivées.

Le premier calcul nous a donné la somme des erreurs absolues, dans l'intervalle compris entre deux vérifications faites dans un même port ; le second a fait voir quelle erreur on auroit eue, en revenant dans le même port, si les longitudes de ceux où l'on a relâché dans l'intervalle n'eussent pas été déterminées, c'est-à-dire, si on n'avoit eu aucun moyen pour vérifier la régularité absolue des horloges marines.

» Il est nécessaire de mettre sous les yeux du Lecteur un précis de ces différens résultats, dont il lui sera facile de vérifier l'exactitude, et d'après lesquels il sera en état d'apprécier non-seulement la régularité absolue de chaque horloge, mais encore la justesse de leurs déterminations, relativement à l'usage qu'on doit faire de ces machines pour fixer les longitudes des ports, lorsqu'elles n'ont pas été déterminées par des observations astronomiques. »

PREMIER POINT DE VUE. [a]

VÉRIFICA-TIONS.	ÉPOQUES DES VÉRIFICATIONS.	DURÉE des PÉRIODES.	ERREUR absolue de l'Horloge N.° 8.	ERREUR absolue de l'Horloge N.° 6.
			D. M.	D. M.
II.e....	A L'ÎLE D'AIX, le 22 déc. 1768. Rapportée à Rochefort, le 7 décemb.	Après 15 jours.	o. 2 $\frac{1}{4}$	o. 25 $\frac{1}{3}$
III.e... III.e...	A L'ÎLE D'AIX, le 18 janvier 1769. Rapportée à l'île d'Aix, le 22 déc. 1768. Rapportée à Rochefort, le 7 déc. 1768.	Après 27 jours. Après 4 jours.	o. 6 $\frac{1}{2}$ o. 4 $\frac{1}{4}$	o. 10. o. 15 $\frac{1}{3}$
IV.e... IV.e... IV.e...	A CADIX, le 4 mars 1769. Rapportée à l'île d'Aix, le 18 janvier. Rapportée à l'île d'Aix, le 22 déc. 1768. Rapportée à Rochefort, le 7 déc. 1768.	Après 45 jours. Après 72 jours. Après 87 jours.	o. 15 $\frac{1}{2}$ o. 22. o. 19 $\frac{1}{4}$	o. 6 $\frac{1}{4}$ o. 16 $\frac{1}{6}$ o. 9 $\frac{1}{2}$
V.e....	A SAINTE-CROIX, le 7 mars 1769. Rapportée à Cadix, le 4 mars 1769..	Après 23 jours.	o. 2.	o. 5 $\frac{1}{4}$
VI.e... VI.e...	A GORÉE, le 7 avril. Rapportée à Sainte-Croix, le 27 mars. Rapportée à Cadix, le 4 mars.....	Après 11 jours. Après 34 jours.	o. 6 $\frac{1}{4}$ o. 8 $\frac{1}{6}$	o. 1 $\frac{1}{2}$ o. 6 $\frac{1}{4}$
VII.e... VII.e...	A LA PRAYA, le 13 avril. Rapportée à Sainte-Croix, le 27 mars. Rapportée à Cadix, le 4 mars.....	Après 17 jours. Après 40 jours.	o. 10 $\frac{1}{4}$ o. 12 $\frac{3}{4}$	o. 2. o. 7 $\frac{1}{4}$
VIII.e..	AU FORT SAINT-PIERRE, le 7 mai. Rapportée à la Praya, le 18 avril...	Après 19 jours.	o. 4 $\frac{5}{6}$	o. 10 $\frac{1}{8}$
IX.e... IX.e...	AU FORT-ROYAL, le 11 mai. Rapportée à la Praya, le 18 avril... Rapportée à Cadix, le 4 mars, en ayant égard au mouvement de la Praya..	Après 23 jours. Après 68 jours.	o. 6 $\frac{2}{3}$ o. 4.	o. 13 $\frac{1}{8}$ o. 31 $\frac{1}{3}$
X.e.... X.e....	AU CAP-FRANÇAIS, le 30 mai. Rapportée au Fort-Royal, le 14 mai. Rapportée à Cadix, le 4 mars, en ayant égard au mouvement de la Praya..	Après 16 jours. Après 87 jours.	o. 1 $\frac{1}{2}$ o. 14 $\frac{1}{3}$	o. 12 $\frac{1}{2}$ o. 36 $\frac{3}{4}$
XI.e...	A ANGRA, le 25 juillet. Rapportée au Cap, le 10 juin.....	Après 45 jours.	o. 10 $\frac{1}{4}$	o. 27 $\frac{1}{4}$
XII.e... XII.e...	A SAINTE-CROIX, le 18 août. Rapportée à Angra, le 31 juillet... Rapportée au Cap, le 10 juin, en ayant égard au mouvement d'Angra....	Après 18 jours. Après 69 jours.	o. 4. o. 1 $\frac{1}{4}$	o. 4 $\frac{1}{2}$ o. 4 $\frac{1}{4}$
XIII.e..	A CADIX, le 4 octobre. Rapportée à Sainte-Croix, le 21 août.	Après 44 jours.	o. 7 $\frac{1}{2}$	o. 50.
XIV.e..	A L'ÎLE D'AIX, le 1.er novembre. Rapportée à Cadix, le 4 octobre...	Après 22 jours.	o. 6 $\frac{1}{2}$	o. 6 $\frac{1}{2}$

X.

Erreurs absolues des Horloges marines, dépendantes des variations survenues dans leur mouvement, ou erreurs aux attérages.

[a] *Voyage de M. de Fleurieu*, Tome I, page 193.

 Tt

» Telles sont les erreurs *absolues* de chaque horloge dans les différentes périodes, c'est-à-dire, les erreurs qu'on avoit à craindre en venant à l'attérage sur la foi de ces machines, et en rapportant les déterminations qu'elles donnoient, au méridien d'un des ports dont on connoissoit la longitude.

XI.
De la justesse des Horloges marines, sous le premier point de vue. [a]

» ON ADMIRERA sans doute l'exactitude de l'horloge N.º 8, qui ne s'est pas démentie pendant une épreuve de 376 jours. Quand je dis qu'elle ne s'est pas démentie, je ne prétends pas faire entendre que le mouvement de cette horloge n'a éprouvé aucune altération; mais la somme de ses écarts n'a jamais produit, comme on le voit, une erreur de plus d'un *quart de degré,* après un intervalle de 45 jours; souvent même l'erreur n'a été que d'un *huitième de degré;* quelquefois elle a été moindre. Dans une période de 87 jours, de Rochefort à Cadix, sans aucune vérification intermédiaire du mouvement de l'horloge, l'erreur absolue n'étoit que d'un *tiers de degré;* dans d'autres périodes, de 87, de 69, de 68 jours, en ayant égard seulement, ainsi qu'on le doit, à une vérification du mouvement faite dans l'intervalle, l'erreur de l'horloge n'est que d'un *quart,* d'un *quinzième,* d'un *soixantième de degré.* Les erreurs de cette horloge ont toujours été dans le même sens, excepté dans une seule occasion; elles proviennent d'un *accroissement progressif* auquel son retard journalier a été sujet.

» La précision de l'horloge N.º 6 a été égale, quelquefois supérieure, à celle de l'horloge N.º 8, durant les six premiers mois de l'épreuve, excepté dans les jours qui ont précédé la deuxième vérification du mois de décembre à l'île d'Aix, temps auquel le froid occasionna, dans le mouvement du N.º 6, un retard extraordinaire qui produisit, après quinze jours, une erreur

[a] *Voyage, &c.* Tome I, page 194.

de près d'un *demi-degré*. Mais dans les derniers mois de l'épreuve, cette horloge s'est éloignée de sa première justesse : du Cap-Français à Angra dans l'île de Tercère, après 45 jours, son erreur fut de 27 minutes ou près d'un *demi-degré*; de Sainte-Croix à Cadix, après 44 jours, elle fut de 50 minutes, c'est-à-dire, de plus de *trois quarts de degré*. On ne doit cependant pas regarder ces erreurs comme bien considérables dans l'usage de la Navigation; celle de 50 minutes, qui est la plus grande, ne donnoit que 13 lieues $\frac{1}{3}$ à l'attérage sur Cadix.

» POUR FAIRE mieux sentir le mérite et l'exactitude des horloges marines de M. BERTHOUD, il suffira de dire, pour ceux qui ne connoissent pas en quoi consiste toute la difficulté du problème des longitudes, que dans un comité qui fut tenu à Londres, en 1714, par ordre du Parlement d'Angleterre, pour examiner tout ce qui concerne les longitudes, et auquel assistèrent les hommes les plus savans de la nation, il fut décidé que la précision d'un *demi-degré* [ou trente milles géographiques], après une *traversée* à l'un des ports de l'Amérique (qu'on évalue à six semaines ou 42 jours), seroit le terme de la plus grande exactitude qu'on pût exiger d'une machine, d'un instrument, ou d'une méthode quelconque propre à déterminer les longitudes à la mer. C'est à ce terme de précision que l'acte du Parlement d'Angleterre attacha la plus haute récompense qui ait été promise pour la découverte des longitudes, celle de vingt mille livres sterling [environ 470 mille livres tournois] : mais, pour se conformer à l'invitation du comité, le Parlement fixa encore d'autres récompenses proportionnées pour les méthodes qui, sans parvenir à cette précision, donneroient la longitude, après six semaines, à *deux tiers de degré*, ou seulement même à *un degré* près. On

XII.
De la précision qu'on exige dans les Horloges marines.[a]

[a] *Voyage, &c.* Tome I, page 195.

ne proposa point de récompense pour celles qui pourroient déterminer la longitude avec une précision supérieure à celle du *demi-degré*, comme à un *quart*, à un *huitième*, et au-dessus, ainsi qu'on l'a constamment obtenu par l'horloge N.º 8 de M. BERTHOUD ; soit qu'on pensât alors qu'il n'étoit pas possible d'approcher de plus près que du *demi-degré ;* soit que, avec raison , on regardât ce terme de précision comme celui qui suffisoit pour l'usage et la sûreté de la Navigation.

» Au reste, la décision du comité de Londres est, en quelque sorte, consacrée, et doit être celle de toutes les nations : NEWTON parla dans cette assemblée ; c'est d'après lui qu'on statua.

XIII.

Sommes des erreurs absolues que les Horloges marines auroient données aux retours dans un même port ; en supposant que leur mouvement n'eût pas été progressif ; et qu'on n'eût pas pu calculer d'après des mouvem. moyens. [a]

VÉRIFICA-TIONS.	ÉPOQUES DES VÉRIFICATIONS.	DURÉE des PÉRIODES.	SOMME des ERREURS du N.º 8.		SOMME des ERREURS du N.º 6.	
			D.	M.	D.	M.
XII.ᵉ..	Du 27 mars, à Sainte-Croix, au 18 août, dans le même port....	Après 144 jours.	0.	42 $\frac{1}{8}$	0.	39 $\frac{1}{4}$
XIII.ᵉ..	Du 4 mars, à Cadix, au 4 octobre, dans le même port...........	Après 214 jours.	0.	36 $\frac{1}{3}$	1.	24 $\frac{1}{6}$
XIV.ᵉ..	Du 18 janvier, à l'île d'Aix, au 1.ᵉʳ novembre, dans le même port..	Après 287 jours.	0.	45 $\frac{1}{3}$	1.	40 $\frac{1}{3}$

XIV.

De l'exactitude des Horloges dans la supposition d'un cas très-rare. [b]

» NOUS AVONS fait ici une supposition qui ne peut se rencontrer que bien rarement : nous avons supposé que nous ne connoissions la longitude d'aucun des ports auxquels nous avons relâché, dans l'intervalle du départ d'un port au retour dans le même port ; et conséquemment que n'ayant aucun moyen pour vérifier si le mouvement des horloges avoit été progressif, nous avions été contraints de calculer, pour chaque période particulière, d'après le mouvement absolu des horloges, tel que nous l'avions reconnu

[a] *Voyage &c.* Tome I, page 196.   [b] *Ibidem*, page 197.

au commencement de chacune de ces périodes. On voit que,
même dans cette supposition forcée, l'erreur de l'horloge N.º 8,
après 144 jours, n'est que d'un peu plus de *deux tiers de degré ;*
de moins de *deux tiers* après 214; de *trois quarts* de *degré* après
287 jours. L'erreur du N.º 6, dans la première période, est à-
peu-près la même que celle du N.º 8 ; dans les deux autres,
elle est plus grande d'un degré ; mais on doit convenir que ces
erreurs sont encore fort petites, si l'on veut faire attention que
la durée entière de chacune de ces périodes comprend *trois et
demi, cinq* et *sept* périodes ordinaires.

SECOND POINT DE VUE.

» La connoissance des *erreurs absolues* de chaque horloge,
nous a fourni le moyen d'apprécier leur *régularité absolue :* mais
indépendamment de l'usage qu'on doit faire de ces machines
pour diriger la route du navire et décider les attérages, elles
doivent encore être employées pour rectifier les cartes marines.
On pourra juger de quelle utilité elles nous ont été dans cet
emploi, et avec quelle précision elles ont dû fixer les longitudes
indécises de plusieurs ports auxquels nous avons relâché, en
voyant avec quelle justesse elles ont donné des longitudes, qui
avoient été déterminées d'ailleurs par des observations astronomiques, et auxquelles nous avons pu comparer celle des
horloges.

XV.

Erreurs des Horloges, sur les différences de méridiens qu'elles ont assignées entre plusieurs ports, comparées aux vraies différences; en calculant la marche de chaque Horloge, d'après des mouvem. moyens. [a]

VÉRIFICA-TIONS.	ÉPOQUES DES VÉRIFICATIONS.	DURÉE des PÉRIODES.	ERREUR de l'Horloge N.º 8.	ERREUR de l'Horloge N.º 6.
			D. M.	D. M.
III.ᵉ....	Sur la longitude de l'ÎLE D'AIX. Rapportée au méridien de Rochefort, du 7 déc. 1768 au 18 janv. 1769..	Après 42 jours.	o. 4 $\frac{1}{4}$	o. 15 $\frac{3}{4}$
IV.ᵉ....	Sur la longitude de CADIX. Rapportée au méridien de l'île d'Aix, du 18 janvier au 4 mars 1769....	Après 45 jours.	o. 11.	o. 2.
V.ᵉ....	Sur la longitude de SAINTE-CROIX. Rapportée au méridien de Cadix, du 1.ᵉʳ mars au 27..............	Après 26 jours.	o. 3 $\frac{1}{2}$	o. 8 $\frac{5}{6}$
IX.ᵉ....	Sur la longitude du FORT-ROYAL. Rapportée au méridien de Cadix, du 4 mars au 11 mai............	Après 68 jours.	o. 1 $\frac{1}{8}$	o. 7 $\frac{1}{2}$
IX.ᵉ....	Sur la longitude du FORT-ROYAL. Rapportée au méridien de Rochefort, du 7 déc. 1768 au 11 mai 1769...	Après 155 jours.	o. 7 $\frac{3}{4}$	o. 6 $\frac{3}{4}$
X.ᵉ....	Sur la longitude du CAP-FRANÇAIS. Rapportée au méridien du Fort-Royal, du 11 au 30 mai 1769........	Après 16 jours.	o. 0 $\frac{1}{3}$	o. 9 $\frac{3}{4}$
X.ᵉ....	Sur la longitude du CAP-FRANÇAIS. Rapportée au méridien de Cadix, du 4 mars au 30 mai...........	Après 87 jours.	o. 2 $\frac{3}{5}$	o. 2 $\frac{1}{8}$
X.ᵉ....	Sur la longitude du CAP-FRANÇAIS. Rapportée au méridien de Rochefort, du 7 déc. 1768 au 30 mai 1769....	Après 171 jours.	o. 8.	o. 3.
XII.ᵉ...	Sur la longitude de SAINTE-CROIX. Rapportée au méridien du Cap-Français, du 10 juin au 18 août......	Après 69 jours.	o. 13 $\frac{1}{3}$	o. 16 $\frac{5}{6}$
XII.ᵉ...	Sur la longitude de SAINTE-CROIX. Rapportée au méridien de Sainte-Croix, du 27 mars au 18 août........	Après 144 jours.	o. 3.	o. 0 $\frac{1}{3}$
XIII.ᵉ..	Sur la longitude de CADIX. Rapportée au méridien de Sainte-Croix, du 21 août au 4 octobre........	Après 44 jours.	o. 11.	o. 10 $\frac{1}{2}$
XIII.ᵉ..	Sur la longitude de CADIX. Rapportée au méridien de Cadix, du 4 mars au 1.ᵉʳ octobre........	Après 214 jours.	o. 4 $\frac{3}{4}$	o. 19 $\frac{2}{3}$
XIV.ᵉ...	Sur la longitude de L'ÎLE D'AIX. Rapportée au méridien de Cadix, du 10 octobre au 1.ᵉʳ novembre.....	Après 22 jours.	o. 1.	o. 6 $\frac{1}{3}$
XIV.ᵉ...	Sur la longitude de L'ÎLE D'AIX. Rapportée au méridien de l'île d'Aix, du 18 janvier au 1.ᵉʳ novembre...	Après 287 jours.	o. 7 $\frac{1}{10}$	o. 15 $\frac{1}{4}$

[a] *Voyage, &c.* Tome I, page 198.

» L'EXTRÊME PRÉCISION avec laquelle les deux horloges, et sur-tout le N.º 8, ont donné la longitude, en employant leurs *mouvemens moyens*, après les trois grandes périodes, de 144, 214 et 287 jours, est due en partie à la compensation de quelques petites erreurs qui se trouvoient en sens contraire : mais on peut voir, par les résultats des périodes particulières, que, dans aucune circonstance, ces erreurs n'ont été considérables ; et que même, sans le secours des compensations, l'exactitude des horloges, après les grandes périodes, a été beaucoup au-delà de ce qu'on n'a jamais cru pouvoir espérer, pour la perfection de la Géographie, de la part des machines qui mesurent le temps.

» L'exactitude de l'horloge N.º 8 a été supérieure à celle de l'horloge N.º 6, mais cette supériorité n'est point un effet du hasard ; elle avoit été annoncée par M. BERTHOUD, dans une déclaration qu'il adressa, avant l'épreuve, au secrétaire d'état ayant le département de la Marine. Il se fondoit sur la solidité des principes qu'il avoit employés dans la construction de cette machine, bien plus que sur l'expérience ; car l'horloge étoit à peine terminée, qu'il reçut l'ordre du Roi de la transporter à Rochefort, pour y être éprouvée. (*Voyez* la première vérification, page 3 [b].)

» L'épreuve à laquelle les deux horloges ont été soumises, a toutes les conditions qu'on pouvoit exiger ; sa durée a été de 376 jours : les variations de la température ont été fréquentes, souvent très-brusques ; elles ont passé par tous les degrés de chaleur, depuis le 3.e jusqu'au 25.e au-dessus de la congélation (thermomètre de RÉAUMUR). Les horloges ont été exposées à des agitations continuelles : les angles des roulis mesurés, ont été presque toujours de 20, 25 et 30 degrés ; leur étendue quelquefois a passé 45 degrés. Enfin, le grand nombre de vérifications qui ont été

[a] *Voyage, &c.* Tome I, page 199.   [b] Du *Voyage de M. de Fleurieu.*

faites, après des intervalles de temps souvent très-courts, ont prévenu l'effet des compensations d'erreurs, en ont fait connoître la quantité précise, ont prouvé que ce n'est point à cette cause qu'on doit attribuer l'exactitude des déterminations qu'on a obtenues à la fin de chaque période particulière, et même après celles qui embrassoient les plus longs intervalles.

XVII.
Conclusion sur le résultat général de l'épreuve des Horloges N.º *6* et N.º 8. [a]

» TEL EST le résultat général de l'épreuve des horloges marines de M. FERDINAND BERTHOUD. On voit assez qu'en supposant même que ces machines ne pussent pas acquérir entre ses mains une perfection au-dessus de celle qu'on leur a reconnue, le moyen qu'elles offrent aux Marins pour déterminer les longitudes en mer, est déjà susceptible d'une exactitude supérieure à ce qu'exige l'usage de la Navigation, et suffisante pour perfectionner la Géographie. . . . . Je n'ajouterai rien pour relever le mérite et le succès de son travail. . . . . .Je ne crois pas pouvoir le louer mieux, qu'en exposant en détail, dans le Journal de ma Navigation, les secours multipliés que ses horloges m'ont fournis, pour redresser l'*estime*, apprécier l'effet des courans et de la dérive, décider les attérages, rectifier les cartes marines, dresser enfin, d'après les déterminations des horloges, une nouvelle *carte réduite* de toute la partie du globe la plus intéressante et la plus fréquentée, connue sous le nom d'*Océan atlantique* ou *occidental.* »

XVIII.
Épreuve particulière de l'effet de l'artillerie sur le mouvem. des Horloges marines; novembre 1769. [b]

« IL NOUS restoit à faire une dernière épreuve pour nous conformer à ce qui nous étoit prescrit par l'instruction de sa Majesté : il s'agissoit d'éprouver si la concussion que doit produire sur toutes les parties du navire le jeu de son artillerie, pourroit occasionner quelque altération sensible dans le mouvement des horloges marines.

[a] *Voyage &c.* Tome I, page 200.　　[b] *Ibidem*, page 189.

» Nous

» Nous y procédâmes le 13 novembre après midi : vers quatre heures et demie, nous comparâmes le temps marqué par chaque horloge marine, à celui de l'horloge astronomique qui étoit restée établie sur l'île d'Aix et dont nous connoissions le mouvement tant par rapport au moyen mouvement du Soleil, que par rapport à celui de chaque horloge marine.

» Après cette première comparaison, on fit cinq décharges générales et consécutives de l'artillerie de la frégate : chaque fois les deux bords tirèrent en même temps. L'ébranlement fut très-violent : les serrures des chambres voisines de celles des horloges, et même une serrure de l'armoire qui les renfermoit, furent arrachées par la concussion.

» Nous comparâmes de nouveau, après cette opération, le temps de chaque horloge marine à celui de l'horloge astronomique ; et nous ne trouvâmes d'autre différence, dans le rapport de leurs temps, que celle qui devoit résulter, pour chaque horloge marine, de la différence de son mouvement particulier à celui de l'horloge astronomique. »

XIX.
Le mouvement des Horloges n'en a point été altéré.

Le 17 novembre les horloges furent débarquées de *l'Isis* et transportées à Rochefort.

XX.
Fin de l'épreuve des Horloges marines.

« Les nouveaux secours que l'Horlogerie nous présente, et dont l'usage est à la portée de tous les Marins qui voudront les employer, vont écarter de la Navigation une partie des dangers auxquels on étoit exposé. Chaque jour où l'état du ciel permettra de faire une observation au Soleil ou aux étoiles, on pourra connoître à quel méridien terrestre le navire est parvenu : chaque détermination devient isolée, c'est-à-dire, qu'elle ne dépend en

XXI.
Divers usages des Horloges marines. [a]

[a] *Voyage de M. de Fleurieu,* Tome I, *Introduction,* page xl.

aucune manière de celles qui l'ont précédée : les courans, la dérive, la déclinaison de l'aiguille, ne peuvent rien contre son exactitude ; une seule observation suffit pour fixer avec facilité la position du vaisseau, et corriger en un instant toute l'erreur d'une longue Navigation. Les Navigations seront abrégées ; on pourra attaquer de loin un port, un cap, par l'aire de vent direct auquel il doit rester à l'égard du vaisseau ; on ne sera plus obligé de venir se mettre d'avance sur le parallèle du point où on veut aborder.

» L'utilité[a] qu'on peut retirer des horloges marines, ne se borne pas à diriger avec sûreté la route du vaisseau : on les emploiera avec le même avantage à perfectionner la Géographie. La description du globe terrestre est encore bien imparfaite, bien confuse, et, si on peut le dire, fort peu ressemblante. Le premier emploi que l'on doive faire des horloges marines, est, sans doute, de fixer les longitudes des ports les plus fréquentés. Que serviroit, en effet, au Navigateur, de connoître chaque jour à quel point de la mer son vaisseau est parvenu, si la position du point où il veut aborder n'est pas exactement déterminée?

» Mais, sans parler des nouvelles terres qu'on peut encore découvrir et dont il importe de fixer la position, les côtes les plus fréquentées n'ont-elles pas besoin, du moins dans certaines parties, que leurs positions soient rectifiées ? Peut-on attendre qu'elles le seront par les Astronomes ? Le nombre n'en est pas considérable en Europe ; leurs travaux exigent un appareil d'instrumens embarrassans et peu portatifs ; et dans le nombre des Savans qui cultivent l'Astronomie, en trouvera-t-on toujours qui pourront se résoudre à abandonner les opérations paisibles du cabinet pour aller affronter les fatigues et les dangers sur un élément pour lequel ils ne s'étoient pas destinés? C'est donc aux

* *Introduction*, page xliv.

Navigateurs à suppléer les Astronomes ; c'est à eux seuls, c'est à
ceux qui se sont voués au métier de la mer, qu'il appartient de fixer
les limites de l'Océan , de déterminer l'étendue et le gisement
des continens , de placer les îles , de dessiner le globe.

» Cette entreprise [a] n'exigera plus, de la part du Gouvernement,
des dépenses extraordinaires ; chaque voyage peut désormais fournir de nouvelles lumières pour perfectionner la Géographie , sans
que les opérations qu'exige ce travail particulier nuisent à l'objet
primitif de l'expédition. Il importe sur-tout de déterminer d'abord
les positions des points les plus remarquables , tels que les ports ,
les caps, les montagnes qui servent de reconnoissance , les îles, les
dangers ; il résultera de ces premières déterminations que plusieurs
points de la terre prendront enfin des places qu'ils ne pourront
plus perdre. L'octant de HADLEY et les horloges marines suffisent
seuls pour ce travail ; il est même des circonstances où ces déterminations de longitudes , qu'on obtiendra par le secours des
horloges , doivent être préférées à toutes celles qu'on pourroit
déduire des observations des éclipses que l'Astronomie a coutume
d'employer à terre à ces sortes de recherches : c'est le cas, par
exemple , où , pour lever le plan d'une côte qui se prolonge dans
le sens de la latitude, il s'agit de déterminer la différence des
méridiens entre des points qui diffèrent très-peu l'un par rapport
à l'autre ; car on sait que les méthodes astronomiques, si ingénieuses, si admirables pour les grandes distances , deviennent pour
les petites presque entièrement et quelquefois totalement inutiles,
parce qu'il peut arriver que l'erreur des observations excède la
distance mutuelle des méridiens dont on veut connoître la différence. On aura cette détermination très-exactement par le secours
d'une horloge marine.

» J'ai eu des occasions bien fréquentes (continue l'auteur) dans

[a] *Introduction ,* page xlvj.

le cours de mon voyage, d'éprouver de quelle utilité les horloges marines peuvent être pour perfectionner en peu de temps la description du globe. Par leur secours, j'ai rectifié, dans un voyage de quelques mois, les positions de la plus grande partie des côtes et des îles de l'Océan occidental : ce sont les premiers fruits qu'on aura recueillis d'une découverte si fertile; et on ne sauroit trop inviter les Marins à les multiplier.

XXII.
De la vérification des Horloges marines.

» ON A souvent proposé (dit M. DE FLEURIEU[a]) d'employer les distances de la Lune au Soleil ou aux étoiles, ou d'autres méthodes qui dépendent de la Lune, pour vérifier à la mer la régularité des horloges marines : mais je conseille de ne jamais employer de pareilles méthodes à cet usage, à moins qu'elles n'ayent acquis un degré de précision supérieur à celui auquel on les a déjà portées.

» Or, si l'incertitude de la détermination, par la méthode des distances, *va à un degré*[b], quel fond peut-on faire sur ces méthodes pour vérifier à la mer l'état des horloges marines? On voit qu'il peut y avoir, entre deux résultats consécutifs, une différence de huit minutes de temps en les comparant à celui de l'horloge, puisqu'un résultat peut donner une différence de quatre minutes en *excès;* et l'autre une différence de quatre minutes en *défaut.*

» Je suis cependant bien éloigné de penser qu'il soit inutile pour les Marins de s'occuper des méthodes qui dépendent du mouvement de la Lune : on ne peut trop leur en recommander l'étude et la pratique. Ils les emploieront très-avantageusement pour régler l'attérage, après un voyage de long cours : la détermination qu'on en conclura dans ce cas, peut, ou confirmer

---

[a] *Voyage de M. de Fleurieu,* Tome II, page 534. *(Appendice.)*

[b] Ou même à un demi-degré. *(Note de l'éditeur.)*

celle de l'horloge marine, quand les deux seront à-peu-près d'accord, ou décider à la rejeter, *si elles sont trop disparates. Mais j'insiste sur l'insuffisance de ces moyens pour vérifier l'état des horloges marines dans le cours des traversées.* »

« L'ACADÉMIE des Sciences (dit le rédacteur du Voyage[a]) desiroit que le ministre fît armer une frégate, sur laquelle on pût vérifier la bonté des machines et instrumens qui concouroient pour le prix de 1771, ou plutôt de 1773. L'armement de la frégate fut résolu ; M. DE BOYNES, secrétaire d'état, fut chargé vers le même temps du département de la Marine : il sentit toute l'utilité de l'armement projeté ; il l'appuya de tout son crédit et de toute son autorité : *la Flore,* frégate de trente-deux canons, fut armée à Brest par ses ordres ; l'armement commença le 16 septembre 1771 ; nous nous trouvâmes rassemblés à Brest dans les premiers jours du mois suivant.

» Notre expédition avoit en quelque sorte deux objets différens, mais tels que l'un étoit totalement renfermé dans l'autre. Deux d'entre nous, comme commissaires de l'Académie, devoient vérifier les instrumens qui concouroient au prix de l'Académie. C'étoient les deux montres marines A et S de M. LE ROY ; une montre marine de M. ARSANDAUX, horloger de Paris ; une horloge à pendule de M. BIESTA, aussi horloger de Paris, et la chaise marine de M. FYOT. Nous ne parlerons pas d'une petite montre marine de M. LE ROY, que la forme de sa boîte nous a engagés à désigner par le nom de *petite ronde :* M. LE ROY nous

XXIII.

Épreuve en mer
des Montres marines
A et S de M. le Roy,
et vérification de la
régularité de l'Hor
loge marine N.º 8,
de Ferdinand Ber
thoud, en 1771 et
1772.

---

[a] *Voyage fait par ordre du Roi, en 1771 et 1772, en diverses parties de l'Europe, de l'Afrique et de l'Amérique, pour vérifier l'utilité de plusieurs méthodes et instrumens servant à déterminer la latitude et la longitude tant* du vaisseau que des côtes, îles et écueils qu'on reconnoît, par MM. *Verdun de la Crenne, &c.,* commandant la frégate *la Flore ;* le chevalier *de Borda* et *Pingré,* &c. Paris, de l'Imprimerie royale, 1778, 2 vol. *in-4.º.* Tome I, page 18.

avoit déclaré par écrit qu'elle ne concouroit pas au prix de l'Académie ; qu'il n'en attendoit pas le même succès que des deux autres ; que ce n'étoit qu'un simple essai, duquel il nous prioit de nous charger sans aucune conséquence du succès. Le Roi nous honora tous les trois d'une commission bien plus étendue que celle de l'Académie : elle embrassoit le grand problème des longitudes en son entier, et ne se borna pas même à ce seul objet. Nous étions chargés *de l'épreuve des horloges marines et de tous les instrumens proposés jusqu'alors pour la détermination des longitudes en mer ;* il nous étoit ordonné *de multiplier les observations à la mer, afin de rendre la campagne aussi utile qu'elle pouvoit l'être au progrès de la Navigation.*

» En conséquence de ces ordres, l'objet de notre mission n'étoit plus borné aux seules machines présentées à l'Académie : toute machine, toute méthode utile à la détermination des longitudes sur mer, étoient de son ressort ; elle embrassoit même les moyens de déterminer les latitudes, et généralement tout ce qui pouvoit contribuer au progrès de la Navigation. Nous embarquâmes en conséquence tous les instrumens et tous les livres utiles qu'il nous fut possible de rassembler. Les principaux instrumens furent la *montre marine* [a] N.° 8 de M. BERTHOUD (connue sous le nom

---

[a] *Éclaircissemens.* Le rédacteur du *Voyage* de 1771 s'est permis de changer le nom de cette machine, qu'il appelle toujours *montre marine :* c'est la même qui a été éprouvée en mer en 1768, par MM. *de Fleurieu* et *Pingré,* sous la dénomination d'*horloge marine* N.° 8, celle que son Auteur F. B. lui a donnée, et que nous lui conserverons. Nous ajoutons ici que cette horloge fut embarquée par ordre du Roi ; mais que son Auteur ne voulut pas qu'elle concourût au prix de l'Académie, ainsi qu'on le voit par la lettre écrite par M. *de Boynes,* alors ministre de la marine, à M. *de Fleurieu,* en date du 16 juin 1771 :

« L'épreuve des horloges de M. *Berthoud* a été faite dans toute son étendue par vous et par M. *Pingré ;* les comptes rendus et le rapport de l'Académie ont authentiquement constaté leur bonté, et qu'elles ont rempli le but proposé. L'engagement pris avec M.

d'*horloge marine* N.º 8), un mégamètre de M. DE CHARNIÈRES;
une lunette achromatique, de trois pieds, avec les verres subsidiaires, de M. l'abbé ROCHON; plusieurs octans et sextans
à réflexion, faits, pour la plupart, en Angleterre : et, pour les
observations à faire dans les relâches, deux Pendules ou horloges
astronomiques, battant les secondes ; trois quarts de cercle, un
instrument des passages, et plusieurs lunettes de différentes longueurs ; la meilleure étoit une lunette achromatique de douze
pieds, que l'un de nous avoit acquise de M. AHTHEAUME :
l'instrument des passages ne nous fut d'aucune utilité. . .

» LE 5 OCTOBRE, MM. LE ROY et ARSANDAUX nous livrèrent
leurs montres marines [a]. L'horloge N.º 8, de M. BERTHOUD,
étoit arrivée à Brest le 2 du mois : toutes furent transportées le 5,
vers midi, à bord ; on les plaça dans une espèce d'armoire pratiquée entre la grand'chambre et le mât d'artimon : cette armoire
avoit deux portes, et chaque porte étoit fermée par trois serrures
différentes, conformément aux ordres du Roi ; les trois clefs de
chaque porte étoient partagées entre les trois commissaires. Les

XXIV.
Embarquement
des Horloges et
Montres marines.

Berthoud par le Roi, a eu en conséquence son exécution ; une seconde
épreuve ne peut ni changer son sort,
ni rien ajouter au jugement rendu de
ses horloges.

» L'Académie des Sciences a proposé
de faire l'armement d'un bâtiment dans
lequel seroient reçues toutes les machines propres à déterminer les longitudes
que les Artistes voudroient présenter.
Le Roi y a consenti, et l'a fait annoncer.
Il a été aussi décidé que les horloges de
M. *Berthoud* y seroient embarquées ;
mais ce n'est ni pour les soumettre à
une nouvelle épreuve dont dépendroit

le sort de ce Méchanicien, ni pour les
mettre en concurrence avec d'autres horloges, puisqu'il n'entend pas concourir
au prix de l'Académie.

» Ainsi, dans le fait, on profite seulement de l'occasion de ce bâtiment
pour constater la suite de la régularité
des horloges de M. *Ferd. Berthoud.* »
(Voyez *Traité des Horloges marines,*
page 561.)

Enfin, nous ajoutons que l'horloge
N.º 8, de M. *Berthoud,* fut la seule
embarquée ; l'horloge N.º 6 étoit alors
aux Indes.

[a] *Voyage, &c.* Tome I, page 26.

montres furent mises en mouvement ; celles de MM. LE ROY et ARSANDAUX, par leurs Auteurs respectifs : l'horloge de M. BERTHOUD, par l'un de nous, qui l'avoit transportée de Paris à Brest. On mit les montres et l'horloge à-peu-près sur le temps moyen, méridien de Brest.

» La *Flore* partit de Brest le 26 octobre 1771, après que les commissaires eurent constaté la marche des montres, &c. : elle fut de retour à Brest le 8 octobre 1772. On constata de nouveau l'état des montres, &c. [a]

XXV.
Dernière épreuve des Montres par la décharge de l'artillerie de la frégate.

» APRÈS AVOIR ainsi constaté l'état des montres [b], nous fîmes une expérience qui nous étoit ordonnée. Ces machines sont destinées à conserver imperturbablement à la mer l'heure du port d'où elles sont parties, quelque variable que puisse être la température de l'atmosphère : nous les avions éprouvées dans toutes les saisons possibles, dans tous les climats ouverts à la Navigation ; elles avoient passé par le froid, le chaud, l'humidité, la sécheresse ; elles avoient résisté aux flots agités d'une mer sujette à de fréquentes tempêtes ; elles avoient même subi sur la roche de Willinghton, l'épreuve très-insolite de plusieurs secousses verticales et violentes. Il restoit cependant une épreuve d'un autre genre, moins rare en temps de guerre, celle de la décharge instantanée de plusieurs pièces d'artillerie : nous la fîmes de la manière suivante.

» Le 17, à midi, les montres marines (et l'horloge N.º 8) furent comparées à l'ordinaire, tant entre elles qu'avec la Pendule astronomique, réglée à terre sur des hauteurs correspondantes du Soleil ; vers trois heures et demie du soir, on réitéra les comparaisons. On fit ensuite trois décharges consécutives de toute

[a] On trouve le résultat de l'épreuve, *Tome II, page 366.* Nous le transcrirons ci-après.

[b] *Voyage, &c.* Tome I, page 324.

l'artillerie

l'artillerie de la frégate ; à chaque décharge, toutes les pièces montées, au nombre de vingt-deux, tiroient au même instant : après les décharges, on compara de nouveau les montres ; la montre S paroissoit avoir retardé d'environ 2 secondes : elle s'arrêta une demi-heure après ; on lui rendit le mouvement, elle ne le conserva que pendant 19 minutes : on s'étoit assuré qu'elle avoit été montée à l'ordinaire, vers midi, peu avant la comparaison. De retour à Paris, nous avons remis la montre entre les mains de M. LE ROY : il l'a ouverte en notre présence ; et nous avons été convaincus que le dérangement de cette montre n'avoit eu d'autre cause que la rupture d'un fil de clavecin qui soutenoit le balancier ; cause à laquelle M. LE ROY pense qu'il est très-facile de remédier.

» Nous continuâmes de comparer, jusqu'au 20, l'horloge N.º 8, avec la Pendule astronomique ; il nous parut que cette horloge marine avoit retardé son mouvement d'environ une seconde par jour : cette irrégularité est bien légère ; d'ailleurs nous avons lieu de présumer qu'elle n'a aucun trait à la décharge qui avoit précédé. Quant à la montre A de M. LE ROY, et à celle de M. ARSANDAUX, que nous regardions depuis long-temps comme exclues de notre examen, quoique nous eussions continué de les comparer tous les jours à l'horloge N.º 8, nous avons pareillement cherché à apprécier l'effet que la triple décharge avoit pu opérer sur leur mouvement : nous croyons pouvoir assurer qu'elle n'en a produit aucun. Cependant le balancier de la montre A, ainsi que celui de la montre S, n'avoient d'autre soutien qu'un simple fil de clavecin.

XXVI.
De la marche des Mont. et de l'Horl. marine pendant la durée de l'épreuve, en 1771 et 1772. [a]

» ON A VU dans la première partie de cet ouvrage (dit le rédacteur du *Voyage*) que nous avions embarqué six horloges

[a] *Voyage fait par ordre du Roi, en 1771 et 1772, &c.* ; T. II, p. 366.

TOME I.   X x marines : celle de M. FERDINAND BERTHOUD, cotée N.º 8 ; trois montres de M. PIERRE LE ROY, distinguées par les lettres A, S, et par l'épithète de *petite-ronde*, que nous donnâmes à la troisième, à cause de sa petitesse, et de la forme de la boîte qui la renfermoit ; une montre de M. ARSANDAUX, horloger de Paris ; enfin une Pendule de M. BIESTA, aussi horloger de Paris.

XXVII.
La Pendule de M. *Biesta*, n'a pas réussi.

» LA PENDULE de M. BIESTA n'a point réussi ; la méthode que cet Horloger avoit imaginée pour la suspendre, étoit probablement l'unique motif sur lequel il fondoit l'espérance du succès de l'épreuve. Nous n'avons pu étudier à terre la marche de cette Pendule ; en quatre jours que nous l'avons observée en mer, elle nous a paru fort irrégulière dans sa marche. En supposant que sa suspension eût eu le mérite que son Auteur s'imaginoit y entrevoir, elle auroit toujours été d'un usage très-incommode : une régularité parfaite et constante dans sa marche, auroit pu seule racheter cet inconvénient. C'est cette suspension même qui a occasionné la destruction de la machine.

XXVIII.
La Montre de M. *Arsandaux*, n'est pas isochrone ; elle s'est arrêtée plusieurs fois.

» LA MARCHE de la montre marine de M. ARSANDAUX a été beaucoup moins irrégulière que celle de la Pendule de M. BIESTA ; mais il s'en faut beaucoup que son mouvement ait l'isochronisme nécessaire pour pouvoir servir à la détermination des longitudes sur mer. Voici la marche que cette montre a suivie :

Du 26 au 27 octobre, elle a avancé de............ 5″
Du 27 au 28, elle a retardé de................... 18.
Du 28 au 29, elle a retardé de................... 17.
Du 29 au 30, elle a avancé de................... 6.
Du 30 au 31, elle a retardé de................... 0,5.
Du 31 au 1.ᵉʳ novembre, elle a retardé de......... 11,5.
Du 1.ᵉʳ au 2, elle a retardé de................... 44.
Du 2 au 3, elle a retardé de..................... 59. &c.

» Cette même irrégularité s'est soutenue durant tout le cours de la campagne. Nous avons cru remarquer quelque rapport entre ces irrégularités et les diverses températures de l'air. Nous avons observé, par exemple, que cette montre au Cap-Français, le thermomètre étant à 23 et 24 degrés au-dessus du terme de la glace, retardoit d'environ 2 minutes par jour ; au contraire, elle avançoit à-peu-près de cette même quantité à Saint-Pierre, la liqueur du thermomètre n'étant qu'à 8 ou 9 degrés de dilatation. Nous en pouvons conclure que les moyens que M. Arsandaux a pris pour obvier aux effets de la variation de température dans l'air, ne sont pas suffisans. Il n'est pas possible d'ailleurs d'expliquer, par la seule variation de cette température, toutes les irrégularités que nous avons observées dans la marche de sa montre.

» Cette montre marine s'est arrêtée quatre ou cinq fois durant le cours de la campagne : il y a tout lieu de présumer que ce n'étoit que par des obstacles extérieurs auxquels il étoit très-facile de remédier ; nous nous en sommes même assurés trois ou quatre fois. Cette montre se remontoit en tirant avec une certaine force un cordon, qu'il falloit ensuite passer dans un crochet destiné à le recevoir. Ce cordon, une ou deux fois, n'avoit pas été tiré avec assez de force ; la montre n'avoit été remontée qu'à moitié. Une autre fois le cordon n'ayant point été passé dans le crochet, s'étoit engagé dans le rouage de la montre et en avoit arrêté le mouvement. Dans une autre circonstance, le cordon n'étoit seulement pas passé dans le crochet, il étoit même roulé autour : la force du mouvement n'avoit pas été assez grande pour le rappeler ; la montre s'étoit arrêtée.

» Nous avons déjà dit[a] que la suspension de la montre de

[a] *Voyage, &c.* Tome I, page 33.

M. Arsandaux étoit très-ingénieuse , qu'elle se prêtoit à tous les mouvemens de la frégate, et qu'il y a tout lieu de croire que l'irrégularité des mouvemens de roulis et de tangage que le bâtiment a éprouvée, n'a pu contribuer en rien aux irrégularités que nous avons remarquées dans la marche de la montre. Nous avons vu pareillement que la triple décharge de notre artillerie , faite le 17 octobre 1772 , n'avoit pu occasionner aucun dérangement dans le mouvement de cette montre. Nous concluons que la montre de M. Arsandaux n'a pas encore la perfection nécessaire pour être employée à la recherche des longitudes sur mer ; mais que si cet Artiste peut réussir à lui donner un *isochronisme suffisant* pour bien conserver le temps à terre , elle pourra être employée avec succès aux usages de la Navigation.

» Nous dirons peu de chose de la montre de M. le Roy, désignée sous le nom de *petite-ronde :* ce n'étoit qu'un essai sans conséquence, ainsi que M. le Roy nous l'avoit déclaré par écrit. Depuis le 6 octobre 1771 , jusqu'au 12 janvier 1772 , le mouvement de cette montre s'est toujours accéléré avec une espèce de régularité. Du 6 au 26 octobre , cette montre retardoit à Brest de près d'une seconde par jour sur le temps moyen ; à Cadix, du 21 au 30 novembre , elle avançoit, au contraire, chaque jour, de 5 secondes ; son avancement journalier à Sainte-Croix de Ténériffe étoit de 10 secondes 30 tierces vers la fin de décembre. Par la comparaison que nous faisions tous les jours de la marche de cette montre avec celle de l'horloge N.º 8 , il paroît que la progression de cette accélération étoit assez uniforme ; nous n'y avons point remarqué d'irrégularité bien sensible. Nous aurions pu faire quelque usage de cette montre ; mais les résultats auroient toujours été susceptibles de quelques doutes. Lorsque nous nous disposions à remonter cette montre le 13 janvier, nous la trouvâmes arrêtée ; nous nous assurâmes qu'elle avoit été remontée la veille : elle ne conserva que jusqu'au 20 du même mois le mouvement que nous lui restituâmes ; nous étions alors mouillés en rade de Gorée : ce ne fut donc point par les mouvemens violens et irréguliers des flots de la mer qu'elle perdit son mouvement. Remise en mouvement le 24, elle s'arrêta le 26 ; enfin elle ne conserva que durant quelques heures, le mouvement que nous lui rendîmes le 28. Nous cessâmes pour lors de la remonter. Un mois après, nous fîmes encore quelques tentatives infructueuses pour la remettre en mouvement ; nous n'y réussissions que pour quelques heures ; le jour suivant, lorsque nous nous présentions pour la remonter, nous la trouvions arrêtée.

» LA MONTRE A de M. LE ROY a pareillement toujours accéléré son mouvement, mais beaucoup moins que la *petite-ronde*. A Brest, en octobre, elle retardoit par jour de deux secondes et un septième sur le temps moyen. A Cadix, sur la fin de novembre, le retard journalier n'étoit plus que d'une seconde. A la fin de décembre, elle avançoit chaque jour à Sainte-Croix de Ténériffe, d'un tiers de seconde. A Gorée, du 16 au 24 janvier, l'avancement journalier fut observé d'une seconde et un septième : il excédoit 2 secondes 30 tierces à notre première relâche à la Martinique, vers la fin de février. Du 26 février au 12 mars, l'avancement fut observé de 3″ 3‴ ; il fut un peu plus fort les jours suivans. Le 17 mars, comme nous l'avons dit dans la première partie [a], lorsqu'on viroit la frégate en quille, un caisson mal cloué se détacha ; la montre A ne fut point à l'épreuve d'un choc aussi violent ; le thermomètre, joint au balancier pour corriger les effets du froid et de la chaleur, fut brisé dans une de ses branches, ainsi que nous nous en sommes convaincus à

XXIX.
Marche de la Montre A, de M. le *Roy*.

[a] *Voyage, &c.* Tome I, page 197.

l'ouverture de la machine, faite en notre présence par M. LE ROY, après notre retour à Paris. Un tel dérangement dans le méchanisme de la montre, en devoit produire un bien sensible dans son mouvement. En effet, l'accélération journalière de ce mouvement sur le temps moyen, fut depuis observée, de 8, 9, 10 minutes, et même plus.

» Jusqu'à cet accident, la montre A avoit rempli d'une manière assez satisfaisante les conditions du problème des longitudes sur mer : son mouvement s'accéléroit, il est vrai, continuellement ; mais les degrés de l'accélération étoient fort petits : leur somme, en six semaines, ne pouvoit former 2 minutes 40 secondes, encore moins 4 minutes de temps. Cette montre pouvoit donc donner les longitudes sur mer à mieux qu'un degré, et même à mieux que 2 tiers de degré près, dans un intervalle de six semaines.

XXX.
Marche de la Montre S, de M. *le Roy.*

» LA MONTRE S avançoit, à Brest, chaque jour de 1 seconde 30 tierces sur le temps moyen : l'accélération, à Cadix, étoit moindre d'un dixième de seconde seulement ; à Sainte-Croix, elle alloit à 2 secondes deux tiers ; à Gorée, de même ; elle n'étoit plus que de deux tiers de seconde à notre première relâche à la Martinique ; enfin, à la seconde relâche, elle excédoit une seconde par jour. La chute du caisson, arrivée le 17 mars, porta principalement sur la montre A ; mais elle affecta aussi la montre S, qui en reçut quelques éclats assez violens. Les jours précédens, les mouvemens de la montre S avoient été assez précisément les mêmes que ceux de l'horloge N.º 8 : deux heures environ après l'accident, nous trouvâmes que la montre S avoit retardé de 9 secondes sur l'horloge N.º 8. Continuant les jours suivans la comparaison des deux horloges, nous observâmes chaque jour dans la montre S, des retardemens insolites et irréguliers étant comparée à l'horloge N.º 8, ainsi qu'il suit :

Du 17 au 18 , en 23ʰ 33′.................... 44″
Du 18 au 19 , en 23 40..................... 19 15‴
Du 19 au 20 , en 24 20...................... 18 15.
Du 20 au 21 , en 23 38..................... 26 30.
Du 21 au 22 , en 24 19..................... 25 0.
Du 22 au 23 , en 23 45..................... 23 30.
Du 23 au 24 , en 24 17..................... 21 0.
Du 24 au 25 , en 23 50..................... 22 15.
Du 25 au 26 , en 23 57..................... 8 15.
Du 26 au 27 , en 24 25..................... 6 0.
Du 27 au 28 , en 24 9 .... 2 20.

» Les jours suivans, la montre S suivit le mouvement de l'horloge N.° 8, avec autant de précision qu'elle l'avoit fait avant l'accident du 17.

» Depuis le 28 mars jusqu'au 7 avril, jour de nos dernières observations à la Martinique, la montre S parut avoir une accélération journalière d'une seconde et un dixième sur le temps moyen. L'accélération fut de 2 secondes et un quart au Cap-Français vers la fin d'avril; de 9 secondes à Saint-Pierre, à la fin de mai; de 8 secondes 15 tierces à Patrixfiord, entre le 10 et le 18 de juillet; de 7 secondes à Copenhague, vers la fin d'août; enfin, d'un peu plus de 8 secondes à Brest, vers la mi-octobre.

» On peut conclure de ce tableau, que la montre marine S de M. LE ROY s'est soutenue dans un mouvement sensiblement égal depuis le 6 octobre 1771, jusqu'à l'accident du 17 mars 1772, et depuis la fin de mai jusqu'au 17 octobre de la même année. Son isochronisme, dans ces deux périodes, a été tel, que nous devions en conclure notre longitude mieux qu'à un demi-degré près dans l'espace de six semaines. Cette montre a éprouvé de grandes irrégularités après l'accident du 17 mars; il est clair qu'on ne doit pas les attribuer à l'imperfection de la machine. Rétablie, à ce qu'il paroissoit, dans son premier état, elle a accéléré son mouvement de 6 secondes 45 tierces en trente jours, depuis le 30 avril jusqu'au 30 de mai. Si cette accélération s'est formée par des degrés proportionnels aux temps, la montre marine a dû nous donner une erreur de 25 minutes sur la longitude de Saint-Pierre ; et si la montre, conservant encore durant douze jours le mouvement que nous lui avons observé à Saint-Pierre, n'eût été consultée sur la longitude que le 11 juin, quarante-deux jours après nos dernières observations du Cap, l'erreur durant ces douze jours eût été de 20 minutes, et l'erreur totale, durant cette période de quarante-deux jours, se seroit trouvée de 45 minutes ou de trois quarts de degré. M. LE ROY croit qu'on doit rejeter la cause sur l'accident du 17 mars.

XXXI.
Marche de l'Horloge marine, N.º 8, de M. *Berthoud*.

» L'HORLOGE marine N.º 8, avançoit à Brest d'une seconde et deux cinquièmes par jour ; à Cadix, d'une demi-seconde ; à Sainte-Croix de Ténériffe d'un cinquième de seconde ; à Gorée, de près de 1 seconde 30 tierces ; à notre première relâche à la Martinique, d'une seconde et un dixième ; à la seconde relâche, d'une demi-seconde ; au Cap elle retarda de près de deux tiers de seconde par jour ; à Saint-Pierre, de 3 secondes ; à Patrixfiord, de près de 4 secondes 45 tierces : à Copenhague elle recommença à avancer ; l'accélération journalière y fut d'une demi-seconde ; elle ne fut que d'un vingt-cinquième de seconde à notre retour à Brest. Il suit de là que cette horloge a toujours dû nous donner la longitude avec une précision plus grande que celle d'un demi-degré en six semaines : il ne faut excepter que la traversée de Patrixfiord à Copenhague ; l'horloge, depuis la Martinique jusqu'à Patrixfiord, avoit retardé son mouvement par des degrés presque insensibles ; à Copenhague elle avoit repris son premier mouvement.

mouvement. Depuis le 20 de juillet, jour de nos dernières observations à Patrixfiord, jusqu'au 20 août, jour duquel nous datons nos premières de Copenhague, il s'est écoulé trente-un jours. Que la variation des mouvemens de l'horloge observée à Patrixfiord et à Copenhague, soit arrivée par des degrés proportionnels aux temps, comme nous verrons bientôt qu'il y a tout lieu de le présumer, l'erreur qui résultera sur la longitude de Copenhague, sera de 20 minutes 13 secondes en trente-un jours; et si nous supposons que l'horloge n'ait été consultée pour la longitude que onze jours plus tard, lorsqu'elle avoit déjà subi l'accélération entière que nous avons observée à Copenhague, l'erreur, en ces onze jours, aura été de 14 minutes 23 secondes. Donc l'erreur totale, en quarante-deux jours, n'auroit été que de 34 minutes 36 secondes; ce qui excède de bien peu le demi-degré, et ne donneroit que six lieues et demie d'erreur sous le parallèle de Copenhague [a].

» DE TOUT ce que nous venons de dire, nous croyons pouvoir conclure que la montre marine S de M. LE ROY, et l'horloge marine N.º 8 de M. BERTHOUD, ont rempli les espérances que nous en avions conçues; qu'elles méritent la confiance des Navigateurs; et que les montres qui leur ressembleront, ne peuvent être que d'un très-bon usage pour la détermination des longitudes sur mer. Nous en pouvons dire à-peu-près autant de la montre A de M. LE ROY; il est triste que l'accident du 17

XXXII.
Conclusion sur la précision des Montres A et S de M. *le Roy*, et de l'Horloge N.º 8 de M. *Berthoud.*

---

[a] Dans le tableau placé *page 463* et suivantes du Tome II du *Voyage, &c.,* par MM. *Verdun, Borda, &c.,* on trouve les longitudes telles qu'elles ont été déterminées aux différentes relâches, par l'horloge N.º 8 de M. *Berthoud.* Nous n'en plaçons pas ici l'extrait par la raison que nous n'y avons pas trouvé de même les résultats de la montre S de M. *le Roy;* ce résultat sur les longitudes par le N.º 8, est à-peu-près le même qui est rapporté *Traité des Horloges marines,* page 519, dont les deux tableaux ci-après sont tirés.

mars ne nous ait pas permis de faire un plus long usage de cette machine. »

<table>
<tr><td>

XXXIII.
Extrait de la mar-
che journalière de
l'Horloge N.º 8,
pendant la durée
de la campagne de
MM. *Verdun, Borda*
et *Pingré*, en 1771
et 1772.

</td><td>

À BREST.

Du 16 au 26 octobre 1771, l'horloge marine N. 8 avance sur le mouvement moyen du Soleil, de............ $1''\frac{39}{100}$.

À CADIX.

Du 22 novembre au 10 décembre, elle avance par jour de.. 0,5.

TÉNÉRIFFE.

Du 24 décembre au 3 janvier 1772, elle avance de..... 0,19.

GORÉE.

Du 16 au 25 janvier, elle avance de................ 1,46.

AU FORT-ROYAL.

Du 17 au 26 février, elle avance de.............. 1,11.

AU RETOUR AU FORT-ROYAL.

Du 13 mars au 7 avril, elle avance de............. 0,50.

AU CAP-FRANÇAIS.

Du 18 au 30 avril, elle retarde de................ 0,63.

À SAINT-PIERRE *(proche Terre-Neuve)*.

Du 29 mai au 5 juin, elle retarde de.............. 3,00.

À PATRIXFIORD.

Du 4 au 18 juillet, elle retarde de................ 4,72.

À COPENHAGUE.

Du 19 août au 4 septembre, elle avance de......... 0,51.

À BREST.

Du 9 au 20 octobre 1772, elle avance de.......... 0,4.

</td></tr>
</table>

XXXIV.

Longitude conclue de la marche de l'Horloge marine N.º 8.

Longitude que l'on croit vraie.

	Deg.	Min.	Séc.		Deg.	Min.	Sec.
BREST					6.	50.	45.
CADIX	8.	34.	36		8.	38.	
TÉNÉRIFFE	18.	29.	9		18.	35.	
GORÉE	19.	46.	56		19.	46.	
LA PRAYA	25.	52.	18		25.	53.	
FORT-ROYAL	63.	26.	16		63.	33.	
FORT-ROYAL	63.	31.	16		63.	33.	
LE CAP-FRANÇAIS	74.	37.	37		74.	39.	
SAINT-PIERRE	58.	29.	30.				
PATRIXFIORD	26.	7.	3		26.	15.	
COPENHAGUE	9.	51.	34 Est		10.	15.	
DUNKERQUE	0.	9.	53 Est		0.	2.	30.
BREST	6.	44.	22		6.	50.	45.

Les épreuves que nous venons de rapporter ont constaté d'une manière certaine la justesse des horloges inventées par les Artistes d'Angleterre et de France ; elles ont également prouvé la grande utilité de cette découverte pour la détermination des longitudes en mer et la perfection de la Géographie ; et c'est aussi à dater de ces dernières épreuves que les horloges et les montres à longitudes ont été adoptées généralement par les plus célèbres Navigateurs. Nous allons présenter une courte notice des principaux Voyages où elles ont été employées.

XXXV.

Second voyage du capitaine *Cook ;* en 1772, &c.

Le Bureau des longitudes lui accorde quatre montres marines, une de *Kendall*, d'après *Harrison*, et trois d'*Arnold*. [a]

QUOIQUE la montre marine inventée par M. JEAN HARRISON eût été éprouvée en mer, en 1762, dans une campagne faite à la Jamaïque, et dans une autre campagne faite en 1764 à la Barbade, et jugée, d'après ces épreuves, propre à donner la

[a] *Voyage dans l'Hémisphère austral et autour du Monde, fait sur les vaisseaux du roi* l'Aventure *et la* Résolution, *en 1772, 1773, &c. par Jacques Cook, commandant* la Résolution, *&c. : traduit de l'anglais ; Paris,* 1778.

longitude, il ne paroît cependant pas que cette montre ait jamais servi à fixer la longitude d'aucun lieu ; car, dans le premier voyage du capitaine Cook, en 1768, il n'y eut aucune montre embarquée sur son vaisseau ; et ce ne fut que dans son second voyage, commencé en 1772, que le Bureau des longitudes lui accorda des montres marines : la montre même d'Harrison n'étoit pas de ce nombre, mais bien une montre faite par M. Kendall, d'après celle d'Harrison, sur le même modèle et par les mêmes principes.

« Le Bureau des longitudes chargea M. William Wales et M. William Bayley de faire des observations astronomiques... Le même Bureau leur accorda les meilleurs instrumens pour leurs expériences astronomiques et nautiques, ainsi que quatre *garde-temps* ou montres marines, trois de la construction de M. Arnold, et une de celle de M. Kendall, sur les principes de M. Harrison [a].

» Pendant notre relâche à Plimouth, MM. Wales et Bayley, les deux astronomes [b], firent des observations sur l'île de Drack, pour déterminer la latitude, la longitude et le temps vrai, et mettre en mouvement les montres marines.

» Le 10 juillet 1772, on mit en mouvement les montres en présence des deux astronomes, du capitaine Furneaux, des premiers lieutenans des vaisseaux et de moi [le capitaine Cook] ; et on les embarqua. Les deux qu'on plaça sur *l'Aventure*, sont de la construction de M. Arnold, ainsi qu'une troisième qu'on mit à bord de *la Résolution* : la quatrième a été faite par M. Kendall, sur les mêmes principes à tous égards que la montre de M. Harrison : le commandant, le premier lieutenant et l'astronome de chacun des vaisseaux, avoient différentes clefs

[a] *Voyage, &c.,* Tome I, *Introduction,* page xlij de la traduction.

[b] *Ibid.* Tome I, page 8.

des caisses où on les renfermoit , et ils ont toujours été présens lorsqu'on les a remontées et comparées l'une à l'autre, &c.

» MM. WALES et BAYLEY portèrent à terre tous leurs instru-mens, dans le dessein de faire des observations astronomiques pour déterminer la marche des montres, &c. On reconnut, par le résultat de quelques-unes de leurs opérations, que celle de M. KENDALL répondoit à toutes les espérances qu'on en avoit conçues, et que la longitude qu'elle indiquoit pour cette place, différoit d'une seule minute (de degré) de celle qu'avoient trouvée MM. MASON et DIXON en 1761.

» L'après-midi nous aperçûmes la Lune, que nous n'avions pas vue depuis notre départ du Cap de Bonne-Espérance (le 22 novembre). Nous saisîmes avec empressement cette occasion de faire plusieurs observations des distances de la Lune au Soleil. La longitude déduite fut de 9 degrés 34 minutes 30 secondes Est : la montre de M. KENDALL donnoit en même temps 10 degrés 6 minutes Est, et la latitude étoit de 58 degrés 53 minutes 30 secondes Sud.

» Distances du Soleil et de la Lune, résultat moyen , 39 deg. 30 minutes 30 secondes ; par la montre de KENDALL[c], longitude, 38 degrés 27 min. 45 secondes , c'est-à-dire , une différence de 1 degré 2 minutes 45 secondes Ouest des observations, au lieu que le 3 du mois elle en étoit à un demi-degré Est.

» Résultat moyen des observations de distance faites ce jour, 39 degrés 42 minutes 12 secondes. La montre de M. KENDALL indiquoit en même temps 38 degrés 41 minutes 30 secondes, à-peu-près la même différence que la veille ; mais M. WALES et moi [COOK] nous en prîmes séparément six du Soleil et de la

XXXVI.
État des Montres
au Cap de Bonne-
Espérance , le 15
novembre 1772. [a]

1.er janvier 1773. [b]

Le 14.

Le 15.

---

[a] *Voyage, &c.*, Tome I, page 111.　　[c] *Ibidem*, page 198 et 199.
[b] *Ibidem*, page 189.

Lune, avec les lunettes fixées à nos sextans, et nous eûmes à-peu-près la même longitude que celle de la montre. Voici les résultats : par M. WALES, 38 degrés 55 minutes 30 secondes ; et par moi, 38 degrés 36 minutes 45 secondes.

» Il m'est impossible de dire laquelle de ces observations approche davantage de la vérité, ou de donner une raison probable d'une si grande différence [a] ; quand le vaisseau est assez affermi, on observe certainement avec plus d'exactitude avec la lunette que de toute autre manière. On trouve d'abord difficile l'usage de cet instrument ; mais un peu de pratique le rend aisé. La montre suffit pour découvrir l'erreur à laquelle la méthode d'observer la longitude en mer est sujette : cette erreur ne surpasse jamais un degré et demi, et en général elle est beaucoup moindre.

XXXVII. Juin 1773, la Montre d'*Arnold* arrêtée.

» VOULANT remonter à midi les montres marines, la fusée de celle d'ARNOLD ne tourna point ; et après plusieurs tentatives inutiles, nous fûmes obligés d'y renoncer.

1773. Septembre.

» La montre de M. KENDALL gagnoit sur le moyen mouvement 8″863 par jour, c'est 0″142 moins qu'au détroit de la Reine Charlotte ; par conséquent son erreur en longitude étoit très-petite.

1774. Mars. [b]

» Nous admirions la construction ingénieuse de nos deux montres marines. Malheureusement celle de M. ARNOLD s'arrêta immédiatement après avoir quitté la Nouvelle-Zélande, au mois de juin 1773 ; mais celle de M. KENDALL est allée parfaitement jusqu'à notre retour en Angleterre.

1774. Août. [c]

» Continuant de suivre la direction de la côte, à midi nous

[a] Dans les observations des distances, les mêmes observateurs ont, dans le même jour, des résultats qui différent d'un degré.

[b] *Voyage, &c.* Tome III, page 73.

[c] *Ibid.,* Tome IV, page 379.

en étions éloignés de deux milles, et la latitude observée fut de 16 degrés 22 minutes 30 secondes Sud : c'est presque là le parallèle du port Sandwich ; *et notre montre marine, notre plus sûr guide*, marquoit que nous n'en étions qu'à 26 minutes à l'Ouest.

» M. WALES détermina la longitude de cette partie de la Nouvelle-Calédonie, que nous reconnûmes par quatre-vingt seize suites d'observations, dont on fit un résultat moyen, après qu'on les eut rapportées à la montre, *qui étoit notre sûr guide.* »

1774. Octobre.

« LES LONGITUDES marquées du signe ⊙ dans cette division[b], sont conclues des différences de méridien avec Cadix, que M. DE BORDA a déterminées, au moyen d'horloges marines, dans son expédition aux îles Canaries en 1776. M. DE BORDA a fixé la latitude de ces mêmes points, d'après des hauteurs méridiennes du Soleil observées à la mer avec le cercle de réflexion, et de la manière qu'il a expliquée dans la description de cet instrument. Il n'avoit pas publié ces déterminations, parce qu'elles n'appartenoient point à l'objet principal de sa mission, et qu'il ne s'en étoit occupé que pour mettre à profit sa traversée de Brest à Cadix ; mais comme il a bien voulu me les communiquer, j'ai cru qu'il seroit très-utile de les faire connoître. »

XXXVIII.
Voyage de M.
Borda sur les côtes
d'Afrique, en 1776,
avec les Horloges
marines N.° 18 et
N.° 4, de *Ferdinand*
Berthoud. [a]

La VIII.ᵉ division, qui comprend les longitudes déterminées par les horloges, contient douze points fixés par ces machines.

Par la lettre qu'écrivit M. DE BORDA à son retour à Brest, le 15 mars 1777, à l'Auteur de ces horloges, il marquoit :

« Maintenant que je me porte mieux, je vais vous donner des nouvelles de vos horloges marines, et ces nouvelles seront satisfaisantes.

---

[a] Ces Horloges furent livrées le 3 mars 1776, à M. *de Borda*, par ordre du Ministre de la marine.

[b] *Voyez* la *Connoissance des temps*, année 1793, page 324.

» Je crois avoir fait une très-bonne carte de la côte d'Afrique, depuis le cap Spartel jusqu'au cap Boyador, en y comprenant les îles Canaries ; mais certainement il m'auroit été impossible d'en faire une passable sans vos horloges : j'ai eu occasion de reprendre les mêmes points à différentes reprises ; et j'ai trouvé un accord qui prouve que cette manière de faire les cartes est très-précise. Enfin les horloges marines sont, selon moi, une découverte précieuse pour la Marine. »

XXXIX.
Troisième Voyage de *Cook*, 1776, 1777, &c.
1776. Juin.

XL.
Montre marine de M. *Kendall*, d'après *Harrison*.

1776. Août. [b]

« LE BUREAU des longitudes m'accorda [a] la montre marine que j'avois emportée dans mon second voyage, et qui nous avoit instruits d'une manière si exacte de la distance du premier méridien. Elle a été faite par M. KENDALL, sur les principes de M. HARRISON. Nous reconnûmes, le 11 à midi, qu'elle retardoit de 3′ 31″890 sur le temps moyen à Greenwich; en général, elle retardoit par jour de 1″209 sur le moyen mouvement.

» Les comparaisons que nous répétâmes trois jours, m'assurèrent que le mouvement de ma montre marine n'avoit point eu d'écart.

XLI.
1776. Novembre, au Cap de Bonne-Espérance. [c]

» IL EN résulte que l'erreur de la montre se réduit à 8 minutes 25 secondes. Je puis donc conclure que cette montre avoit conservé sa régularité depuis notre départ d'Angleterre, et que les longitudes qu'elle nous a indiquées pendant notre traversée, étoient plus approchantes de la vérité que celles qu'on pouvoit obtenir par toute autre voie.

XLII.
1777. Février, à la nouvelle Zélande. [d]

» PAR UN milieu de cent trois suites d'observations, la longitude

[a] *Troisième Voyage de Cook*, traduit de l'anglais, 1785, Tome I, page 7.
[b] *Voyage, &c.*, Tome I, page 35.
[c] *Ibidem*, page 93.
[d] *Ibidem*, page 295.

étoit

étoit de 174 degrés 25 min. 11 secondes Est ; selon la montre, d'après le mouvement journalier du Cap , 174 degrés 56 minutes 12 secondes.

» Lorsque je découvris l'île de Hervey pour la première fois , sa longitude , déduite de celle d'o-Taïti à l'aide de la montre , fut de 201 degrés 6 minutes Est : je la déduisis, cette seconde fois , de celle du canal de la Reine Charlotte , à l'aide de la même montre ; je la trouvai de 200 degrés 56 minutes Est : j'en conclus que l'erreur de la montre marine n'excédoit pas à cette époque douze milles en longitude.

1777. Avril. [a]

I.	II.	III.
ÉPOQUES.	**LIEUX.**	**ERREUR** du mouvement journalier.
1776. Juin. . 11.	GREENWICH.	Retarde. 1"21.
Octob. 24.	CAP DE BONNE-ESPÉRANCE.	Retarde. 2,26.
1777. Fév. . . 22.	CANAL DE LA REINE CHARLOTTE , NOUVELLE ZÉLANDE.	Retarde. 2,91.
Mai. . . 7.	ANAMOOKA.	Avance. 0,52.
Juin. . . 7.	ANAMOOKA.	Retarde. 0,54.
Juillet. 1.	TONGATABOO.	Retarde. 1,78.
Sept. . . 1.	O-TAÏTI.	Retarde. 1,54.
Octob. 17.	HUAHEINE.	Retarde. 2,30.
Nov. . . 7.	ULIETAA.	Retarde. 1,52.
1778. Avril. . 16.	NOOTKA.	Retarde. 7,0.
Octob . 14.	SAMGANOODHA.	Retarde. 8,8.
1779. Février. 2.	OWHYHEE.	Retarde. 9,6.
Mai. . . 1.	SAINT-PIERRE ET SAINT-PAUL , KAMTSCHATKA, la montre s'arrêta.	

XLIII.
Table [b] du mouvement journalier de la Montre marine , exécutée par M. *Kendall* , que nous avions à bord de la Résolution.

[a] *Voyage , &c.* Tome II , page 94.

[b] Cette Table a été dressée par le capitaine *King* , commandant la Résolution , après la mort du célèbre *Cook.* *Voyez* Tome VII , page 454.

 Z z

» On voit, par cette table, que la marche de la montre marine varia d'une quantité peu considérable pendant près de deux ans ; et que l'erreur sur les longitudes déterminées d'après le mouvement journalier qu'elle avoit à Greenwich, n'auroit été que de 2 degrés un quart, si nous n'avions pas eu occasion de vérifier les variations de ce mouvement ; que nous reconnûmes ensuite, à l'entrée du roi Georges ou de Nootka, qu'elle avoit extrêmement varié, et que par conséquent la longitude calculée d'après le mouvement journalier qu'elle avoit à Greenwich, étoit affectée d'une grande erreur [a]. Il faut observer que vers ce temps-là le thermomètre varioit de 65 à 41 degrés. La plus grande altération que nous ayons jamais remarquée dans la marche de la montre marine, eut lieu durant les trois semaines que nous croisâmes au nord.

XLIV.
Utilité des Montres marines.

» L'UTILITÉ DES montres marines est bien sensible, puisqu'elles offrent les moyens de déterminer les longitudes en mer d'une manière assez précise, ainsi que le prouve la table : mais elles nous mirent d'ailleurs en état de donner aux observations de la Lune, un degré de précision auquel nous n'aurions pu aspirer, et, en rapportant un certain nombre de ces observations à une même époque, d'obtenir des résultats qui approchoient de plus en plus de la vérité. En combinant les différences de méridiens indiquées par les montres, avec des relèvemens faits à terre, des caps et des pointes, et fixant leurs gisemens respectifs, on obtient toute l'exactitude dont on peut avoir besoin dans la pratique. D'un autre côté, on doit remarquer que les observations de Lune sont à leur tour absolument nécessaires pour tirer d'une montre

---

[a] Sans doute, mais ce n'étoit pas de ce mouvement qu'il falloit faire usage, mais bien de la marche journalière qu'on a dû reconnoître à la dernière vérification, &c. *V.* ci-devant l'opinion de M. de *Fleurieu*, p. 340. *(Note de l'édit.)*

les plus grands avantages possibles, puisqu'en déterminant la véritable longitude des lieux [a], elles découvrent l'erreur de son mouvement journalier. »

M. DE LA PÉROUSE, capitaine de vaisseau, commandant en chef de l'expédition, commandoit *la Boussole*, et M. DE L'ANGLE, capitaine de vaisseau, commandoit *l'Astrolabe*.

« Je mis à la voile (dit LA PÉROUSE [d]) le 1.er août 1783. Ma traversée, jusqu'à Madère, n'eut rien d'intéressant.

XLV.
Voyage de M. de la Pérouse autour du monde, en 1785, 1788, [b] *ayant à bord cinq Horloges marines de Ferdinand Berthoud.* [c]

»DÈS MON arrivée à Ténériffe [e], je m'occupai de l'établissement d'un Observatoire à terre. . . afin de vérifier le plus promptement possible le mouvement des horloges marines des deux frégates. Le résultat de nos observations nous fit voir que l'erreur du N.º 19 n'avoit été que de 18″ en retard depuis le 13 juillet dernier, jour de nos observations à Brest; que celle de nos petites montres N.º 29 et N.º 25 avoit été pareillement en retard pour la première, de 1′ 0″ 7‴, et de 28″ seulement pour la seconde : ainsi, dans l'espace de quarante-trois jours, l'erreur la plus forte n'étoit encore que d'un quart de degré en longitude. M. DAGELET trouva que le N.º 19 avançoit de 2″ 55 dans les vingt-quatre heures; le N.º 29, de 3″ 6; et le N.º 25, de 0″ 8. C'est d'après ces élémens, que cet Astronome a dressé la table de leurs mouvemens apparens, ayant égard aux corrections qu'exigent les variations produites par l'effet de la

XLVI.
État des Horloges à Ténériffe, le 19 août 1785.

---

[a] Après une longue traversée.

[b] *Voyage de la Pérouse, autour du Monde, &c.* De l'Imprimerie de la République, an V (1797), 4 vol. *in-4.*º

[c] Toutes les Horloges marines embarquées sur les deux frégates, sont de l'invention et construction de *Ferdinand Berthoud* (*voyez* Tome II, page 11, édition *in-4.*º), qui les a désignées sous les N.ºs 18, 19, grandes horloges à poids, et N.ºs 25, 27 et 29, petites horloges à ressort.

[d] *Idem*, Tome II, page 13.

[e] *Ibidem*, page 16.

température, suivant les divers degrés du thermomètre et des arcs du balancier.

1785. Octobre.

» Le 11 octobre nous fîmes un très-grand nombre d'observations des distances de la Lune au Soleil, pour déterminer la longitude, et nous assurer de la marche de nos horloges marines. Par un terme moyen entre dix observations de distances prises avec des cercles et des sextans, nous trouvâmes notre longitude occidentale de 25^d $15'$; à trois heures après midi, celle que donnoit l'horloge N.° 19, étoit de 25^d $47'$.

» Le 12, vers les quatre heures du soir, le résultat moyen donnoit, pour la longitude de la frégate, 26^d $21'$, et le N.° 19 donnoit au même instant 26^d $33'$. En comparant entre eux ces deux résultats, on trouve que la longitude donnée par le N.° 19, est plus ouest de $12'$ [a] que celle obtenue par des distances. C'est d'après ces opérations, que nous avons déterminé la position en longitude des îles Martin-Vas et de l'île de la Trinité.

1786. Mars le 15.

» Pendant notre séjour à Talcaguana, M. DAGELET fit régulièrement des comparaisons pour connoître la marche des horloges marines, dont nous fûmes extrêmement contens. Depuis notre départ de France, l'horloge N.° 19 se trouva ne retarder que de $3''$ et demie par jour sur le moyen mouvement du Soleil; ce qui diffère d'une demi-seconde seulement du mouvement journalier qu'elle avoit à Brest, et d'une seconde, en le comparant à celui qu'elle avoit à Ténériffe.

[a] On ne trouve ici que 12 minutes de degré de différence; et la veille cette différence étoit de 32 minutes, différence qui ne peut appartenir à l'horloge, mais bien aux observations de distances; ce qui sert à prouver que c'est un moyen fautif, que de vouloir juger la marche des horloges par les observations de distances, à moins que ce ne soit dans de grands intervalles de temps : et encore ne faut-il pas oublier que les méthodes ne donnent pas des points fixes, et qu'on ne peut compter que sur environ un demi-degré; et si l'horloge elle-même diffère d'un demi-degré en sens contraire, on a une différence d'un degré. (*Note de l'éditeur.*)

» M. Dagelet, dans cette traversée, comme dans toutes les autres, ne laissoit jamais échapper l'occasion de faire des observations de distances : leur accord avec les horloges étoit si parfait, que la différence n'a jamais été que de 10 à 15 minutes de degré ; elles se servoient de preuve l'une à l'autre. M. de l'Angle avoit des résultats aussi satisfaisans, et nous connoissions chaque jour la direction des courans, par la différence de la longitude estimée à la longitude observée.

1786. Avril le 20.

» Nous avons pu employer avec sûreté les résultats de nos opérations répétées presque chaque jour, pour constater la régularité de l'horloge marine par la comparaison de ses résultats à ceux des distances. Nous nous confiions encore, et avec raison sans doute, dans la combinaison et l'accord constant de plusieurs résultats d'observations obtenus dans des circonstances différentes et séparément, comme je l'ai dit, à bord de chaque bâtiment, lesquels, se servant tous réciproquement de preuve, en ont fourni une commune et incontestable de l'imperturbable régularité de l'horloge N.º 19, avec le secours de laquelle nous avons déterminé les longitudes de tous les points de la côte d'Amérique que nous avons reconnus. Les précautions de tout genre que nous avons multipliées et accumulées, me donnent l'assurance que nos déterminations ont acquis un degré de justesse qui doit leur mériter la confiance des Savans et des Navigateurs.

1786. Septembre.

» L'utilité des horloges marines est si généralement reconnue, si clairement expliquée dans le Voyage de M. de Fleurieu, que nous ne parlerons des avantages qu'elles nous ont procurés, qu'afin de faire remarquer qu'après dix-huit mois, les horloges N.º 18 et N.º 19 ont donné des résultats aussi satisfaisans qu'à notre départ, et nous ont permis de déterminer plusieurs fois par jour notre position exacte en longitude, d'après laquelle M. Bernizet a dressé la carte de la côte d'Amérique.

» Nos observations de latitude et de longitude ne nous laissoient rien à desirer. Notre horloge N.º 19 avoit eu une marche parfaite depuis notre départ de Manille. Ainsi le cap Noto, sur la côte du Japon, est un point sur lequel les Géographes peuvent compter ; il donnera, avec le cap Nabo sur la côte orientale, déterminé par le capitaine KING, la largeur de cet empire dans sa partie septentrionale. Nos déterminations rendront encore un service plus essentiel à la Géographie ; car elles feront connoître la largeur de la mer de Tartarie, vers laquelle je pris le parti de diriger ma route.

» NOUS OBSERVÂMES que notre horloge N.º 19, retardoit chaque jour de 10 secondes ; ce qui différoit de 2 secondes du retardement journalier attribué, à Cavite, six mois auparavant, à cette même horloge. »

Nous terminerons ici le court extrait que nous avons fait de la marche des horloges marines du Voyage de M. DE LA PÉROUSE, renvoyant à l'ouvrage même les lecteurs qui desireront de plus grands détails sur ces machines. Pour en faire encore mieux connoître l'usage, nous ajouterons que dans la table qui termine ce Voyage, intitulée *Table de la route de la Boussole pendant les années 1785, 1786, 1787, 1788*, on compte trois cent quatre-vingt-quatorze déterminations de longitude par l'horloge N.º 19, et soixante-neuf seulement par la méthode des distances de la Lune au Soleil, &c.

« LE BUREAU des longitudes se prêtant au desir de l'Amirauté,

[a] *Voyage de découvertes à l'Océan pacifique du Nord et autour du Monde, &c., exécuté en 1790, 1791, 1792, 1793, 1794 et 1795, par le capitaine* George Vancouver ; traduit de l'anglais. Paris, de l'Imprimerie de la République, an 8 [1800], 3 vol. *in-4.*, Tome I, page 27.

me donna deux montres marines; l'une, faite par M. KENDALL, et dont la perfection avoit été éprouvée à bord de *la Découverte*, durant les deux derniers voyages du capitaine COOK : elle venoit d'être nettoyée et mise en état par cet habile Artiste, peu de temps avant sa mort; l'autre, de la construction de M. ARNOLD, avoit été récemment terminée : on les avoit déposées à l'Observatoire de Portsmouth, pour en connoître les écarts et déterminer leur mouvement journalier : la première me fut remise avec les observations qui la concernoient; d'où il sembloit résulter que le 1.er mars (1791), à midi, elle avançoit sur le temps moyen de Greenwich de 1′ 30″ 18‴, et qu'elle avançoit sur le moyen mouvement, en vingt-quatre heures, de 6″ 12‴ : la seconde montre fut envoyée à bord du *Chatam*, commandé par le capitaine BROUGHTON. »

Pour donner une notion de l'usage que le capit. VANCOUVER a fait des montres marines pendant le cours de cette longue expédition, nous dirons que dans la table des matières, mise à la fin du Voyage imprimé, on compte quatre-vingt-dix-neuf déterminations de longitude par les montres marines, et quatre-vingt par la méthode des distances. Il seroit trop long de rappeler ici toutes les époques de ces déterminations de longitude par les montres : il faut que ceux qui aiment ces détails, recourent à l'ouvrage même. Nous nous bornerons ici à présenter la marche journalière des montres, telle qu'elle a été fixée par des observations astronomiques durant le cours du voyage.

« LA LONGITUDE , par les distances, fut de. . . 118° 14′ 13″ Est.
» La montre de KENDALL , selon le mouvement journalier qu'elle avoit au Cap . . . . 118. 23. 00.
» La montre N.° 82 d'ARNOLD , à bord du *Chatam*, selon le mouvement journalier qu'elle avoit au Cap. . . . . 117. 38. 30.

ᵃ *Voyage de Vancouver.* Tome I, page 85.

XLIX.
Observation astronomique, marche des Montres.
1791. Octobre. ᵃ

» Le résultat des observations faites dans un intervalle de 15 jours , prouva que la montre de KENDALL avançoit de 6″ par jour.

1792. Janv. le 7. [a] » D'après les observations faites le 7 , la montre de KENDALL avançoit de 4″2 par jour.

» Celle N.º 82 d'ARNOLD , à bord du *Chatam*, avançoit de 19″ 51‴ par jour.

1792. Mai le 13. [b] » Neuf jours de hauteurs correspondantes , nous firent reconnoître que la montre de KENDALL avançoit de 11″ 55‴ par jour.

» Celle d'ARNOLD avançoit de 27″ par jour.

1792. Juin le 22. [c] » D'après des hauteurs correspondantes prises pendant six jours , on reconnut que la montre de KENDALL avançoit de 12″ 45‴ par jour.

» Celle d'ARNOLD , à bord du *Chatam*, avançoit de 25″ 15‴ par jour.

1792. Oct. le 5. [d] » La montre de KENDALL avançoit de 11″ 15‴ par jour.

» Celle d'ARNOLD N.º 82 avançoit de 28″ 7‴.

» La montre N.º 14 d'ARNOLD , qui nous avoit été apportée par *le Dédale*, avançoit de 14″ 45‴ par jour.

» La montre N.º 176 d'ARNOLD , qui nous avoit été aussi apportée par *le Dédale*, avançoit de 32″ 27‴ par jour.

1792. Déc. le 29. [e] » Le 29 décembre à midi, la montre de KENDALL avançoit de 18″ 25‴ par jour.

» La montre de poche N.º 82 d'ARNOLD avançoit de 25″ 6‴ par jour.

» La montre N.º 14 d'ARNOLD avançoit de 19″ 33‴ par jour.

» La montre de poche N.º 176 d'ARNOLD avançoit de 34″ 45‴.

1793. Mars le 4. [f] » En supposant que la longitude est de 204 degrés , ainsi que l'a donnée le capitaine COOK , la montre de KENDALL paroissoit avancer de 8″ 52‴ par jour.

» La montre N.º 82 d'ARNOLD , à bord du *Chatam* , avançoit de 35″ 59‴ par jour.

» Le N.º 14 d'ARNOLD avançoit de 15″ 29‴ par jour.

[a] Tome I , page 184.
[b] *Ibid.* page 288.
[c] *Ibid.* page 362.
[d] *Ibid.* page 465.
[e] Tome II , page 46.
[f] *Ibid.* page 169.

» Le

» Le N.° 176 d'ARNOLD avançoit de 43" 37''' par jour.

» D'après la longitude vraie de la position de notre Observatoire, et aussi d'après des hauteurs correspondantes durant 10 jours, la montre de KENDALL, le 15 août, avançoit de 24" 23''' par jour. [1793. Août le 15.ᵃ]

» La montre N.° 14 d'ARNOLD avançoit de 19" 37''' par jour.

» Celle N.° 176 d'ARNOLD avançoit de 42" 54''' par jour.

» La montre N.° 82 d'ARNOLD avançoit de 32" 25'''.

» En supposant que la longitude vraie de ce port [S.-Diego] est de 243° 6' 45", donnée par les distances, la montre de KENDALL avançoit le 9 décembre de 20" par jour. [1793. Déc. le 28.ᵇ]

» Le N.° 14 d'ARNOLD avançoit de 21" 38''' par jour.

» Le N.° 176 d'ARNOLD avançoit de 36" 27''' par jour.

» D'après les hauteurs correspondantes, prises pendant 26 jours, la montre de KENDALL avançoit de 15" 16''' en 24 heures. [1794. Fév. le 19.ᶜ]

» La montre N.° 14 d'ARNOLD avançoit de 21" 12''' dans le même temps.

» La montre N.° 176 d'ARNOLD avançoit de 48" 28''' idem.

» La montre N.° 82 d'ARNOLD, à bord du Chatam, avançoit de 35" 25''' idem.

» D'après douze suites de hauteurs prises entre le 26 Avril et le 6 Mai, la montre de KENDALL avançoit par jour de 26" 22'''. [1794. Mai le 6.ᵈ]

» La montre N.° 14 d'ARNOLD avançoit de 22" 9''' par jour.

» Le N.° 176 d'ARNOLD avançoit de 52" 37'''.

» La montre de KENDALL avançoit par jour de 26" 50'''. [1794. Juin le 16.ᵉ]

» La montre N.° 14 d'ARNOLD avançoit de 23".

» La montre N.° 176 d'ARNOLD avançoit de 51" 40'''.

» D'après vingt suites d'observations, faites entre le 12 et le 26 Juillet, il se trouva que la montre de KENDALL avançoit de 25" 8''' par jour. [1794. Juill. le 26.ᶠ]

» La montre N.° 14 d'ARNOLD avançoit de 23".

» La montre N.° 176 d'ARNOLD avançoit de 51" 4'''.

ᵃ Tome II, page 383.
ᵇ Ibid. page 484.
ᶜ Tome III, page 59.

ᵈ Tome III, page 158.
ᵉ Ibid. page 199.
ᶠ Ibid. page 282.

 A a a

1794. Août le 18.[a] » D'après dix-huit suites d'observations, la montre de KENDALL avançoit de 26″ 11‴ par jour.

» La montre N.° 14 d'ARNOLD avançoit de 24″.

» Le N.° 176 *idem* avançoit de 49″ 37‴ par jour.

1794. Nov. le 28.[b] » D'après des hauteurs prises à terre avec un horizon artificiel, la montre de KENDALL avançoit de 30″ 53‴ par jour.

» La montre N.° 14 d'ARNOLD avançoit de 24″ 1‴.

» La montre N.° 176 *idem* avançoit de 50″ 25‴.

1794. Déc. le 31.[c] » Le résultat moyen de cent seize suites d'observations des distances, annonçoit à midi, le 31 Déc. 1794, notre longitude à. 259° 31′ 45″

» A ce moment, la montre de KENDALL l'indiquoit à 260. 46. 45.

» La montre N.° 14 d'ARNOLD, à. . . . . 260. 6. 30.

» La montre N.° 176 *idem*, à. . . . . 260. 53. 36.

» Ainsi, regardant la longitude déduite de nos observations de distances comme la vraie, il parut évident que l'accélération journalière des montres, depuis notre arrivée dans les climats chauds, avoit été beaucoup moindre que nous ne l'avions calculée à Monterey. Les observations ci-dessus et d'autres postérieures me firent adopter un autre mouvement journalier qui a servi de base à mes calculs, lorsque j'ai déterminé notre position en longitude depuis cet endroit jusqu'à l'île des Cocos.

» D'après ce nouveau mouvement journalier, la montre de KENDALL avançoit de 21″ 35‴ par jour.

» La montre N.° 14 d'ARNOLD avançoit de 20″ par jour.

» La montre N.° 176 *idem* avançoit de 41″ 5‴.

1795. Mai.[d] » La vraie longitude déterminée à l'Observatoire, par trente-neuf suites d'observations de distances, est de 288° 28′ 52″ : d'où il paroît que la montre de KENDALL nous plaçoit à 42′ 2″; celle d'ARNOLD, N.° 14, à 35′ 17″; et celle N.° 176 d'ARNOLD, à l'Ouest du point vrai.

» D'après de doubles hauteurs prises le 26 Avril 1795, la montre de KENDALL avançoit de 29″ 34‴ par jour.

» La montre N.° 14 d'ARNOLD avançoit de 25″ 10‴ par jour.

» La montre N.° 176 *idem* avançoit de 58″ 57‴ par jour.

[a] Tome III, page 318.   [c] *Ibid.* page 379.
[b] *Ibid.* page 360.   [d] *Ibid.* page 384.

» Dans la baie de Sainte-Hélène, le 14 Juillet, les montres indiquoient 1795. Juill. le 14.[a]
sa longitude de la manière suivante :

 » La montre de KENDALL.................... 352° 35′ 5″
 » Le N.° 14 d'ARNOLD.................... 354. 1. 35.
 » Le N.° 176 *idem*.................... 355. 20. 5.
 » La vraie longitude est de.................... 354. 11. 0.

 » Il paroît que la montre d'ARNOLD, N.° 14, l'annonçoit 9′ 25″ ;
celle de KENDALL, 1° 35′ 25″ à l'Ouest ; celle d'ARNOLD, N.° 176,
1° 9′ 5″ à l'Est du point vrai : et d'après les hauteurs prises ce même jour,
14 Juillet,

 » La montre d'ARNOLD, N.° 14, avançoit par jour, sur le moyen
mouvement, de 24″ 50‴.

 » La montre N.° 176 d'ARNOLD avançoit par jour de 57″.

 » La montre de KENDALL avançoit de 28″ 22‴ par jour.

 » IL PAROISSOIT en résulter que l'état des montres, depuis
le moment où nous les reprîmes à bord, avoit été pour celle de
KENDALL, de 13′ ; pour le N.° 14 D'ARNOLD, de 2′ 30″ ;
pour le N.° 176 D'ARNOLD, de 5′ 45″ à l'Est du point vrai.
L'écart de la montre de KENDALL se trouvoit ainsi le plus considérable : d'après sa grande régularité jusqu'à cette époque, il
étoit difficile d'expliquer une altération si subite, qu'on ne pouvoit attribuer qu'au changement de température, depuis qu'on
l'avoit rapportée de la côte. Dans l'intervalle du midi à l'entrée
de la nuit, la hauteur du thermomètre à l'Observatoire, varia
chaque jour de 72 à 40ᵈ ; il s'éleva même quelquefois à 76ᵈ, pour
retomber à 31ᵈ : mais cette variation n'eut pas lieu souvent,
quoique de grand matin il ne fût pas rare de voir à la surface
de nos puits une mince couche de glace, et qu'une gelée blanche
couvrît la terre. La température moyenne dans laquelle on tenoit
les montres à bord, étoit entre 54 et 60ᵈ. Ce qui sembla confirmer particulièrement cette opinion, c'est que durant notre

L.
Conclusion sur les Montres marines, placées sur le vaisseau commandé par *M. Vancouver*.

[a] Tome III, page 502.

passage de Nootka à Monterey, la marche de la montre de
KENDALL fut évidemment conforme au mouvement journalier
qu'elle avoit dans le premier port; et lorsqu'on l'eut débarquée
à Monterey, l'accroissement et la durée du froid ne tardèrent
pas à accélérer sa marche; de manière qu'au lieu d'avancer par
jour de 11″ 1 quart, elle avança de 18″ et demie. En supposant
que depuis sa rentrée à bord à Monterey, elle avoit avancé dans
la proportion dont chaque jour elle se trouvoit en avant à Nootka,
nous reconnûmes qu'elle annonçoit la Pointe-Pinos, à-peu-
près telle que la donnoient nos observations; et comme je suis
absolument convaincu de l'exactitude de nos observations astronomiques, la différence dont il s'agit provient sûrement de ce
que les meilleures montres ne peuvent encore, malgré les ingénieuses améliorations qu'on y a faites, supporter au-delà d'un
certain temps toutes les vicissitudes des climats. Les deux montres
de M. ARNOLD, à bord de *la Découverte*, étant de quelques
années moins anciennes (c'est-à-dire, plus nouvellement arrivées
de Londres) que la montre de M. KENDALL, paroissent aller
plus exactement; mais elles éprouvèrent elles-mêmes l'effet du
changement de lieu.

» La méthode que j'avois suivie pour conserver autant de
régularité qu'il étoit possible dans la marche des montres, avoit si
bien réussi pour le N.° 14, que la différence de son mouvement
journalier à Nootka et à Monterey n'étoit que de 54‴. Ce résultat
me donna beaucoup d'impatience de me trouver en un lieu dont
la longitude eût été déterminée par des Astronomes de profession,
afin d'avoir la confirmation de nos calculs, s'ils étoient exacts, &c.»

LI.
Notice de quelques
autres campagnes de
mer, dans lesquelles
on a fait usage des
Montres marines.

NOUS TERMINERONS ce Chapitre, en indiquant diverses
autres campagnes de mer dans lesquelles on a fait usage des
horloges et des montres marines.

EN 1768, M. l'abbé CHAPPE fit usage d'une montre marine N.º 3 , dans son voyage en Californie ; elle lui servit à fixer la longitude de l'île de la Dominique et de la Véra-Crux.

M. DE CHABERT, en 1771 , se servit de la même montre dans sa campagne de la Méditerranée.

EN 1778 [a], M. DE CHABERT embarqua deux horloges marines, l'une N.º 17 à poids, et l'autre N.º 3 à ressort ; et en 1781 , il embarqua deux horloges, celle N.º 22 à poids, et celle N.º 2 à ressort.

EN 1784 et 1785 , M. DE CHASTENET-PUISÉGUR embarqua deux petites horloges à ressort, qui lui servirent à fixer les longitudes pour les débouquemens de Saint-Domingue [b].

EN 1791, M. D'ENTRECASTEAUX embarqua quatre horloges marines, N.ᵒˢ 17 et 21 à poids, et N.ᵒˢ 5 et 28 à ressort.

En Espagne, M. TUSSINO a fait servir une horloge de FERDINAND BERTHOUD et une montre D'ARNOLD à fixer diverses longitudes.

Nous ne parlons pas ici de l'usage que l'on a fait des montres en Angleterre ; mais on assure qu'indépendamment des grands Voyages dont nous avons donné l'extrait, ces machines sont employées habituellement sur les vaisseaux de la Compagnie des Indes.

[a] *Mémoires de l'Académie,* 1783.
[b] *Le Pilote de Saint-Domingue, &c.* de l'Imprimerie royale, 1787.

FIN DU TOME PREMIER.

AVIS AU RELIEUR.

Les vingt - trois Planches qui accompagnent cet ouvrage devront être placées de la manière suivante :

Les dix Planches I, II, III, IV, V, VI, VII, VIII, XII et XIII seront placées à la fin du Tome Ier

Les treize Planches IX, X, XI, XIV, XV, &c. seront placées à la fin du Tome II.

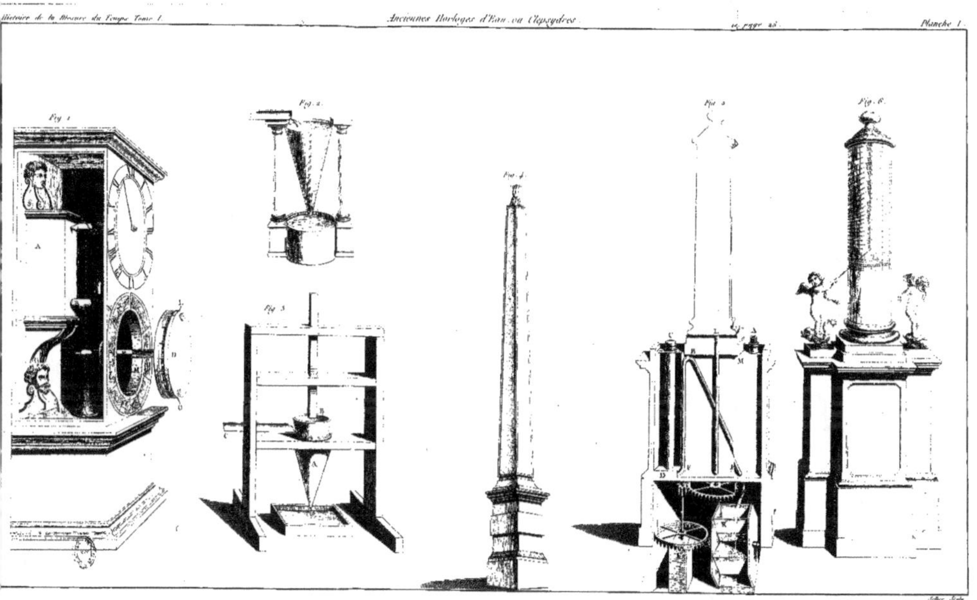

Fig. 1.
Fig. 2.
Fig. 3.
Fig. 4.
Fig. 5.
Fig. 6.

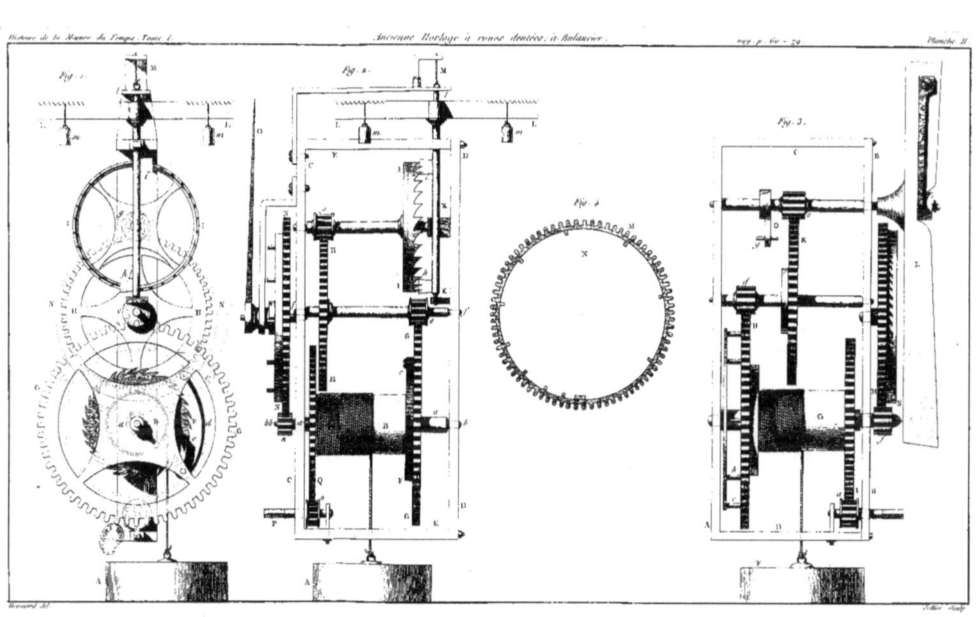

Fig. 1.
Fig. 2.
Fig. 3.
Fig. 4.

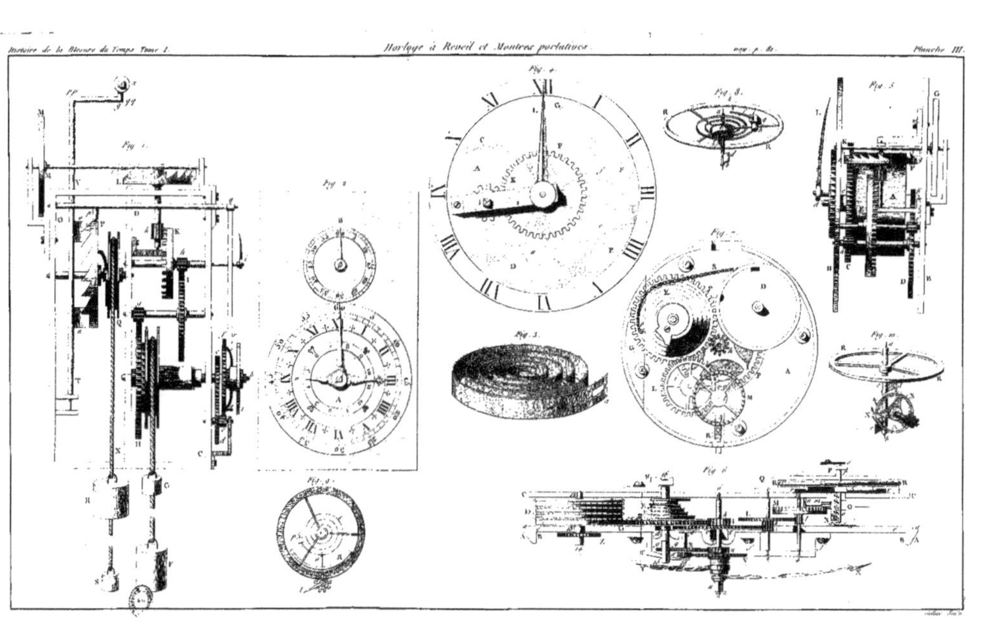
Fig. 1.
Fig. 2.
Fig. 4.
Fig. 8.
Fig. 5.
Fig. 7.
Fig. 3.
Fig. 10.
Fig. 9.
Fig. 6.

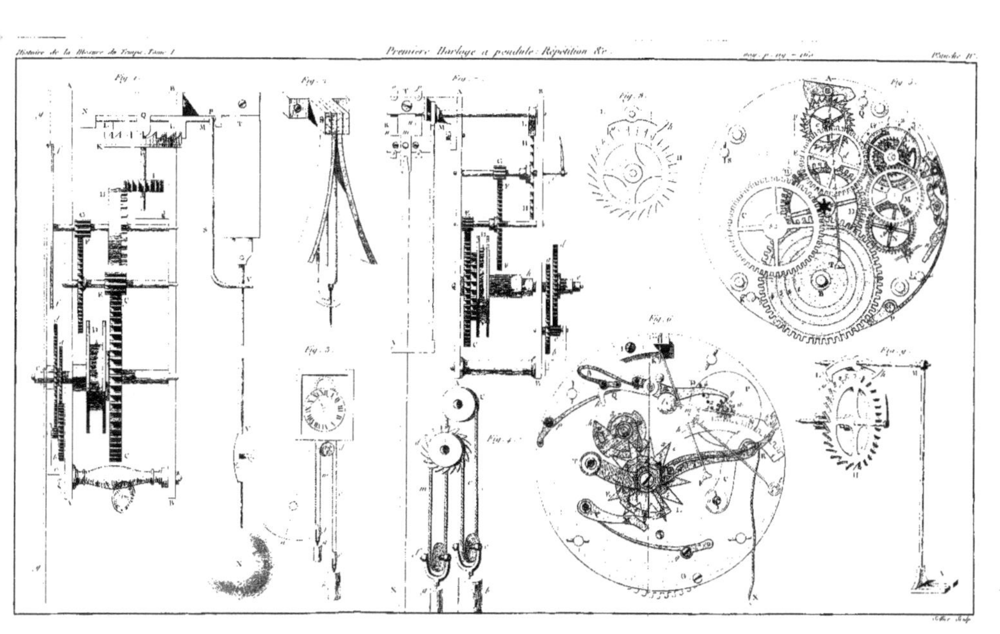

Fig. 1.
Fig. 2.
Fig. 3.
Fig. 4.
Fig. 5.
Fig. 6.
Fig. 7.
Fig. 8.
Fig. 9.
Fig. 10.

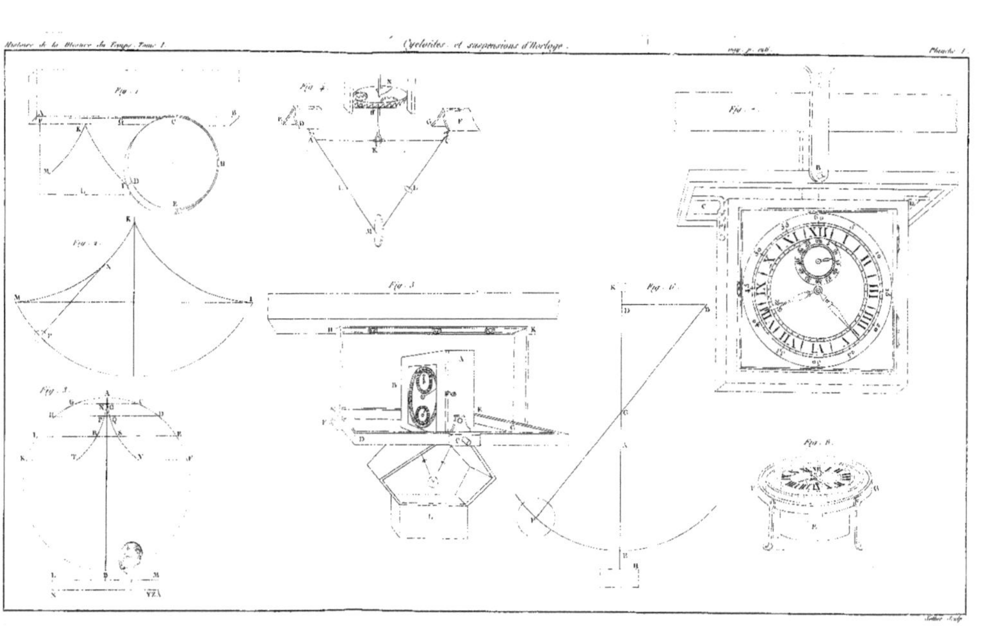

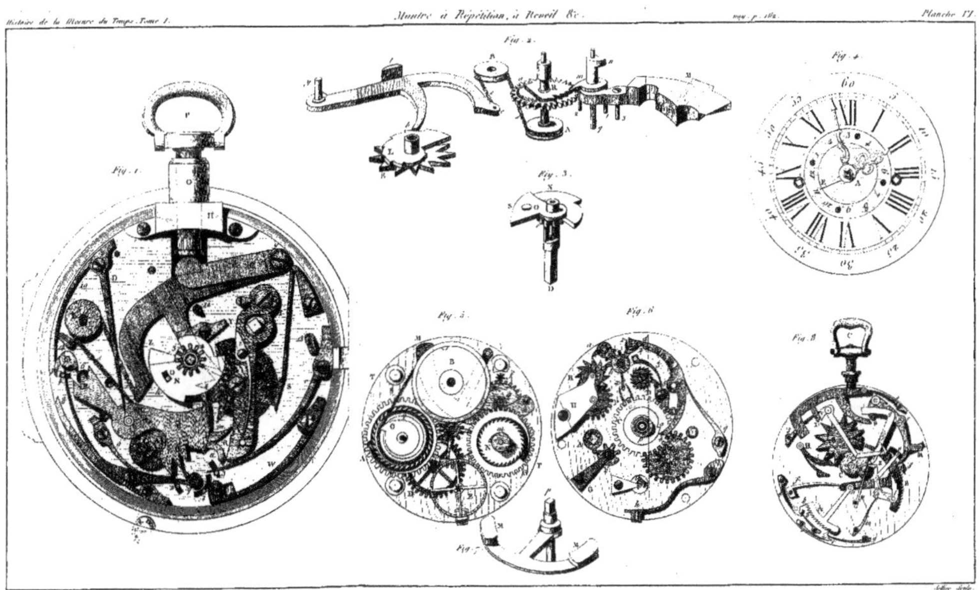

Fig. 1.
Fig. 2.
Fig. 3.
Fig. 4.
Fig. 5.
Fig. 6.
Fig. 7.
Fig. 8.
60

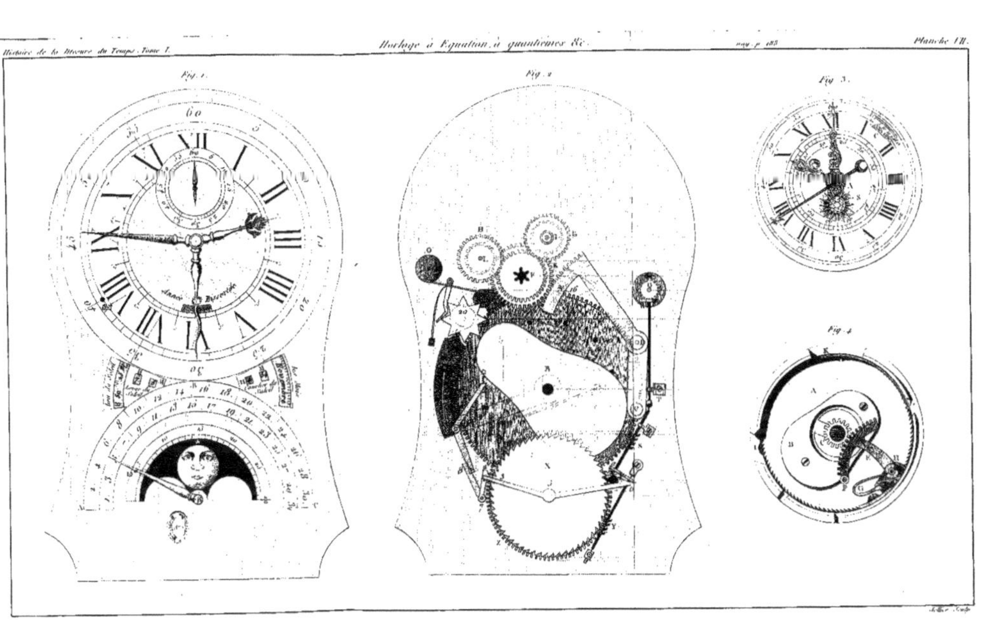
Fig. 1.
Fig. 2.
Fig. 3.
Fig. 4.

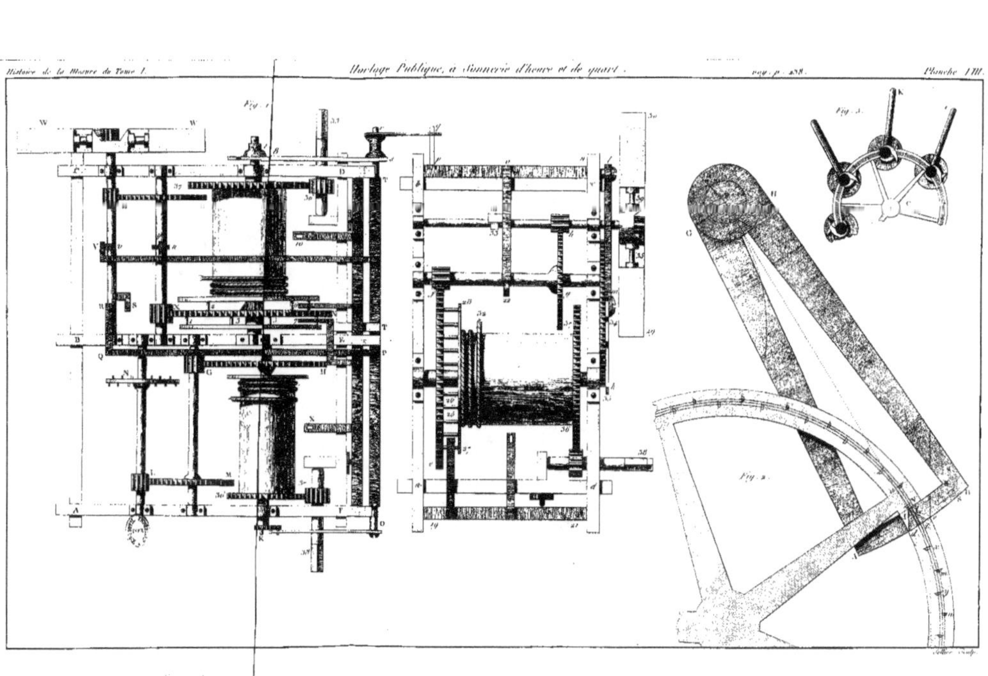

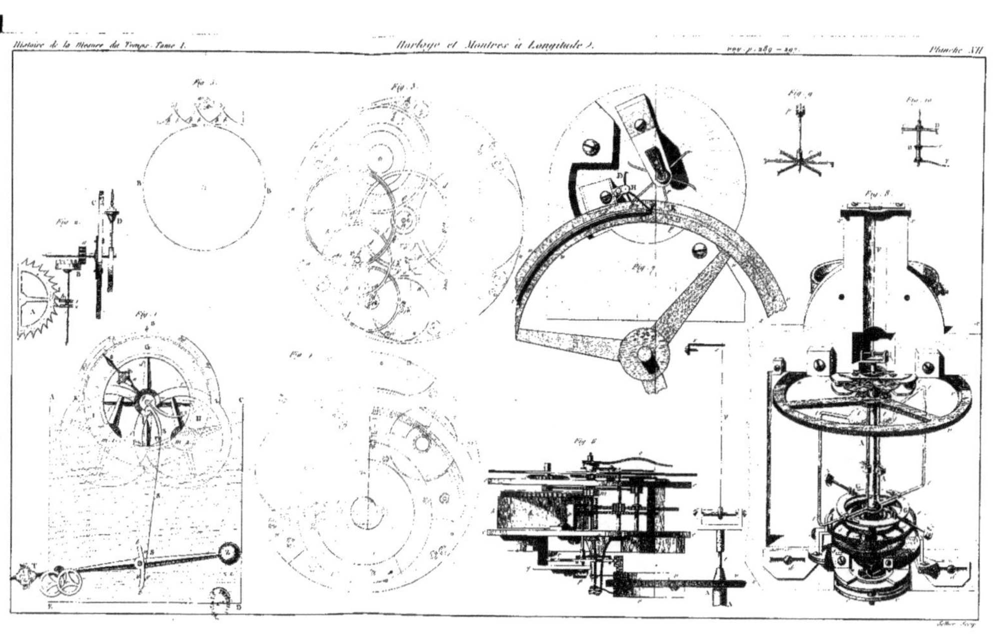

Fig. 2.
Fig. 3.
Fig. 9.
Fig. 10.
Fig. 8.
Fig. 7.
Fig. 4.
Fig. 5.
Fig. 6.

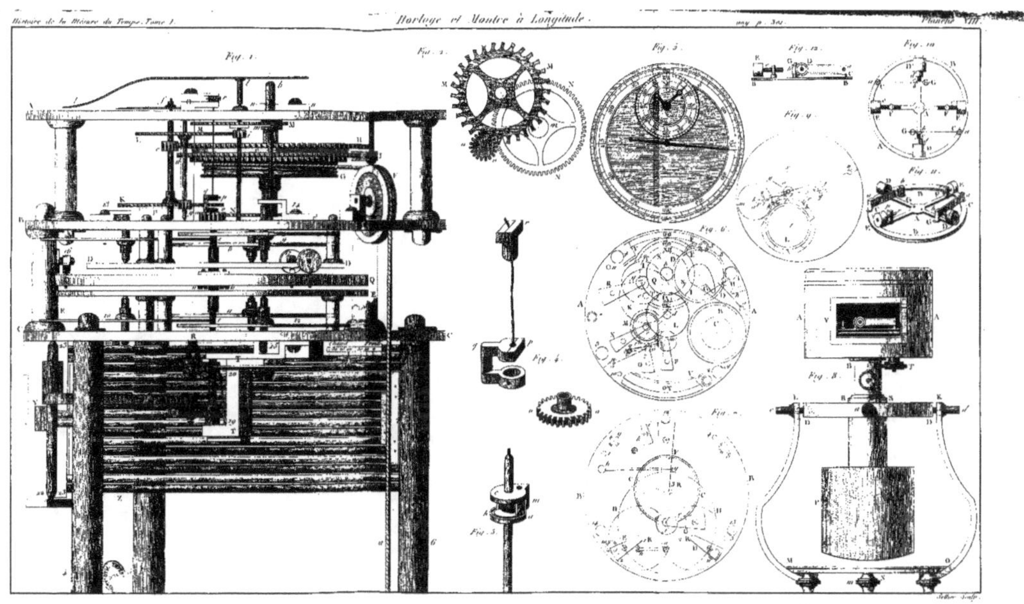
Fig. 1.
Fig. 2.
Fig. 3.
Fig. 12.
Fig. 10.
Fig. 4.
Fig. 11.
Fig. 6.
Fig. 7.
Fig. 5.
Fig. 8.
Sellier Sculp.